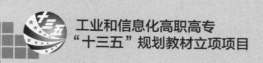
徐亚丽 樊苗 苏丹娜／副主编

杨柳／主编

工程量清单计价

高等职业教育『十三五』土建类技能型人才培养规划教材

U0311006

人民邮电出版社
北京

图书在版编目（CIP）数据

工程量清单计价 / 杨柳主编. -- 北京：人民邮电
出版社，2015.10
高等职业教育"十三五"土建类技能型人才培养规划
教材
ISBN 978-7-115-39942-7

Ⅰ．①工… Ⅱ．①杨… Ⅲ．①建筑工程－工程造价－
高等职业教育－教材 Ⅳ．①TU723.3

中国版本图书馆CIP数据核字(2015)第165553号

内 容 提 要

本书是按照高职高专人才培养目标以及专业教学改革的需要，依据最新政策法规、标准规范进行编写的。全书包括建设工程计价、建筑工程定额、建筑工程单价、建筑安装工程费用、计算建筑面积、计算土建工程工程量、计算装饰工程工程量、工程结算等内容。

本书既可作为高职高专院校土建类建筑工程技术专业教材，也可供建筑工程技术人员及有关经济管理人员参考使用。

- ◆ 主　　编　杨　柳
- 　　副主编　徐亚丽　樊　苗　苏丹娜
- 　　责任编辑　刘盛平
- 　　执行编辑　王丽美
- 　　责任印制　杨林杰
- ◆ 人民邮电出版社出版发行　　北京市丰台区成寿寺路 11 号
- 　　邮编　100164　电子邮件　315@ptpress.com.cn
- 　　网址　http://www.ptpress.com.cn
- 　　北京鑫正大印刷有限公司印刷
- ◆ 开本：787×1092　1/16
- 　　印张：14.25　　　　2015 年 10 月第 1 版
- 　　字数：375 千字　　2015 年 10 月北京第 1 次印刷

定价：34.00 元

读者服务热线：(010)81055256　印装质量热线：(010)81055316
反盗版热线：(010)81055315
广告经营许可证：京崇工商广字第 0021 号

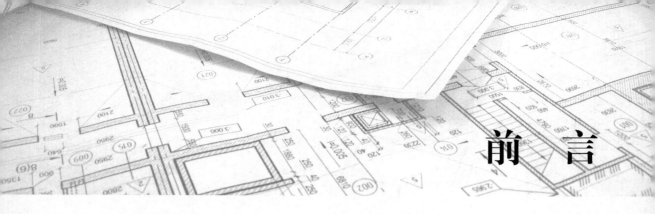

前 言

工程量清单计价是"建筑工程专业"和"土木工程专业"的一门主要专业课程。它是一门研究建筑工程施工中各种建筑物（构筑物）的主要分部、分项工程的施工技术和组织计划的基本规律的学科；在培养学生独立分析和解决建筑工程施工中有关施工技术和组织计划问题的基本能力方面，起着重要的作用。

建设工程造价，是指与工程产品有关的各类消耗的总和及建筑产品的造价，即一个工程建设项目从开始至竣工所形成固定资产的全部费用。我国传统的计价模式采用的是定额管理计价方式，随着国家标准《建设工程工程量清单计价规范》的出台，建设工程造价计价方式发生了重大变化，从单一的定额计价模式转变为工程量清单计价、定额计价两种模式并存的格局。

本书是按照高职高专人才培养目标以及专业教学改革的需要，依据最新政策法规、标准规范来进行编写的。全书主要内容包括建设工程计价、建筑工程定额、建筑工程单价、建筑安装工程费用、计算建筑面积、计算土建工程工程量、计算装饰工程工程量、工程结算。通过本课程的学习，学生可以掌握工程计量与计价的方法，具备分析和解决工程实际问题的能力。

本书采用"工学结合"教学模式，注重理论与实践相结合，突出实践环节，将各个学习情境分为若干个学习单元。正文中设置了情境导入、案例导航、小提示、小技巧、课堂案例、学习案例、知识拓展等特色模块，意在提高学生的学习兴趣，促进学生的全面发展。每个学习情境最后设置了情境小结和学习检测。

本书由郑州铁路职业技术学院的杨柳任主编，牡丹江大学徐亚丽和郑州铁路职业技术学院的樊苗、苏丹娜任副主编。参加本书编写的还有黑龙江农业经济职业学院张琳，郑州铁路职业技术学院的袁媛、孙丽娟、张帆、吴钰、孙超。

本书编写过程中，参阅了国内同行多部著作，部分高等院校教师也提出了很多宝贵意见，在此，对他们表示衷心感谢！

本书编写过程中，虽经推敲核证，但限于编者的专业水平和实践经验，仍难免有疏漏或不妥之处，恳请广大读者指正。

编 者

2015 年 5 月

目　录

2

学习情境一

建设工程计价

情境导入

某建设项目采取主体工程总承包形式发包，合同计价方式为工程量清单计价的总价合同，工程量清单包括如下内容。

（1）对玻璃幕墙工程采取指定分包，暂定造价 150 万元；总承包人对该分包工程提供协调及施工的配合费用为 4.5 万元。

（2）对室外配套土建工程采取指定分包，暂定造价 50 万元；总承包人对该分包工程提供协调及施工的配合费用为 1 万元。

（3）总承包人对设计与供应电梯工程（工程造价约 130 万元）承包人的协调及施工的配合费用为 0.3 万元。

（4）总承包人对安装电梯工程（工程造价约 20 万元）承包人的协调及施工的配合费用为 0.4 万元。

案例导航

上述案例中，工程量清单计价由分部分项工程费、措施项目费和其他项目费组成。其中措施项目费是指除分部分项工程费以外，为完成该项目施工必须采取的措施所需的费用；其他项目费是指除分部分项工程费和措施项目费以外，该工程项目施工中可能发生的其他费用。

要了解工程量清单计价的内容，需要掌握以下相关知识。

1. 基本建设的概念、基本建设项目的分类。
2. 基本建设的程序。

学习单元 1　基本建设项目

知识目标

（1）了解基本建设的概念和内容。

（2）熟悉基本建设项目的分类。

（3）掌握基本建设的程序。

技能目标

（1）通过本单元的学习，对基本建设的概念有一个明晰的概括。

（2）能够清楚基本建设项目的分类和基本建设的程序。

（3）熟悉基本建设工程造价文件的分类。

 基础知识

一、基本建设项目概述

（一）基本建设的概念

基本建设是指国民经济各部门中固定资产的再生产以及相关的其他工作，如学校、医院、剧院等各类工程的建设和各种设备购置，还包括土地征用、房屋拆迁、勘察设计、招标投标、工程监理等相关的其他工作。基本建设是再生产的重要手段，是国民经济发展的重要物质基础。

固定资产是指在社会再生产过程中，可供生产或生活较长时间使用，在使用过程中基本保持原有实物形态的劳动资料或其他物质资料，如建筑物、构筑物、电气设备等。

> ☆小技巧
>
> 为了便于管理和核算，凡列为固定资产的劳动资料，一般应同时具备以下两个条件：使用期限在1年以上，单位价值在规定的限额以上。不同时具备上述两个条件的应列为低值易耗品。

（二）基本建设项目的分类

基本建设是固定资产再生产的重要手段，是国民经济发展的重要物质基础，从不同的角度可将基本建设作如下分类。

1. 按经济用途分类

（1）生产性建设：是指在物质资料生产过程中，能够在较长时期内发挥作用而不改变其物质形态的劳动资料，是人们用来影响和改变劳动对象的物质技术手段，它包括工业建设、农业建设、水利建设、气象建设、交通邮电建设、商业和物质供应建设、矿山建设、地质资源勘查建设等。

（2）非生产性建设：是指为人们物质文化生活所进行的建设，它包括文教卫生、科学实验、公共事业、住宅和其他建设。

2. 按建设性质分类

（1）新建项目：是指根据国民经济和社会发展的近远期规划，按照规定的程序立项，从无到有、"平地起家"进行建设的项目。

（2）扩建项目：是指现有企业为扩大产品的生产能力或增加经济效益而增建的生产车间、独立的生产线或分厂；事业和行政单位在原有业务系统的基础上扩大规模而新增的固定资产投资项目。

（3）改建项目：是指为适应市场对产品的需求，提高生产效率，对原有设备工艺流程进行技术改造的项目。

（4）迁建项目：是指原有企事业单位根据自身生产经营和事业发展的要求，按照国家调整生产力布局的经济发展战略需要或出于环境保护等其他特殊要求，搬迁到异地而建设的工程项目。

（5）恢复（又称重建）项目：是指原有企事业和行政单位，因自然灾害或战争使原有固定资产遭受全部或部分报废，需要进行投资重建来恢复生产能力和业务工作条件、生活福利设施等的工程项目。这类工程项目，无论是按原有规模恢复建设，还是在恢复过程中同时进行扩建，都属于恢复项目。但对尚未建成投产或交付使用的工程项目受到破坏后，若仍按原设计重建的，原建设性质不变；如果按新设计重建，则根据新设计内容来确定其性质。

工程项目按其性质分为上述 5 类，一个工程项目只能有一种性质，在工程项目按总体设计全部建成之前，其建设性质不变。

3. 按建设规模分类

（1）大中型建设项目：是指生产性项目投资额在 5 000 万元以上，非工业建设项目投资额在 3 000 万元以上的建设项目。

（2）小型建设项目：是指投资额在上述限额以下的项目。

4. 按投资来源分类

（1）政府投资项目：在国外也称为公共工程，是指为了适应和推动国民经济或区域经济的发展，满足社会的文化、生活需要，以及出于政治、国防等因素的考虑，由政府通过财政投资、发行国债或地方财政债券、利用外国政府赠款以及国家财政担保的国内外金融组织的贷款等方式独资或合资兴建的工程项目。

（2）非政府投资项目：是指企业、集体单位、外商和私人投资兴建的工程项目。这类项目一般均实行项目法人责任制，使项目的建设与建成后的运营实现一条龙管理。

5. 按建设项目行业性质和特点分类

按建设项目行业性质和特点不同，可分为竞争性建设项目、基础性建设项目、公益性建设项目。

（1）竞争性建设项目：是指投资效益比较高、竞争性比较强的一般性建设项目。

（2）基础性建设项目：是指具有自然垄断性、建设周期长、投资额大而效益低的基础设施和需要政府重点扶持的一部分基础工业项目，以及直接增强国力的符合经济规模的支柱产业项目。

（3）公益性建设项目：主要包括科技、文教、卫生、体育和环保等设施，公、检、法等政权机关，以及政府机关、社会团体办公设施等。

6. 按基本建设工程管理和确定工程造价的需要分类

根据基本建设工程管理和确定工程造价的需要，基本建设项目划分为建设项目、单项工程、单位工程、分部工程和分项工程 5 个基本层次，如图 1-1 所示。

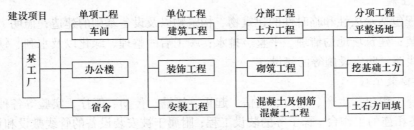

图 1-1　基本建设项目的划分

（1）建设项目。建设项目是指具有经过有关部门批准的立项文件和设计任务书，经济上实行独立核算，行政上具有独立的组织形式并实行统一管理的工程项目。通常认为一个建设单位就是一个建设项目，建设项目的名称一般是以这个建设单位的名称来命名。例如，某化工厂、某装配厂、某制造厂等工业建设，某农场、某度假村、某电信城等民用建设均是建设项目，均由项目法人单位实行统一管理。

（2）单项工程。单项工程又叫工厂项目，是建设项目的组成部分。一个建设项目，可以有几个单项工程，也可以只有一个单项工程。单项工程具有独立的设计文件，建成后可以独立发挥生产能力或效益，如一所学校的教学楼、办公楼、食堂等。

单项工程（子单项工程）是能独立发挥效益的一个完整的建筑及设备安装工程，也是一个很复杂的综合体。为了便于计算工程造价，需进一步分解为若干单位工程。

（3）单位工程。单位工程是单项工程的组成部分，一般不能独立发挥生产能力或效益，但具备独立施工条件。如车间的厂房建筑（土建部分）、电器照明工程、工业管道工程等。

单位工程按工程的结构形式、工程部位等进一步划分为若干分部工程。

（4）分部工程。分部工程是单位工程的组成部分，它是建筑物按单位工程的部位、专业性质划分的，即单位工程的进一步分解。如土（石）方工程、桩与地基基础工程、砌筑工程、混凝土及钢筋混凝土工程等。

（5）分项工程。分项工程是分部工程的组成部分，一般是按主要工种、材料、施工工艺、设备类别等进行划分。如钢筋混凝土工程可划分为钢筋工程、模板工程、混凝土工程、预应力工程等。

分项工程是单位工程组成部分中最基本的构成要素，每个分项工程都可以用一定的计量单位计算，并能计算出完成相应计量单位分项工程所需消耗的人工、材料、机械台班的数量及直接工程费，从而确定工程总造价。

正确分解工程造价编制对象的分项，是有效计算每个分项工程的工程量，正确编制和套用企业定额，计算每个分项工程的单位单价，准确可靠地编制工程造价的一项十分重要的工作。只有正确地把建设项目划分为几个单项工程，再按单项工程划分为单位工程、单位工程划分为分部工程、分部工程划分为分项工程，逐步细化，然后从最小的基本要素分项工程开始进行计量与计价，逐步形成分部工程、单位工程、单项工程的工程造价，最后汇总可得到建设项目的工程造价。

（三）基本建设的内容

基本建设的内容包括建筑工程、设备安装工程、设备购置、勘察与设计及其他基本建设工作。

1. 建筑工程

建筑工程包括永久性和临时性的建筑物、构筑物以及设备基础的建造；照明、水卫、暖通等设备的安装；建筑场地的清理、平整、排水；竣工后的整理、绿化以及水利、铁道、公路、桥梁、电力线路、防空设施等的建设。

2. 设备安装工程

设备安装工程包括生产、电力、电信、起重、运输、传动、医疗、实验等各种机器设备的安装；与设备相连的工作台、梯子等的装设工程；附属于被安装设备的管线敷设和设备的绝缘、保温、油漆等，以及为测定安装质量对单个设备进行各种试运行的工作。

3. 设备购置

设备购置包括各种机械设备、电气设备和工具、器具的购置，即一切需要安装与不需要安装设备的购置。

4. 勘察与设计

勘察与设计包括地质勘察、地形测量及工程设计方面的工作。

5. 其他基本建设工作

其他基本建设工作指除上述各项工作以外的各项基本建设工作及其他生产准备工作。如土地征用、建设场地原有建筑物的拆迁赔偿、筹建机构、生产职工培训等。

二、基本建设程序

基本建设程序是指基本建设项目从前期的决策到设计、施工、竣工验收投产的全过程中，各项工作必须遵循的先后次序和科学规律。从广义讲，基本建设是一个庞大的系统工程，涉及面广，需要各个环节、各个部门协调配合。实践反复证明，进行基本建设只有踏踏实实地按照基本建设程序办事，才能加快建设速度、提高工程质量、缩短工期、降低造价、提高投资效益。

按照我国现行规定，一般大中型及限额以上工程项目的建设程序可以分为以下几个阶段，如图1-2所示。

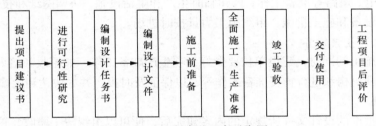

图1-2　基本建设程序示意图

1. 提出项目建议书

项目建议书是根据区域发展和行业发展规划的要求，结合各项自然资源、生产力状况和市场预测等，经过调查分析，为说明拟建项目建设的必要性、条件的可行性、获利的可能性，而面向国家和省、市、地区主管部门提出的立项建议书。

2. 进行可行性研究

根据项目建议书的要求，在勘察、试验、调查研究及详细技术经济论证的基础上编制可行性研究报告。

3. 编制设计任务书

主管部门根据国民经济计划和可行性研究报告编写的指导工程设计的设计任务书，是确定建设方案的基本文件。根据设计任务书和地区规划的要求，慎重、合理地选择建设地点。

> ☆**小提示**
>
> 建设地点的选择主要考虑以下几个因素。
>
> （1）原材料、燃料、水源、电源、劳动力等技术经济条件是否落实。
>
> （2）地形、工程地质、水文地质、气候等自然条件是否可靠。
>
> （3）少占耕地，合理利用土地，减少对环境的污染。

4. 编制设计文件

设计文件是指工程图及说明书，它一般由建设单位通过招标投标或直接委托设计单位编制。

编制设计文件时，应根据批准的可行性研究报告，将建设项目的要求逐步具体化为可用于指导建筑施工的工程图及其说明书。对一般不太复杂的中小型项目采用两阶段设计，即扩大初步设计和施工图设计；对重要的、复杂的、大型的项目，经主管部门指定，可采用三阶段设计，即初步设计、技术设计和施工图设计。

初步设计是对批准的可行性研究报告所提出的内容进行概略的设计，做出初步规定（大型、复杂的项目，还需要绘制建筑透视图或制作建筑模型）。技术设计是在初步设计的基础上，进一步确定建筑、结构、设备、防火、抗震智能化系统等的技术要求。施工图设计是在前一阶段的基础上进一步形象化、具体化、明确化，完成建筑、结构、设备、工业管道智能化系统等全部施工图纸，以及设计说明书、结构计算书和施工图设计概预算等。

初步设计由主要投资方组织审批，其中大中型和限额以上项目要报国家计委和行业归口主管部门备案。初步设计文件经批准后，全厂总平面图布置、主要工艺过程、主要设备、建筑面积、建筑结构、总概算一般不能随意修改、变更。

5. 施工前准备

开工前，应做好施工前的各项准备工作，主要内容是征地拆迁、技术准备、搞好场地平整，完成施工用水、电、道路等准备工作；修建临时生产和生活设施；协调图纸和技术资料的供应；落实建筑材料、设备和施工机械；组织施工力量按时进场。

6. 全面施工、生产准备

在进行全面施工的同时，建设单位要做好各项生产准备工作，如招收和培训必要的生产人员、组织生产管理机构和进行物资准备工作等，以保证及时投产并尽快达到生产能力。

7. 竣工验收

建设项目按批准的设计文件所规定的内容建完后，便可以组织竣工验收，这是对建设项目的全面考核。

8. 交付使用

验收合格后，施工单位应向建设单位办理竣工移交和竣工结算手续，并把项目交付建设单位使用。

9. 工程项目后评价

后评价是指项目竣工投产运营一段时间后，对项目的运行进行全面评价，即对建设项目的实际成本—效益进行系统审计，将项目的预期结果与项目实施后的终期实际结果进行全面对比考核，对建设项目投资的财务、经济、社会和环境等方面的效益与影响进行全面科学的评价。

三、基本建设工程造价文件的分类

建设项目工程造价的计价贯穿于建设项目从投资决策到竣工验收全过程，是各阶段逐步深化、逐步细化和逐步接近实际造价的过程。计价过程各环节之间相互衔接，前者制约后者，后者补充前者。根据建设程序进展阶段的不同，造价文件包括投资估算、设计概算、施工图预算、标底与标价、竣工结算及竣工决算等。

（一）投资估算

投资估算，是指在项目建议书和可行性研究阶段，由建设单位或其委托的咨询机构编制，用以确定建设项目的投资控制额的基本建设造价文件。投资估算是项目决策时一项重要的参考经济指标，是判断项目可行性的重要依据之一，可行性研究一经批准，其投资估算应作为工程造价的最高限额，不得任意突破。此外，一般以投资估算为编制设计文件的重要依据。

一般来说，投资估算比较粗略，仅作控制总投资使用。其方法是根据建设规模结合估算指标进行估算，常用到的指标有平方米指标、立方米指标或产量指标等。如某城市拟建日产 10 万吨钢材厂，估计每日产万吨钢材厂约需资金 600 万元，则共需资金 10×600=6 000 万元。再如某单位拟建教学楼 4 万平方米，每平方米约需资金 1 200 元，则共需资金 4 800 万元。

☼小提示

投资估算在通常情况下应将资金打足，以保证建设项目的顺利实施。投资估算文件在进行可行性研究时编制。

（二）设计概算

设计概算，是指建设项目在设计阶段由设计单位根据设计图纸进行计算的，用以确定建设项目概算投资、进行设计方案比较、进一步控制建设项目投资的基本建设造价文件。设计概算由设计单位根据设计文件编制，是设计文件的组成部分。

设计概算根据施工图纸设计深度的不同，其概算的编制方法也有所不同。设计概算的编制方法有三种：根据概算指标编制概算，根据类似工程预算编制概算，根据概算定额编制概算。

在方案设计阶段和修正设计阶段，根据概算指标或类似工程预算编制概算；在施工图设计阶段，可根据概算定额编制概算。

设计概算是国家确定和控制建设项目总投资、编制基本建设计划的依据。每个建设项目只有在初步设计和概算文件被批准之后，才能列入基本建设计划，才能开始进行施工图设计。经批准的设计总概算是确定建设项目总造价、编制固定资产投资计划、签订建设项目承包总合同和贷款总合同的依据，也是控制基本建设拨款和施工图预算以及考核设计经济合理性的依据。

（三）施工图预算

施工图预算，是指在施工图设计完成之后工程开工之前，根据施工图纸及相关资料编制的，用以确定工程预算造价及工料的基本建设造价文件。由于施工图预算是根据施工图纸及相关资料编制的，它确定的工程造价更接近实际。

施工图预算由建设单位或其委托的有相应资质的造价咨询机构编制。

（四）标底与标价

标底、标价的编制方法与施工图预算的编制方法相同。

标底，是指建设工程发包方为施工招标选取工程承包商而编制的标底价格。如果施工图预算满足招标文件的要求，则该施工图预算就是标底。

标价，是指建设工程施工招投标过程中投标方的投标报价。

标价是投标方按照招标文件的要求，根据工程特点，并结合自身的施工技术、装备和管理水平，依据企业定额或参照国家、省级行业建设主管部门颁发的计价定额（消耗量定额）等有关计价规定自主确定的工程造价。它是投标方希望达成工程承包交易的期望价格，不能高于招标方设定的招标控制价。

其中，标底由招标单位或其委托的有相应资质的造价咨询机构编制，而标价由投标单位编制。

（五）竣工结算

竣工结算，是指建设工程承包商在单位工程竣工后，根据施工合同、设计变更、现场技术签证、费用签证等竣工资料编制的，确定工程竣工结算造价的经济文件。竣工结算是工程承包方与发包方办理工程最终结算的重要依据。

（六）竣工决算

竣工决算，是指建设项目竣工验收后，建设单位根据竣工结算以及相关技术经济文件编制的，用以确定整个建设项目从筹建到竣工投产全过程的实际总投资的经济文件。

竣工决算由建设单位编制，编制人是会计师。投资估算、设计概算、施工图预算、标底、标价、竣工结算的编制人是造价工程师。

由此可见，基本建设造价文件在基本建设程序的不同阶段，有不同内容和形式，其中的对应关系如图 1-3 所示。

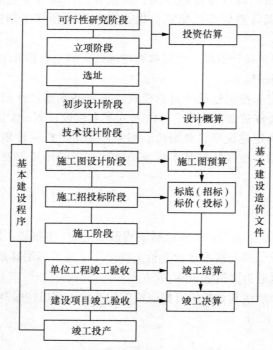

图 1-3　基本建设造价文件分类图

四、基本建设与投资

投资是指投资主体为了特定的目的预先进行资金的垫付，以达到预期效果的一系列经济行为。基本建设实质上就是一系列的投资活动。投资可以从不同角度做不同分类。

（一）按投资在再生产过程中周转方式不同分类

1. 固定资产投资

固定资产投资通常是指投资主体垫支货币或物资获取营利性或服务性固定资产的经济活动过程，是对社会再生产过程中能够长期为生产服务的物质资料投入资金的行为。固定资产投资作为经济社会活动的重要内容，是国民经济和企业经营的重要组成部分，具有与一般生产流通领域诸多不同的特点，如资金占用量大、建设和回收期长，形成的产品具有固定性和管理复杂性等特点。

2. 流动资产投资

用于流动资产的投资称为流动资产投资，一般是指在企业生产经营过程中经常改变其存在状态，在一定营业周期内变化或耗用的资产的投资，如原材料、燃料等劳动对象的投资。

（二）按投资方式分类

1. 直接投资

直接投资是指投资主体将资金或资源投入到生产经营领域的投资活动，其形式有投资者直接开厂设店的独资经营，与其他投资者联合投资、合作经营等。从国民生产总值分析来看，直接投资扩大了生产能力，使实物资产存量增加，能为最终产品生产和提供劳务创造物质基础，是经济增长的重要条件。

2. 间接投资

间接投资是指投资主体将资金间接地投入到生产经营领域的投资活动，如购买股票、债券等。间接投资表现为资金所有权的转移，并不构成生产能力的增加，其基本效用在于广泛聚集社会闲散资金，满足市场经济条件下社会化大生产对资金集中使用的需求，促进社会经济建设发展。

（三）按投资主体不同分类

1. 政府投资

政府投资是指政府为了实现其职能，作为特殊的投资主体，为促进国民经济各部门的协调发展，实现经济社会发展战略，利用财政支出对特定项目进行的投资，其最终目标是服务于社会整体。政府投资具有投资目标的两重性：一是公益目标，主要表现在维护国家主权、提高全民族文化素质和保护生态环境、加强基础设施建设等；二是经济目标，如需要国家扶持的支柱产业、高新技术产业等重点建设以及经营性的公共基础设施建设，具有明显的经济效益，但因投资规模大、资金需要量多、投资周期长等因素，企业和个人等投资主体无力承担，而这些投资对于推动社会经济发展又是必不可少的。

2. 企业投资

企业投资是整个社会投资的基础。企业从本企业利益和经营目标出发，通过各种方式筹集资金，对有盈利的项目进行投资，其主要动机在于追求收益的最大化。

3. 个人投资

个人投资是指个人投资主体以追求收益最大化为目标进行的投资，常选择耗资少、风险小、投资周期短、灵活性较强的项目作为投资对象。

学习单元 2　建筑工程计价

知识目标

（1）了解建筑工程计价的基本原理。

（2）熟悉工程计价的标准和依据。

技能目标

（1）通过本单元的学习，了解建筑工程计价的基本原理和计价依据。

（2）能够掌握工程计价的基本程序。

 基础知识

一、建筑工程计价基本原理

建设项目是兼具单件性与多样性的集合体。每一个建设项目的建设都需要按业主的特定需要进行单独设计、单独施工，不能批量生产和按整个项目确定价格，只能采取特殊的计价程序和计价方法，即将整个项目进行分解，划分为可以按有关技术经济参数测算价格的基本构造单元（如定额项目、清单项目），这样就可以计算出基本构造单元的费用。一般来说，分解结构层次越多，基本子项也越细，计算也更精确。

工程计价的主要思路是将建设项目细分至最基本的构造单元，找到适当的计量单位及当时当地的单价，采取一定的计价方法，进行分组汇总，计算出相应工程造价。

工程计价的基本原理可以用公式的形式表达为

$$分部分项工程费 = \sum \left[基本构造单元工程量(定额项目或清单项目) \times 相应单价 \right]$$

影响建筑工程价格的基本要素是两个，即基本构造要素的实物工程量和基本构造要素的单位价格，也就是通常所说的"量"和"价"。

1. 实物工程量

在进行工程计价时，实物工程量的计量单位是由单位价格的计量决定的。编制投资估算时，单位价格计量单位的对象取得较大，如可能是单项工程或单位工程，甚至是建设项目，即可能以整栋建筑物为计量单位，得到的工程价格也就较粗。基本子项目的工程实物数量可以通过项目定义及项目策划的结果或设计图纸计算而得，它可以直接反映出工程项目的规模和内容。

2. 单位价格

对基本子项目的单位价格再做分析，其主要由两大要素构成，即完成基本子项目所需资源的数量和相应资源的价格。资源消耗量会随着生产力的发展而发生变化；资源价格是影响工程造价的关键要素。在市场经济体制下，工程计价时采用的资源价格应由市场形成。

二、工程计价标准和依据

工程计价标准和依据主要包括计价活动的相关规章规程、工程量清单计价和计量规范、工程定额和相关造价信息。

从目前我国现状来看，工程定额主要用于在项目建设前期各阶段对于建设投资的预测和估计，在工程建设交易阶段，工程定额通常只能作为建设产品价格形成的辅助依据。工程量清单计价依据主要适用于合同价格形成以及后续的合同价格管理阶段。

1. 计价活动的相关规章规程

现行计价活动的相关规章规程主要包括《建筑工程施工发包与承包计价管理办法》《建设项目投资估算编审规程》《建设项目设计概算编审规程》《建设项目施工图预算编审规程》等。

2. 工程量清单计价和计量规范

工程量清单计价和计量规范主要包括《建设工程工程量清单计价规范》《房屋建筑与装饰工程工程量计算规范》《仿古建筑工程工程量计算规范》《通用安装工程工程量计算规范》《市政工程工程量计算规范》《园林绿化工程工程量计算规范》《矿山工程工程量计算规范》《构筑物工程工程量计算规范》《城市轨道交通工程工程量计算规范》《爆破工程工程量计算规范》等。

3. 工程定额

工程定额主要指国家、省、有关专业部门制定的各种定额，包括工程消耗量定额和工程计价定额等。

4. 工程造价信息

工程造价信息主要包括价格信息、工程造价指数和已完工程信息。

三、工程计价基本程序

（一）工程概预算编制的基本程序

工程概预算的编制是国家通过颁布统一的计价定额或指标，对建筑产品价格进行计价的活动。国家以假定的建筑安装产品为对象，制定统一的预算和概算定额，然后按概预算定额规定的分部分项子目，逐项计算工程量，套用概预算定额单价（或单位估价表）确定人工、材料、机具费，再按规定的取费标准确定企业管理费、利润、规费和税金，经汇总后即为工程概、预算价值。

（二）工程量清单计价的基本程序

工程量清单计价的过程可以分为两个阶段，即工程量清单编制（见图1-4）和工程量清单应用（见图1-5）。

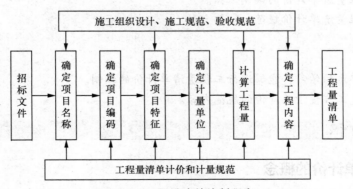

图 1-4　工程量清单编制程序

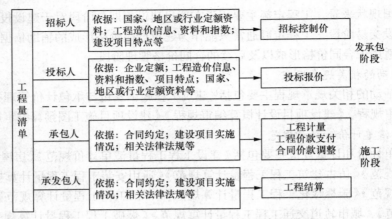

图1-5　工程量清单应用程序

工程量清单计价的基本原理可以描述为：按照工程量清单计价规范规定，在各相应专业工程计量规范规定的工程量清单项目设置和工程量计算规则基础上，针对具体工程的施工图纸和施工组织设计，计算出各个清单项目的工程量，根据规定的方法计算出综合单价，并汇总各清单综合单价得出工程总价。

（1）分部分项工程费＝$\sum$分部分项工程量×相应分部分项综合单价

（2）措施项目费＝$\sum$措施项目工程量×相应措施项目综合单价

（3）其他项目费＝暂列金额＋暂估价＋计日工＋总承包服务费

（4）单位工程报价＝分部分项工程费＋措施项目费＋其他项目费＋规费＋税金

（5）单项工程报价＝$\sum$单位工程报价

（6）建设项目总报价＝$\sum$单项工程报价

学习单元3　工程量清单计价

知识目标

（1）了解工程量清单计价的一般编制程序。

（2）掌握工程量清单计价的编制依据。

（3）熟悉工程量清单计价规范。

技能目标

（1）通过本单元的学习，能够进行工程量清单计价的编制。

（2）能够清楚工程量清单计价的规范内容。

 基础知识

一、工程量清单计价的概念

工程量清单计价是指在建设工程招投标中，招标人或其委托具有资质的工程造价咨询人编制工程量清单，并作为招标文件中的一部分提供给投标人，由投标人依据工程量清单进行自主报价的计价活动。工程量清单计价反映投标人完成由招标人提供的工程量清单所需的全部费用，包括分部分项工程费、措施项目费、其他项目费、规费和税金。招标文件中的工程量清单标明的工程量是投标人的共同基础。竣工结算的工程量按发、承包双方在合同中约定应予计量且实际完成的工程量确定。

工程量清单是工程量清单计价的基础，是作为招标控制价、投标报价、计算工程量、支付工程款、调整合同价款、办理竣工结算以及工程索赔等的依据之一。工程量清单是根据统一的工程量计算规则和施工图纸及清单项目编制要求计算得出的，体现了招标人要求投标人完成的工程项目及相应的工程量。

二、工程量清单计价依据

工程量清单计价依据，是指用以计算工程造价的基础资料的总称。它一般包括工程造价定额、工程造价费用定额、造价指标、基础单价、工程量计算规则以及政府主管部门发布的各类有关工程造价的经济法规、政策、市场信息价格等。可以归纳为以下 3 类。

1. 计算工程量的依据
（1）施工图纸和设计说明。
（2）工程量计算规则。
2. 计算分部分项工程人工、材料、机械台班消耗量及费用的依据
（1）预算定额。
（2）企业定额。
（3）地区人工费单价、材料预算单价、机械台班单价。
3. 计算建筑安装工程费用的依据
（1）地区主管部门计价办法、取费标准、发布的市场信息价和调价文件。
（2）企业计费定额或策略。

以 A 省为例，A 省现行建筑工程计价依据主要有《建设工程工程量清单计价规范》《A 省建设工程计价规则》《A 省建筑工程预算定额》《A 省建设工程施工取费定额》、企业定额、价格信息、施工图纸、施工方案等。

三、工程量清单计价规范

《建设工程工程量清单计价规范》（GB 50500—2013）是由中华人民共和国住房和城乡建设部与中华人民共和国国家质量监督检验检疫总局联合发布的，于 2013 年 7 月 1 日开始实施，是统一工程量清单编制、规范工程量清单计价的国家标准，凡是全部使用国有资金投资或国有资金投资为主的工程建设项目应严格执行此规范。

（一）计价规范的内容

计价规范由正文和附录两部分构成。

1. 正文
正文包括以下 16 个部分。
（1）总则。总则包括计价规范的编制依据、使用范围、计价原则等内容。
（2）术语。术语包括工程量清单、项目编码、综合单价、措施项目、暂列金额、暂估价、计日工、总承包服务费、索赔、现场签证、企业定额、规费、税金、发包人、承包人、造价工程师等术语。

13

（3）一般规定。一般规定包括计价方式、发包人提供材料和工程设备、承包人提供材料和工程设备和计价风险。

（4）工程量清单编制。工程清单编制包括工程量清单编制的一般规定、分部分项工程项目清单的编制说明、措施项目清单的内容及编制说明、其他项目清单的内容及编制说明、规费、税金。

（5）招标控制价。招标控制价包括一般规定、编制与复核、投诉与处理。

（6）投标报价。投标报价包括一般规定、编制与复核。

（7）合同价款约定。合同价款约定包括一般规定、约定内容。

（8）工程计量。工程计量包括一般规定、单价合同的计量和总价合同的计量。

（9）合同价款调整。合同价款调整包括一般规定、法律法规变化、工程变更、项目特征不符、工程量清单缺项、工程量偏差、计日工、物价变化、暂估价、不可抗力、提前竣工、误期赔偿、索赔、现场签证和暂列金额。

（10）合同价款期中支付。合同价款期中支付包括预付款、安全文明施工费和进度款。

（11）竣工结算与支付。竣工结算与支付包括一般规定、编制与复核、竣工结算、结算款支付、质量保证金和最终结清。

（12）合同解除的价款结算与支付。

（13）合同价款争议的解决。合同价款争议的解决包括监理或造价工程师暂定、管理机构的解释或认定、协商和解、调解和仲裁、诉讼。

（14）工程造价鉴定。工程造价鉴定包括一般规定、取证和鉴定。

（15）工程计价资料与档案。工程计价资料与档案包括计价资料和计价档案。

（16）工程计价表格。工程计价表格包括工程量清单的格式和工程量清单计价格式。工程量清单的格式包括工程量清单的内容及其相应的各种统一表格，工程量清单计价格式包括工程量清单计价的内容及其相应的各种统一表格。

2. 附录

附录包括以下 11 个部分。

附录 A：物价变化合同价款调整方法。

附录 B：工程计价文件封面。

附录 C：工程计价文件扉页。

附录 D：工程计价总说明。

附录 E：工程计价汇总表。

附录 F：分部分项工程和措施项目计价表。

附录 G：其他项目计价表。

附录 H：规费、税金项目计价表。

附录 J：工程计量申请（核准）表。

附录 K：合同价款支付申请（核准）表。

附录 L：主要材料、工程设备一览表。

（二）《建设工程工程量清单计价规范》（GB 50500—2013）中的一般概念

1. 工程量清单

工程量清单由分部分项工程量清单、措施项目清单、其他项目清单、规费项目清单、税金项目清单等组成。这些明细清单，是按照招标要求和施工图纸要求将拟建招标工程的全部项目和内容，依据统一的项目编码、统一的项目名称、统一的工程量计算规则、统一的计量单位要求，计算拟建招标工程的工程数量的表格。

工程量清单计价规范适用于建设工程发承包及其实施阶段的计价活动。使用国有资金投资的建设工程发承包，必须采用工程量清单计价；非国有资金投资的建设工程，宜采用工程量清单计价；不采用工程量清单计价的建设工程，应执行计价规范中除工程量清单等专门性规定外的其他规定。

2. 分部分项工程量清单

分部分项工程量清单是表示拟建工程分项实体工程项目名称和相应数量的明细清单。分部分项工程是"分部工程"和"分项工程"的总称。"分部工程"是单位工程的组成部分，系按结构部位、路段长度及施工特点或施工任务将单位工程划分为若干分部的工程。例如，砌筑工程分为砖砌体、砌块砌体、石砌体、垫层分部工程。"分项工程"是分部工程的组成部分，系按不同施工方法、材料、工序及路段长度等分部工程划分为若干个分项或项目的工程。例如，砖砌体分为砖基础、砖砌挖孔桩护壁、实心砖墙、多孔砖墙、空心砖墙、空斗墙、空花墙、填充墙、实心砖柱、多孔砖柱、砖检查井、零星砌砖、砖散水地坪、砖地沟明沟等分项工程。

分部分项工程量清单包括项目编码、项目名称、项目特征、计量单位和工程量。

分部分项工程量清单根据附录规定的项目编码、项目名称、项目特征、计量单位和工程量计算规则进行编制。

（1）项目编码。分部分项工程量清单的项目编码，应采用 12 位阿拉伯数字表示。1～9 位应按附录的规定设置，10～12 位应根据拟建工程的工程量清单项目名称设置，同一招标工程的项目编码不得有重码。

各位数字的含义是：一、二位为专业工程代码（01—房屋建筑与装饰工程；02—仿古建筑工程；03—通用安装工程；04—市政工程；05—园林绿化工程；06—矿山工程；07—构筑物工程；08—城市轨道交通工程；09—爆破工程。以后进入国家标准的专业工程计量规范代码以此类推，顺序编列）。三、四位为专业工程附录分类顺序码。五、六位为分部工程顺序码。七至九位为分项工程项目名称顺序码。十至十二位为清单项目名称顺序码。

（2）项目名称。分部分项工程量清单的项目名称应根据现行国家计量规范规定的项目名称结合拟建工程的实际确定。附录表中的"项目名称"为分项工程项目名称，是形成分部分项工程量清单项目名称的基础。即在编制分部分项工程量清单时，以附录中的分项工程项目名称为基础，考虑该项目的规格、型号、材质等特征要求，结合拟建工程的实际情况，使其工程量清单项目名称具体化、细化，以反映影响工程造价的主要因素。例如"门窗工程"中"特殊门"应区分"冷藏门""冷冻闸门""保温门""变电室门""隔音门""人防门""金库门"等。清单项目名称应表达详细、准确，各专业工程计量规范中的分项工程项目名称如有缺陷，招标人可进行补充，并报当地工程造价管理机构（省级）备案。

（3）工程量。分部分项工程量清单中所列工程量应按现行国家计量规范规定的工程量计算规则计算。

工程量计算规则是指对清单项目工程量的计算规定。除另有说明外，所有清单项目的工程量应以实体工程量为准，并以完成后的净值计算；投标人投标报价时，应在单价中考虑施工中的各种损耗和需要增加的工程量。

（4）计量单位。分部分项工程量清单的计量单位应按现行国家计量规范规定的计量单位确定。

计量单位应采用基本单位，除各专业另有特殊规定外均按以下单位计量。

以重量计算的项目——吨或千克（t 或 kg）；以体积计算的项目——立方米（m³）；以面积计算的项目——平方米（m²）；以长度计算的项目——米（m）；以自然计量单位计算的项目——个、套、块、樘、组等；没有具体数量的项目——宗等。

各专业有特殊计量单位的，另外加以说明，当计量单位有两个或两个以上时，应根据所编工程量清单项目的特征要求，选择最适宜表现该项目特征并方便计量的单位。计量单位的有效位数应遵守下列规定。

以"t"为单位，应保留小数点后 3 位数字，第 4 位小数四舍五入；以"m""m²""m³""kg"为单位，应保留小数点后两位数字，第 3 位小数四舍五入；以"个""件""根""组""系统"等为单位，应取整数。

（5）项目特征。分部分项工程量清单项目特征应按现行国家计量规范规定的项目特征，结合拟建工程项目的实际予以描述。项目特征是对项目的准确描述，是确定一个清单项目综合单价不可缺少的重要依据，是区分清单项目的依据，是履行合同义务的基础。分部分项工程量清单的项目特征应按各专业工程计量规范附录中规定的项目特征，结合技术规范、标准图集、施工图纸，按照工程结构、使用材质及规格或安装位置等，予以详细而准确的表述和说明。凡项目特征中未描述到的其他独有特征，由清单编制人视项目具体情况确定，以准确描述清单项目为准。在各专业工程计量规范附录中还有关于各清单项目"工作内容"的描述。工作内容是指完成清单项目可能发生的具体工作和操作程序，但应注意的是，在编制分部分项工程量清单时，工作内容通常无须描述，因为在计价规范中，工程量清单项目与工程量计算规则、工作内容有一一对应关系，当采用计价规范这一标准时，工作内容均有规定。

3. 措施项目清单

措施项目清单是指为完成工程项目施工，发生于该工程施工前和施工过程中的技术、生活、文明、安全等方面非工程实体项目清单，如环境保护、文明施工、临时设施、脚手架、施工排水降水等。措施项目清单应根据拟建工程的具体情况列项，出现规范中未列的项目，可根据工程实际情况补充，详见表 1-1。

表 1-1 通用措施项目一览表

序号	项目名称
1	安全文明施工费
2	夜间施工增加费
3	二次搬运费
4	冬雨季施工增加费
5	已完工程及设备保护费

4. 其他项目清单

其他项目清单是指分部分项工程量清单、措施项目清单所包含的内容以外，因招标人的特殊要求而发生的与拟建工程有关的其他费用项目和相应数量的清单。工程建设标准的高低、工程的复杂程度、工程的工期长短、工程的组成内容、发包人对工程管理要求等都直接影响其他项目清单的具体内容。其他项目清单包括暂列金额；暂估价（包括材料暂估单价、工程设备暂估单价、专业工程暂估价）；计日工；总承包服务费。

（1）暂列金额。暂列金额是指招标人在工程量清单中暂定并包括在合同价款中的一笔款项，用于工程合同签订时尚未确定或者不可预见的所需材料、工程设备、服务的采购，施工中可能发生的工程变更、合同约定调整因素出现时的合同价款调整，以及发生的索赔、现场签证确认等的费用。不管采用何种合同形式，其理想的标准是，一份合同的价格就是其最终的竣工结算价格，或者至少两者应尽可能接近。我国规定对政府投资工程实行概算管理，经项目审批部门批复的设计概算是工程投资控制的刚性指标，即使商业性开发项目也有成本的预先控制问题，否则，无法相对准确预测投资的收益和科学合理地进行投资控制。但工程建设自身的特性决定了工程的设计需要根据工程进展不断地进行优化和调整，业主需求可能会随工程建设进展出现变化，工程建设过程还存在一些不能预见、不能确定的因素。消化这些因素必然会影响合同价格的调整，暂列金额正是因这类不可避免的价格调整而设立，以便达到合理确定和有效控制工程造价的目标。设立暂列金额并不能保证合同结算价格就不会再出现超过合同价格的情况，是否超出合同价格完全取决于工程量清单编制人对暂列金额预测的准确性，以及工程建设过程是否出现了其他事先未预测到的事件。

（2）暂估价。暂估价是指招标人在工程量清单中提供的用于支付必然发生但暂时不能确定价格的材料、工程设备的单价以及专业工程的金额，包括材料暂估单价、工程设备暂估单价和专业工程暂估价；暂估价类似于 FIDIC 合同条款中的 Prime Cost Items，在招标阶段预见肯定要发生，只是因为标准不明确或者需要由专业承包人完成，暂时无法确定价格。暂估价数量和拟用项目应当结合工程量清单中的"暂估价表"予以补充说明。为方便合同管理，需要纳入分部分项工程量清单项目综合单价中的暂估价应只是材料、工程设备暂估单价，以方便投标人组价。

专业工程的暂估价一般应是综合暂估价，同样包括人工费、材料费、施工机具使用费、企业管理费和利润，不包括规费和税金。总承包招标时，专业工程设计深度往往是不够的，一般需要交由专业设计人设计。在国际社会，出于对提高可建造性的考虑，一般由专业承包人负责设计，以发挥其专业技能和专业施工经验的优势。这类专业工程交由专业分包人完成是国际工程的良好实践，目前在我国工程建设领域也已经比较普遍。公开透明地合理确定这类暂估价的实际开支金额的最佳途径就是通过施工总承包人与工程建设项目招标人共同组织的招标。

暂估价中的材料、工程设备暂估单价应根据工程造价信息或参照市场价格估算，列出明细表；专业工程暂估价应分不同专业，按有关计价规定估算，列出明细表。

（3）计日工。计日工是在施工过程中，承包人完成发包人提出的工程合同范围以外的零星项目或工作，按合同中约定的单价计价的一种方式。计日工是为了解决现场发生的零星工作的计价而设立的。国际上常见的标准合同条款中，大多数都设立了计日工（Daywork）计价机制。计日工对完成零星工作所消耗的人工工时、材料数量、施工机械台班进行计量，并按照计日工表中填报的适用项目的单价进行计价支付。计日工适用的所谓零星项目或工作一般是指合同约定之外的或者因变更而产生的、工程量清单中没有相应项目的额外工作，尤其是那些难以事先商定价格的额外工作。

（4）总承包服务费。总承包服务费是指总承包人为配合协调发包人进行的专业工程发包，对发包人自行采购的材料、工程设备等进行保管以及施工现场管理、竣工资料汇总整理等服务所需的费用。招标人应预计该项费用并按投标人的投标报价向投标人支付该项费用。

出现规范中未列项的项目，可根据工程实际情况补充。

5. 规费项目清单

规费项目清单主要按下列内容列项。

（1）社会保险费。

☆小提示

社会保险费包括养老保险费、失业保险费、医疗保险费、工伤保险费、生育保险费，社会保险费由原来的 3 项变为现在的 5 项，规费的项目由原来的 4 项变为现在的 3 项。

（2）住房公积金。

（3）工程排污费。

出现规范中未列的项目，应根据省级政府或省级有关权力部门的规定列项。

6. 税金项目清单

税金项目清单主要按下列内容列项。

（1）营业税。

（2）城市维护建设税。

（3）教育费附加。

（4）地方教育附加。地方教育附加是 2013 年新增加的内容。

出现规范中未列的项目，应根据税务部门的规定列项。

学习案例

某总建筑面积 89 700 m² 的 8 层商用楼，框架结构。通过公开招标，业主分别与承包商、监理单位签订了工程施工合同、委托监理合同。工程开、竣工时间分别为 2013 年 3 月 1 日和 12 月 20 日。承、发包双方在专用条款中，对工程变更、工程计量、合同价款的调整及工程款的支付等都作了规定。约定采用工程量清单计价，工程量增减的约定幅度为 8%。

对变更合同价款确定的程序规定如下所述。

（1）工程变更发生后的 7 d 内，承包方应提出变更工程价款报告，经工程师确认后，调整合同价款。

（2）若工程变更发生后 7 d 内，承包方不提出变更工程价款报告，则视为该变更不涉及价款变更。

（3）工程师自收到变更价款报告之日起 7 d 内应对此予以确认。若无正当理由不确认时，自报告送达之日起，14 d 后该报告自动生效。

承包人在 5 月 8 日进行工程量统计时，发现原工程量清单漏项 1 项；局部基础形式发生设计变更 1 项；相应地，有 3 项清单项目工程量减少在 5% 以内，工程量比清单项目超过 6% 的 2 项，超过 10% 的 1 项，当即向工程师提出了变更报告。工程师在 5 月 14 日确认了该 3 项变更。5 月 20 日向工程师提出了变更工程价款的报告，工程师在 5 月 25 日确认了承包人提出的变更价款的报告。

想一想

1. 合同中所述变更价款的程序规定有何不妥之处？如何改正？

2. 按《建设工程工程量清单计价规范》的规定，当工程量发生变更时，如何调整相应单价？本例中发现的问题，如何调整单价？

18

案例分析

1. 合同中所述变更价款的程序规定不妥之处及改正如下所述。

第（1）条，"工程变更发生后的 7 d 内"，应改为"工程变更发生后的 14 d 内"。

第（2）条，"若工程变更发生后 7 d 内"，应改为"若工程变更发生后 14 d 内"。

第（3）条，"工程师自收到变更价款报告之日起 7 d 内应对此予以确认"，应改为"工程师自收到变更价款报告之日起 14 d 内应对此予以确认"。

2.《建设工程工程量清单计价规范》规定，合同中综合单价因工程量变更需要调整时，除合同另有规定外，确定方法如下所述。

（1）工程量清单漏项或设计变更引起的工程量增减，其相应综合单价由承包人提出，经发包人确认后，作为结算依据。

（2）由于工程量清单的工程量有误或设计变更引起工程量增减，属合同约定幅度以内的，应执行原有的综合单价；属合同约定幅度以外的，其增加部分的工程量或减少后剩余部分的工程量的综合单价，由承包人提出，经发包人确认后作为结算依据。

在本例中，对于工程量清单漏项 1 项、局部基础形式发生设计变更 1 项，可由承包人提出综合单价，经发包人确认后，作为结算依据；对于有 3 项清单项目工程量减少在 5% 以内，工程量比清单项目超过 6% 的 2 项，超过 10% 的 1 项，由于工程量增减的约定幅度为 8%，所以只能对增减超过 8% 的项调整综合单价，其增加部分的工程量或减少后剩余部分的工程量的综合单价，由承包人提出，经发包人确认后作为结算依据。

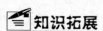 **知识拓展**

建筑工程计价软件

建筑工程计价软件，简单地说，是用来计算建筑物的造价以及造价详细组成，为工程的估算、概算、预算、结算、决算等不同阶段的工作提供计量依据。

建筑工程计价软件包括工程量计算软件、投标报价类软件、预算类软件三大类。

（一）工程量计算软件

工程量计算软件作为概预算的辅助计算工具，是依据概预算人员计算工程量的特点而编制的，对一个工程可以按照层次分别计算或作为同一层次进行计算。

1. 三维算量软件

三维算量软件由清华斯维尔软件科技有限公司研制开发，符合相关规范。软件旨在通过三维图形建模，直接识别利用设计院电子文档的方式，把电子文档转化为面向工程量及套价计算的图形构件对象，以面向图形的方法，生成计算工程量的预算图，直观地解决了工程量的计算及套价，提高了建设工程量计算速度与精确度。

2. 广联达图形算量软件——GCL 2008

广联达图形算量软件以描图的形式将图样输入计算机中，由计算机按照系统选定的规则自动计算工程量。处理的资料主要包括图样、各种标准图集等，输出相应的工程量清单、工程计算书等。

3. 鲁班图形算量软件

鲁班图形算量软件是基于 AutoCAD 平台的图形算量软件，三维立体可视，清单工程量和定额工程量同时生成，计算结果可以采用图形、表格和预算接口文件3种方式输出，并且与工程量计价软件建立无缝兼容接口，可以直接导入使用。

4. 神机妙算图形算量软件

神机妙算图形算量软件是由上海神机造价软件有限公司开发的。软件主要功能特点包括可导入 CAD 图档、三维实体显示、逼真的三维钢筋、快速钢筋计算等。

5. PKPM 建筑工程量计算软件

PKPM 建筑工程量计算软件由中国建筑科学研究院建筑工程软件研究所开发而成。利用用户已经完成的建筑、结构模型，对预算所需的各种工程量作自动的统计工作。

（二）投标报价类软件

1. PKPM 国际/援外工程报价软件

PKPM 国际/援外工程报价软件由中国建筑科学研究院建筑工程软件研究所研究开发。PKPM 系列国际/援外工程报价软件充分发挥了用计算机进行估价可使工作方便、灵活的特点，使造价师在报价中不仅可更为快速、准确、可靠地进行投标报价，而且准备多种报价方案以备更灵活地进行投标报价。

2. 工程投标报价系统 E921

工程投标报价系统 E921 是中国建筑总公司与北京广联达慧中软件技术有限公司联合开发的国际工程投标报价的软件系统，它适合于采用 FIDIC 条款及类似 FIDIC 条款的投标报价。

（三）预算类软件

1. 清单计价 BQ2006

清单计价 BQ2006 由清华斯维尔科技有限公司研制开发，适用于发包方、承包方、咨询方、监理方等单位管理建设工程造价计算，编制工程预决算，以及招投标需求，通用性强，可实现多种计价方法，挂接多套定额，能满足不同地区及不同定额专业计价的特殊要求，操作方便，界面人性简洁，报表设计美观，输出灵活。

2. PKPM 概预算报表软件

PKPM 概预算报表软件拥有 30 多个省市区定额，可完成土建、安装、市政、园林等各专业的套价报表，准确、方便、快捷打印输出全套的概预算书。

情境小结

建设工程计价就是指计算建设工程的造价。工程项目造价有两层含义，第一层含义是指建设一项工程预期开支或实际开支的全部固定资产投资费用，包括设备工器具购置费、建筑安装工程费、工程建设其他费、预备费、建设期贷款利息和固定资产投资方向调节税费用。第二层含义是从发承包的角度来定义，工程造价是工程承发包价格。

影响工程造价的主要因素有两个，即基本构造要素的单位价格和基本构造要素的实物工程数量。

定额计价法又称施工图预算法，定额计价法在我国有两种现行计价方式，即单位估价法和实物估价法。工程量清单计价法的造价计算方法是"综合单价"法。

工程量清单计价的一般编制程序，包括熟悉施工图纸及其相关资料，了解现场情况；编制工程量清单；计算综合单价；计算分部分项工程费；计算措施费；计算其他项目费；计算单位工程费；计算单项工程费；计算工程项目总价。

了解《建设工程工程量清单计价规范》（GB 50500—2013）中，计价规范的内容和一般概念的介绍，主要是注意 2013 年与 2008 年的变化。

学习检测

一、填空题

1. 按建设性质分类，可将基本建设项目划分为＿＿＿＿＿＿、＿＿＿＿＿＿、＿＿＿＿＿＿、＿＿＿＿＿＿和＿＿＿＿＿＿。

2. 建筑工程计价分为＿＿＿＿＿＿、＿＿＿＿＿＿两种计价模式。

3. 分部工程是指按工程的＿＿＿＿＿＿或＿＿＿＿＿＿不同进行划分的工程项目。

4. 基本建设的内容包括＿＿＿＿＿＿、＿＿＿＿＿＿、＿＿＿＿＿＿、＿＿＿＿＿＿。

5. 一个建设项目可划分为＿＿＿＿＿＿、＿＿＿＿＿＿、＿＿＿＿＿＿、＿＿＿＿＿＿、＿＿＿＿＿＿ 5 个层次。

6. 我国存在两种工程造价计价模式：一是传统的＿＿＿＿＿模式，另一种是＿＿＿＿＿计价模式。不论哪一种计价模式都是先＿＿＿＿＿，再计算工程价格。

二、选择题

1. 基本建设按建设性质划分，可分为（ ）。
   A. 新建项目　　　　　　　　　　B. 恢复项目
   C. 改建项目　　　　　　　　　　D. 扩建项目
   E. 外资项目

2. 下列款级科目中，不属于基本建设支出类级科目的有（ ）。
   A. 工程建设费　　　　　　　　　B. 专用设备购置
   C. 基础设施建设　　　　　　　　D. 房屋建筑物构建

3. 单项工程是指具有独立的设计文件，竣工后可以独立发挥生产能力并能产生经济效益或效能的工程，是建设项目的组成部分。以下属于单项工程的是（ ）。
   A. 工厂的车间　　　　　　　　　B. 学校的教学楼
   C. 办公楼　　　　　　　　　　　D. 学生公寓
   E. 通风工程

4. 以下不是分项工程的是（ ）。
   A. 独立基础　　　　　　　　　　B. 异形柱
   C. 金属结构工程　　　　　　　　D. 满堂基础

5. 以下属于分部工程的是（ ）。
   A. 桩与地基基础工程　　　　　　B. 金属结构工程
   C. 设备基础　　　　　　　　　　D. 屋面及防水工程
   E. 土石方工程

三、简答题

1. 什么是基本建设？基本建设项目是如何分类的？
2. 建设工程造价文件有哪些？分别在什么时间编制？
3. 建筑工程计价的模式有哪几种？什么是工程量清单计价法？
4. 基本建设程序的划分是怎样的？
5. 建设工程计价的概念是什么？
6. 工程量清单由哪几部分组成？

学习情境二

建筑工程定额

情境导入

一项毛石护坡砌筑工程，定额测定资料如下所述。

1. 完成每立方米毛石砌体的基本工作时间为 7.9 h。

2. 辅助工作时间、准备与结束时间、不可避免中断时间和休息时间等，分别占毛石砌体工作延续时间的 3%、2%、2% 和 16%。

3. 每 10 m³ 毛石砌体需要 M5 水泥砂浆 3.93 m³，毛石 11.22 m³，水 0.79 m³。

4. 每 10 m³ 毛石砌体需要 200 L 砂浆搅拌机 0.66 台班。

5. 该地区有关资源的现行价格如下。

人工工日单价：50 元/工日；M5 水泥砂浆单价：120 元/m³；毛石单价：58 元/m³；水单价：4 元/m³；200 L 砂浆搅拌机台班单价：88.50 元/台班。

案例导航

上述案例，建筑工程消耗量定额按生产要素可分为劳动定额、材料消耗定额、机械台班消耗定额。劳动定额可分为时间定额和产量定额。机械台班消耗定额可分为机械时间定额和机械产量定额。时间定额=定额时间/每工日工时数，产量定额与时间定额成反比。

要了解劳动、材料、机械台班消耗定额的计算公式，需要掌握以下相关知识。

1. 工程建设定额的概念、意义和特点。

2. 建筑工程消耗量定额的概念、建筑工程消耗量指标的确定。

3. 建筑工程消耗量定额的运用。

学习单元 1 概 述

知识目标

（1）了解定额的概念、特点及作用。

（2）了解定额的分类。

技能目标

（1）通过本单元的学习，对定额的概念有一个明晰而简要的概述。

（2）能够熟悉定额的作用及分类。

> **基础知识**

一、工程建设定额的概念、特点和作用

（一）工程建设定额的概念

所谓定，就是规定；额，就是额度或限度。定额就是规定的额度或限额。工程建设定额指在工程建设过程中，在现有的社会生产力条件下，在合理的劳动组织、合理使用材料及机械的条件下，完成单位合格产品所必需消耗的人工、材料、机械台班等资源的数量标准。

工程建设定额反映了在一定社会生产力条件下，工程建设行业的生产与管理水平，同时反映了社会生产力投入和产出关系，是工程造价的计价依据，在建设管理中不可缺少。

定额水平就是规定完成单位合格产品所需消耗的资源数量的多少。定额水平是一定时期社会生产力水平的反映，它与操作人员的技术水平，机械化程度，新材料、新工艺、新技术的应用，企业的组织管理水平等都有关。因此，定额不是一成不变的。

> ☆ **小技巧**
>
> 这种定额是量的规定，所反映的是在一定的社会生产力发展水平下，完成某项工程建设产品与各种生产消耗之间特定的数量关系，考虑的是正常的施工条件、目前大多数施工企业的技术装备程度、合理的施工工期、施工工艺和劳动组织，反映的是一种社会平均消耗水平。

（二）工程建设定额的特点

1. 科学性

首先，工程建设定额是以科学的态度制定的，尊重客观实际，力求定额水平合理；其次，制定定额的技术方法科学合理，利用现代科学管理的成就，形成一套系统的、完整的、在实践中行之有效的方法；最后，定额的制定和贯彻一体化，制定是为了提供贯彻的依据，贯彻是为了实现管理的目标，同时也是对定额实施情况的信息反馈。

2. 系统性

工程建设本身的多种类、多层次决定了以它为服务对象的工程建设定额的多种类、多层次。工程建设定额是相对独立的系统，它是由不同层次的多种定额结合而成的一个有机的整体。它的结构复杂，有鲜明的层次，有明确的目标。

3. 统一性

工程建设定额的统一性，主要是由国家对经济发展的有计划的宏观调控职能决定的。为了使国民经济按照既定的目标发展，就需要借助某些标准、定额、参数等，对工程建设进行规划、组织、调节、控制。而这些标准、定额、参数必须在一定范围内是一种统一的尺度，才能实现上述职能，才能利用其对项目的决策、设计方案、投标报价、成本控制进行比选和评价。

4. 权威性与灵活性

一直以来，定额是国家授权部门根据当时的实际生产力水平制定并颁发的，具有很强的权威性，各地区、各部门和相关单位都必须严格遵守，未经许可，不得随意改变定额的内容和水平，以保证工程建设造价有统一的尺度。

但在市场经济条件下，定额在执行过程中允许企业根据招投标等具体情况进行调整。要使

工程建设定额既能起到国家宏观调控市场的作用，又能起到让工程建设市场充分发展的作用，就必须要有一个社会公认的，在使用过程中可以有根据地改变其水平的定额。这就要求工程建设定额要具有一定的灵活性。

5. 稳定性与时效性

定额反映了一定时期的社会生产力水平，是一定时期技术发展和管理水平的反映。因此，定额发布后，在一段时期内表现出相对稳定性。当生产力水平发生变化、原定额已不适用时，授权部门应当根据新的情况制定出新的定额或修改、调整、补充原有的定额，保持定额的时效性。

在各种定额中，工程项目划分和工程量计算规则比较稳定，一般能保持几十年，人、材、机消耗定额，一般相对稳定 5～10 年；材料单价、工程造价指数稳定时间较短。

6. 群众性

定额的群众性是指定额的制定和执行都必须有广泛的群众基础，因为定额水平的高低主要取决于建设工人所创造的劳动生产力水平的高低；其次，工人直接参加定额的测定工作有利于制定出容易掌握和推广的定额；最后，定额的执行要依靠广大职工的生产实践活动方能完成，也只有得到群众的支持和协助，定额才会定得合理，并能为群众所接受。

（三）工程建设定额的作用

定额是实现企业管理科学化的基础和必备条件，定额在企业管理科学化中始终占有重要的地位，没有定额就谈不上科学管理。在市场经济中，每一个商品生产者和商品经营者都被推向市场，他们必须在竞争中求生存、求发展。为此，他们必须提高自己的竞争能力，这就要求他们必须利用定额手段加强管理，以达到提高工作效率、降低生产和经营成本、提高市场竞争能力的目的，力求以最少的人工、材料和机械台班的消耗，生产出符合社会需要的工程建设产品。在工程建设中，定额的主要作用如下所述。

（1）工程建设定额是提高劳动生产率的重要手段。施工企业要节约成本，增加盈利和收入，就必须提高劳动生产率。而提高劳动生产率的主要措施是贯彻执行各种定额，把提高劳动生产率的任务落实到每一个班组和个人，促使他们改善操作方式、方法，进行合理的劳动组织，以最少的劳动量投入到相同的生产任务中。

（2）工程建设定额有利于市场行为的规范化，促使市场公平竞争。工程建设定额是投资决策和价格决策的依据，对于投资者和施工企业都有着相应的作用。对于投资者来说，可以根据定额权衡财务状况、方案优劣、支付能力等；对于施工企业来说，可以在投标报价时提出科学的、充分的数据和信息，从而正确地进行价格决策，增加在市场竞争中的主动性。

（3）工程建设定额有利于完善市场的信息。定额中的数据来源于市场，来源于大量的施工实践，也就是说定额中的数据是市场信息的反馈。信息的可靠性、完备性、灵敏度对于定额的管理相当重要。当信息的可靠性、完备性越好以及灵敏度越高时，定额中的数据就越准确，这对于通过工程建设定额所反映的工程造价就较为真实；反之，就必须主动地完善市场的信息。

二、工程建设定额的分类

工程建设定额是工程建设中各类定额的总称，包括许多类别的定额。为了对工程建设定额能有一个全面的了解，可以按照不同的原则和方法对它进行科学分类。

（一）按生产要素分类

生产要素包括劳动者、劳动工具和劳动对象 3 部分，反映其消耗的定额分别是劳动定额（又称人工定额）、材料消耗定额和机械台班使用定额，这种定额被称为三大基本定额。

1. 劳动定额

劳动定额即人工定额，它反映了建筑工人劳动生产效率水平的高低，表明在合理、正常的施工条件下，单位时间内完成合格产品的数量或完成单位合格产品所需的工时。劳动定额由于其表现形式的不同，又分为时间定额与产量定额。

（1）时间定额。时间定额又称工时定额，是指在合理的劳动组织与合理使用材料的条件下，完成质量合格的单位产品所必须消耗的劳动时间。时间定额以"工日"或"工时"为单位。

（2）产量定额。产量定额又称每工产量，是指在合理的劳动组织与合理使用材料的条件下，规定某工种、某技术等级的工人（或人工班组）在单位时间里必须完成质量合格的产品数量。产量定额的单位是产品的单位。

2. 材料消耗定额

材料消耗定额简称材料定额，是指在节约与合理使用材料条件下，生产质量合格的单位工程产品，所必须消耗的一定规格的质量合格的材料、成品、半成品、构配件、动力与燃料的数量标准。材料消耗定额的单位是材料的单位。

3. 机械台班使用定额

机械台班使用定额是指在正常施工条件下，利用某种施工机械生产单位合格产品所必须消耗的机械工作时间，或者在单位时间内机械完成合格产品的数量标准。

（二）按编制程序和用途分类

按定额的编制程序和用途不同可分为施工定额、预算定额、概算定额、概算指标和投资估算指标。

1. 施工定额

施工定额是完成一定计量单位的某一施工过程或基本工序所需消耗的人工、材料和机械台班数量标准。施工定额是施工企业（建筑安装企业）为了组织生产和加强企业管理在企业内部使用的一种定额，属于企业定额的性质。施工定额是以某一施工过程或基本工序为研究对象，表示生产产品数量与生产要素消耗综合关系编制的定额。为了适应组织生产和管理的需要，施工定额的项目划分很细，是工程定额中分项最细、定额子目最多的一种定额，也是工程定额中的基础性定额。

2. 预算定额

预算定额是指在正常的施工条件下，完成一定计量单位合格的分项工程或结构构件所需消耗的人工、材料、施工机械台班数量及其费用标准。预算定额是一种计价性定额。从编制程序上看，预算定额是以施工定额为基础综合扩大编制的，同时它也是编制概算定额的基础。

3. 概算定额

概算定额是完成单位合格扩大分项工程或扩大结构构件所需消耗的人工、材料和施工机械台班的数量及其费用标准，是一种计价性定额。概算定额是编制扩大初步设计概算、确定建设项目投资额的依据。概算定额的项目划分粗细，与扩大初步设计的深度相适应，一般在预算定额的基础上综合扩大而成，每一综合分项概算定额都包含了数项预算定额。

4. 概算指标

概算指标是以单位工程为对象,反映完成一个规定计量单位建筑安装产品的经济消耗指标。概算指标是概算定额的扩大与合并，是以更为扩大的计量单位来编制的。概算指标的内容包括人工、机械台班、材料定额三个基本部分，同时还列出了各结构分部的工程量及单位建筑工程的造价，是一种计价定额。

5. 投资估算指标

投资估算指标是以建设项目、单项工程、单位工程为对象，反映建设总投资及各项费用构成的经济指标。它是在项目建议书和可行性研究阶段编制投资估算、计算投资需要量时使用的一种定额。它的概略程度与可行性研究阶段相适应。投资估算指标往往根据历史的预、决算资料和价格变动等资料编制，但其编制基础仍然离不开预算定额、概算定额。

以上各种定额的相互关系可参见表 2-1。

表 2-1　　　　　　　　　　　　　　　各种定额之间的关系

定额类别	施工定额	预算定额	概算定额	概算指标	投资估算指标
对象	工序	分项工程	扩大的分项工程	整个建筑物或构筑物	独立的单项工程或完整的工程项目
用途	编制施工预算	编制施工图预算	编制扩大初步设计概算	编制初步设计概算	编制投资估算
项目划分	最细	细	较粗	粗	很粗
定额水平	平均先进	平均	平均	平均	平均
定额性质	生产性定额	计价性定额			

（三）按编制单位和管理权限分类

按主编单位和管理权限，工程建设定额可分为全国统一定额、行业统一定额、地区统一定额、企业定额和补充定额 5 种。

1. 全国统一定额

全国统一定额是由国家建设行政主管部门或其授权单位，综合全国基本工程建设的施工技术和施工组织管理以及生产劳动的一般情况编制，并在全国范围内执行的定额。

2. 行业统一定额

行业统一定额是考虑到各行业部门专业技术特点，以及施工生产和管理水平编制的。一般只在本行业和相同专业性质的范围内使用。

3. 地区统一定额

地区统一定额是在考虑地区特点和全国统一定额水平的条件下编制，并只在规定的地区范围内执行的定额，如各省、自治区、直辖市等编制的定额。

4. 企业定额

企业定额是指由施工企业考虑本企业的具体情况，参照国家、部门或地区定额的水平制定的定额。企业定额水平一般应高于国家现行定额，才能满足生产技术发展、企业管理和市场竞争的需要。企业定额只在本企业内部使用，是企业素质的一个标志。

5. 补充定额

补充定额是指随着设计、施工技术的发展，现行定额不能满足需要的情况下，为了补充缺陷所编制的定额。补充定额只能在制定的范围内使用，可以作为以后修订定额的基础。

（四）按专业性质分类

按专业性质，工程建设定额可分为全国通用定额、行业通用定额、专业专用定额 3 种。全国通用定额是指在部门间和地区间都可以使用的定额；行业通用定额是指具有专业特点在行业部门内可以通用的定额；专业专用定额是特殊专业的定额，只能在特定的范围内使用。

> ☼小提示
>
> 专业专用定额可分为建筑工程定额、装饰工程定额、安装工程定额、市政工程定额、仿古园林工程定额和矿山工程定额，以及公路工程定额、铁路工程定额、水工工程定额等。

1. 建筑工程定额

建筑工程是指狭义角度意义上的房屋建筑工程结构部分。建筑工程定额是指建筑工程人工、材料及机械的消耗量标准。其内容包括土（石）方工程、桩及地基基础工程、砌筑工程、混凝土及钢筋混凝土工程、厂库房大门特种门木结构工程、金属结构工程、屋面及防水工程和防腐、隔热、保温工程。

2. 装饰工程定额

装饰工程是指房屋建筑的装饰装修工程。装饰工程定额是指建筑装饰装修工程人工、材料及机械的消耗量标准。其内容包括楼地面工程、墙柱面工程、顶棚工程、门窗工程和油漆、涂料、裱糊工程及其他工程。

3. 安装工程定额

安装工程是指各种管线、设备等的安装工程。安装工程定额是指安装工程人工、材料及机械的消耗量标准。其内容包括机械设备安装工程、电气设备安装工程、热力设备安装工程、炉窑砌筑工程、静置设备与工艺金属结构制作安装工程、工业管道工程、消防工程、给排水工程、采暖工程、热气工程、通风空调工程、自动化控制仪表安装工程、通信设备及线路工程、建筑智能化系统设备安装工程、长距离输送管道工程。

4. 市政工程定额

市政工程是指城市的道路、桥涵和市政管网等公共设施及公用设施的建设工程。市政工程定额是指市政工程人工、材料及机械的消耗量标准。其内容包括土石方工程、道路工程、桥涵护涵工程、隧道工程、市政管网工程、地铁工程、钢筋工程、拆除工程。

5. 仿古园林工程定额

仿古园林工程定额是指仿古园林工程人工、材料及机械的消耗量标准。其内容包括绿化工程、园路工程、园桥工程、假山工程、园林景观工程。

6. 矿山工程定额

矿山工程定额是指矿山工程人工、材料及机械的消耗量标准。

7. 公路工程定额

公路工程定额是指城际交通公路工程人工、材料及机械的消耗量标准。其内容包括城际交通公路工程和桥梁工程。

8. 铁路工程定额

铁路工程定额指铁路工程人工、材料及机械的消耗量标准。

9. 水工工程定额

水工工程定额是指水工工程人工、材料及机械的消耗量标准。

（五）按投资的费用性质分类

按投资的费用性质，工程建设定额可分为建筑工程定额、设备安装工程定额、建筑安装工程费用定额、工器具定额和工程建设其他费用定额。

1. 建筑工程定额

建筑工程定额是建筑工程的企业定额、预算定额、概算定额、概算指标的总称。

2. 设备安装工程定额

设备安装工程定额是设备安装工程的企业定额、预算定额、概算定额、概算指标的总称。

3. 建筑安装工程费用定额

建筑安装工程费用定额包括工程直接费用定额和间接费用定额等。

4. 工器具定额

工器具定额是为新建或扩建项目投产运转首次配置的工具、器具数量标准。

5. 建设工程其他费用定额

建设工程其他费用定额是独立于建筑安装工程、设备和工器具购置之外的其他费用开支的标准。

学习单元 2　施工定额

📋 知识目标

（1）了解施工定额的概念、组成及作用。

（2）了解劳动定额、材料消耗定额、机械台班消耗定额的概念及编制。

（3）掌握劳动定额、材料消耗定额、机械台班消耗定额的确定方法。

📋 技能目标

（1）通过本单元的学习，能够对施工定额的概念、组成、作用及编制有一定的了解。

（2）掌握劳动定额、材料消耗定额、机械台班消耗定额的确定方法。

 基础知识

一、施工定额概述

（一）施工定额的概念

施工定额是指以组成分项工程的施工过程、专业工种为基准，完成单位合格工程量所需消耗的人工、材料、机械台班的数额。施工定额是在工程施工阶段，企业为指导施工和加强管理而制定的一种供企业内部使用的定额。因此，施工定额只在企业内部使用，对外不具备法规性质。

施工定额要贯彻平均先进、简明适用的原则，使其在建筑业中既有一定的先进性，又有广泛的适应性。

施工定额的内容一般是按生产要素分别编制的，由施工劳动定额、施工材料消耗定额和施工机械台班消耗定额 3 个相对独立的内容所组成。

目前，全国尚无统一的施工定额。原城乡建设环境保护部于 1985 年颁发的《全国建筑安装工程统一劳动定额》，是具有施工定额性质的单项定额。有些地区、企业在此定额基础上，结合自身状况（人员素质、技术水平、机械装备、习惯做法、施工条件等）和现行规范、规程，参照有关消耗指标及资料，进行调整、补充而编制出本地区、本企业或本工程范围内使用的单项消耗定额，这都属于施工定额。

（二）施工定额的作用

（1）施工定额是企业计划管理的依据。施工定额在企业计划管理方面的作用，表现在它既是企业编制施工组织设计的依据，又是企业编制施工作业计划的依据。

施工组织设计是指导拟建工程进行施工准备和施工生产的技术经济文件，其基本任务是根据招标文件及合同协议的规定，确定出经济合理的施工方案，在人力和物力、时间和空间、技术和组织上对拟建工程作出最佳安排。

施工作业计划则是根据企业的施工计划、拟建工程施工组织设计和现场实际情况编制的，它是以实现企业施工计划为目的的具体执行计划，也是队、组进行施工的依据。因此，施工组织设计和施工作业计划是企业计划管理中不可缺少的环节，这些计划的编制必须依据施工定额。

（2）施工定额是组织和指挥施工生产的有效工具。企业组织和指挥施工队、组进行施工，是按照作业计划通过下达施工任务书和限额领料单来实现的。

（3）施工定额是计算工人劳动报酬的依据。

（4）施工定额是企业激励工人的目标条件。

（5）施工定额有利于推广先进技术。

（6）施工定额是编制施工预算，加强企业成本管理和经济核算的基础。

（7）施工定额是编制工程建设定额体系的基础。

（三）施工定额的编制原则与依据

1. 施工定额的编制原则

（1）平均先进水平原则。所谓平均先进水平，是指在正常条件下，多数生产者经过努力可以达到，少数生产者可以接近，个别生产者可以超过的水平。一般情况下，它低于先进水平而略高于平均水平。

（2）简明适用原则。简明适用原则是在适用基础上的简明。它主要针对施工定额的内容和形式而言，它要求施工定额的内容较丰富，项目较齐全，适用性强，能满足施工组织与管理和计算劳动报酬等多方面的要求。同时要求定额简明扼要，容易为工人和业务人员所理解、掌握，便于查阅和计算等。

（3）以专为主、专群结合的原则。施工定额的编制工作必须由施工企业中经验丰富、技术与管理知识全面、懂国家技术经济政策的专门队伍完成。同时定额的编制和贯彻都离不开群众，因此编制定额必须走群众路线。

2. 施工定额的编制依据

（1）各项建筑安装工程施工及验收技术规范。

（2）施工操作规程和安全操作规程。

（3）建筑安装工人技术等级标准。

（4）技术测定资料，经验统计资料，有关半成品配合比资料等。

（四）施工定额的编制方法与步骤

施工定额的编制方法与编制步骤主要包括以下 3 个方面。

1. 施工定额项目的划分

施工定额项目划分，按其具体内容和工效差别，一般可采用以下 6 种方法。

（1）按手工和机械施工方法的不同划分。

（2）按构件类型及形体的复杂程度划分。

（3）按建筑材料品种和规格的不同划分。

（4）按构造做法及质量要求的不同划分。

（5）按施工作业面的高低划分。

（6）按技术要求与操作的难易程度划分。

2. 施工定额项目计量单位的确定

确定施工定额项目计量单位应遵循下列原则。

（1）能确切、形象地反映产品的形态特征。

（2）便于工程量与工料消耗的计算。

（3）便于保证定额的精确度。

（4）便于在组织施工、统计、核算和验收等工作中使用。

3. 定额册、章、节的编排

（1）定额册的编排。

（2）章的编排。章的编排有两种方法。

① 按同工种不同工作内容划分。

② 按不同生产工艺划分。

（3）节的编排。节的编排有两种方法。

① 按构件的不同类别划分。

② 按材料及施工操作方法的不同划分。

（4）定额表的拟定。定额表格内容一般包括项目名称、工作内容、计量单位、定额编号、附注、人工消耗量、指标、材料和机械台班消耗量指标等。

（五）施工定额手册的内容构成

（1）文字说明：包括总说明、分册说明、分节说明。

（2）定额项目表：包括定额编号、计量单位、项目名称、工料消耗量及附注。

（3）附录：包括名词解释及图解，先进经验及先进工具介绍，混凝土及砂浆配合比表，材料单位重量参考表等。

二、劳动定额

（一）劳动定额的概念与作用

1. 劳动定额的概念

劳动定额也称人工定额，是建筑安装工程统一劳动定额的简称。它是指为完成合格分项工程施工所需消耗的人力资源数量标准。

2. 劳动定额的作用

（1）劳动定额是计划管理的基础。

（2）劳动定额是科学组织施工生产与合理组织劳动的依据。

（3）劳动定额是衡量工人劳动生产率的尺度。

（4）劳动定额是贯彻按劳动分配原则的重要依据。

（5）劳动定额是企业实行经济核算的重要依据。

（二）劳动定额的表现形式

劳动定额有两种基本表现形式，即时间定额和产量定额。

1. 时间定额

时间定额是指在一定的技术装备和劳动组织条件下，规定完成合格的单位产品所需消耗的人力资源数量标准。其计算公式为

$$时间定额 = \frac{消耗的总工日数}{产品数量}$$

> ☼ **小提示**
>
> 　时间定额的单位是"工日"（一个工人工作一个工作日为 1 工日）。例如，1.2 工时/m^3 一砖混水砖墙，即一个建筑安装工人完成 1 m^3 一砖混水砖墙的砌筑所需的时间为 1.2 小时。

2. 产量定额

产量定额是指在一定的技术标准和劳动组织条件下，规定劳动者在单位时间（工日）内，应完成合格产品的数量标准。其计算公式为

$$产量定额 = \frac{产品数量}{消耗的总工日数}$$

> ☼ **小提示**
>
> 　产量定额的单位是以单位时间内生产的产品计量单位表示，如平方米/工日，吨/工日等。例如，0.1 m^3 一砖混水砖墙/工时，即一个建筑安装工人一小时内完成 0.1 m^2 合格的一砖混水砖墙。

> ☼ **小技巧**
>
> 　从以上公式可以看出，个人完成的时间定额与产量定额互为倒数关系；小组完成的时间定额与产量定额之积等于小组成员人数。

3. 时间定额和产量定额的关系

时间定额和产量定额是互为倒数关系，即

$$时间定额 = \frac{1}{产量定额}$$

$$产量定额 = \frac{1}{时间定额}$$

当时间定额减少时，产量定额就会增加；反之，当时间定额增加时，产量定额就会减少。但是增加和减少的比例是不同的。

课堂案例

现测定一砖基础墙的时间定额，已知每立方米砌体的基本工作时间为140分钟，准备与结束时间、休息时间、不可避免的中断时间占时间定额的百分比分别为5.45％、5.84％、2.49％，辅助工作时间不计，试确定其时间定额和产量定额。

解：

时间定额=140/[1−（5.45％+5.84％+2.49％）]=162.4 分/m³=0.34 工日/m³

产量定额=1/0.34=2.94 m³/工日

4.　表示方法

单式表示法：只列出时间定额。

复式表示法：既列出时间定额又给出产量定额。

综合与合计表示法：

$$综合时间定额 = \sum 各单项工序时间定额$$

$$合计时间定额 = \sum 各单项工种时间定额$$

$$综合产量定额 = \frac{1}{综合时间定额}$$

$$合计产量定额 = \frac{1}{合计时间定额}$$

（三）工作时间

完成任何施工过程，都必须消耗一定的工作时间。要研究施工过程中的工时消耗量，就必须对工作时间进行分析。

工作时间是指工作班的延续时间。建筑安装企业工作班的延续时间为8小时。

工作时间的研究是将劳动者整个生产过程中所消耗的工作时间，根据其性质、范围和具体情况进行科学划分、归类，明确规定哪些属于定额时间，哪些属于非定额时间，找出非定额时间损失的原因，以便拟订技术组织措施，消除产生非定额时间的因素，充分利用工作时间，提高劳动生产率。

对工作时间的研究和分析，可以分工人工作时间和机械工作时间两个系统进行。

1.　工人工作时间

（1）定额时间。定额时间是指工人在正常施工条件下，为完成一定数量的产品或任务所必须消耗的工作时间。具体内容包括以下5点。

①　准备与结束工作时间，即工人在执行任务前的准备工作（包括工作地点、劳动工具、劳动对象的准备）和完成任务后整理工作时间。

②　基本工作时间，即工人完成与产品生产直接有关的工作，如砌砖施工过程的挂线、铺灰浆、砌砖等的工作时间。基本工作时间一般与工程量的大小成正比。

③　辅助工作时间，即为了保证基本工作顺利完成而同技术操作无直接关系的辅助性工作时间，如修磨校验工具、移动工作梯、工人转移工作地点等所必需的时间。

④　休息时间，即工人恢复体力所必需的时间。

⑤　不可避免的中断时间，即由于施工工艺特点所引起的工作中断时间，如汽车司机等候装货的时间、安装工人等候构件起吊的时间等。

（2）非定额时间。具体内容包括以下 3 点。

① 多余和偶然工作时间，即在正常施工条件下不应发生的时间消耗，如拆除超过规定高度的多余墙体的时间。

② 施工本身造成的停工时间，即由于气候变化和水、电中断而引起的停工时间。

③ 违反劳动纪律的损失时间，即在工作班内工人迟到、早退、闲谈、办私事等造成的工时损失。

2. 机械工作时间

机械工作时间的分类与工人工作时间的分类相比，有一些不同点，如在必须消耗的时间中所包含的有效工作时间的内容不同。通过分析可以看到，两种时间的不同点是由机械本身的特点所决定的。

（1）定额时间。

① 有效工作时间，包括正常负荷下的工作时间、有根据的降低负荷下的工作时间。

② 不可避免的无负荷工作时间，即由施工过程的特点所造成的无负荷工作时间，如推土机到达工作段终端后倒车的时间、起重机吊完构件后返回构件堆放地点的时间等。

③ 不可避免的中断时间，即与工艺过程的特点、机械使用中的保养、工人休息等有关的中断时间，如汽车装卸货物的停车时间、给机械加油的时间、工人休息时的停机时间等。

（2）非定额时间。

① 机械多余的工作时间，即机械完成任务时无须包括的工作占用时间，如灰浆搅拌机搅拌时多运转的时间、工人没有及时供料而使机械空运转的延续时间等。

② 机械停工时间，即由于施工组织不好或气候条件影响所引起的停工时间，如未及时给机械加水、加油而引起的停工时间等。

③ 违反劳动纪律的停工时间，即由于工人迟到、早退等原因引起的机械停工时间。

（四）劳动定额的编制方法

1. 技术测定法

技术测定法是一种科学的调查研究方法，是指根据现场测定资料编制时间消耗定额的一种方法。用技术测定法制定的定额具有较充分的科学依据，因而准确性较高，但工作中运用的技术往往较为复杂，工作量偏大。

2. 统计计算法

统计计算法是运用测定、统计的方法统计完成某项单位产品时间消耗的数据的一种方法。统计计算法方法简便，只需对统计的资料、数据加以分析和整理，但是统计资料中不可避免地包含着各种不合理的因素。

3. 经验估计法

经验估计法是根据施工技术人员、生产管理人员和现场工人的实际工作经验，对生产某一产品或完成某项工作所需的人工进行分析，从而确定时间定额耗用量的一种方法。经验估计法编制过程较简单，但是定额精度差，容易受人为因素的影响。

4. 比较类推法

比较类推法是指首先选择有代表性的典型项目，用技术测定法编制出时间消耗定额，然后根据测定的时间消耗定额用比较类推的方法编制出其他相同类型或相似类型项目时间消耗定额的一种方法。比较类推法简单可行，有一定的准确性，但只能用正比例关系来编制相关定额，故有一定的局限性。

三、材料消耗定额

（一）材料消耗定额的概念及作用

1. 材料消耗定额的概念

材料消耗定额指在合理使用材料的条件下，生产单位合格产品所必须消耗一定品种、规格的材料的数量标准。

2. 材料消耗定额的作用

（1）材料消耗定额是企业确定材料需要量和储备量的依据，是企业编制材料需要计划和材料供应计划不可缺少的条件。

（2）材料消耗定额是施工队向工人班组签发限额领料单，实行材料核算的标准。

（3）材料消耗定额是实行经济责任制，进行经济活动分析、促进材料合理使用的重要依据。

（二）材料定额消耗量的组成

工程建设中使用的材料分一次性使用材料和周转性使用材料两种类型。一次性使用材料，是指因工程需要在使用时直接被消耗而转入产品组成部分之中的材料，如钢材、水泥、砂、碎石等材料。周转性使用材料，是指施工中可多次周转使用而逐渐消耗的工具性材料，即可以多次使用但需不断补充的材料，如脚手架、挡土板、模板、临时支撑等。

一次性使用材料的总消耗量，由以下两部分组成。

（1）净用量，是指直接用到工程上构成工程实体的材料消耗量。

（2）损耗量，是指不可避免的合理损耗量，包括材料从现场仓库领出到完成合格产品过程中的施工操作损耗量、场内运输损耗量、加工制作损耗量和场内堆放损耗量。

合格单位产品中某种材料的消耗量等于该材料的净用量与损耗量之和。其计算公式为

$$材料消耗量=材料净用量+材料损耗量$$

材料不可避免损耗量与材料消耗量之比，称为材料损耗率。其计算公式为

$$材料损耗率=\frac{材料损耗量}{材料消耗量}\times100\%$$

材料消耗量也可表示为

$$材料消耗量=材料净用量/（1-材料损耗率）$$

由于材料的损耗量是少数，在实际计算中，常把材料损耗量和净用量之比作为损耗率，故

$$材料消耗量=材料净用量\times（1+材料损耗率）$$

（三）材料消耗量的确定方法

1. 一次性使用材料消耗量的确定方法

（1）现场技术测定法，又称为观测法，是根据对材料消耗过程的测定与观察，通过完成产品数量和材料消耗量的计算，而确定各种材料消耗定额的一种方法。现场技术测定法主要适用于确定材料损耗量，因为该部分数值用统计法或其他方法较难得到。通过现场观察，还可以区别出哪些是可以避免的损耗，哪些是属于难于避免的损耗，明确定额中不应列入可以避免的损耗。

（2）实验室试验法，主要用于编制材料净用量定额。通过试验，能够对材料的结构、化学成分和物理性能以及按强度等级控制的混凝土、砂浆、沥青、油漆等配比做出科学的结论，给编制材料消耗定额提供有技术根据的、比较精确的计算数据。但其缺点在于无法估计到施工现场某些因素对材料消耗量的影响。

（3）现场统计法，是以施工现场积累的分部分项工程使用材料数量、完成产品数量、完成工作原材料的剩余数量等统计资料为基础，经过整理分析，获得材料消耗的数据。这种方法由于不能分清材料消耗的性质，因而不能作为确定材料净用量定额和材料损耗定额的依据，只能作为编制定额的辅助性方法使用。

上述 3 种方法的选择必须符合国家有关标准规范，即材料的产品标准，计量要使用标准容器和称量设备，质量符合施工验收规范要求，以保证获得可靠的定额编制依据。

☼**小技巧**

采用统计法，必须要保证统计和测算的耗用材料和相应产品一致。在施工现场中的某些材料，往往难以区分用在各个不同部位上的准确数量。因此，要有意识地加以区分，才能得到有效的统计数据。

（4）理论计算法。理论计算法又称计算法，它是根据施工图纸，运用一定的数学公式计算材料的耗用量。理论计算法只能计算出单位产品的材料净用量，材料的损耗量还要在现场通过实测取得。例如，计算 1 m^3 砌体中砖（砌块）、砂浆的净用量如下。

① 1 m^3 的 1 砖墙中，砖的净用量为

$$砖数 = \frac{1}{(砖宽 + 灰缝) \times (砖厚 + 灰缝)} \times \frac{1}{砖长}$$

② 1 m^3 的 1.5 砖墙体中，砖的净用量为

$$砖数 = \left[\frac{1}{(砖长 + 灰缝) \times (砖厚 + 灰缝)} + \frac{1}{(砖宽 + 灰缝) \times (砖厚 + 灰缝)} \right] \times \frac{1}{砖长 + 砖宽 + 灰缝}$$

③ 1 m^3 砖墙砂浆的净用量为

$$V(砂浆) = 1 \text{ m}^3(砌体) - 砖的体积$$

砖（砌块）和砂浆的损耗量是根据现场观察资料计算的，并以损耗率的形式表现出来。

采用这种方法时必须对工程结构、图纸要求、材料特性和规格、施工及验收规范、施工方法等先进行了解和研究。

☼**小技巧**

理论计算法是材料消耗定额制定方法中比较先进的方法，适宜于不易产生损耗且容易确定废料的材料，如木材、钢材、砖瓦、预制构件等材料。因为这些材料根据施工图纸和技术资料，从理论上都可以计算出来，不可避免的损耗也有一定的规律可循。

📘**课堂案例**

用 1:1 水泥砂浆贴 150 mm×150 mm×5 mm 瓷砖墙面，结合层厚度为 10 mm，试计算每 100 m² 瓷砖墙面中瓷砖和砂浆的消耗量（灰缝宽为 2 mm）。假设瓷砖损耗率为 1.5%，砂浆损耗率为 1%。

解：每 $100 \, \text{m}^2$ 瓷砖墙面中瓷砖的净用量$=\dfrac{100}{(0.15+0.002)\times(0.15+0.002)}\approx 4\,328.25$（块）

每 $100 \, \text{m}^2$ 瓷砖墙面中瓷砖的总消耗量$=4328.25\times（1+1.5\%）\approx 4\,393.17$（块）

每 $100 \, \text{m}^2$ 瓷砖墙面中结合层砂浆净用量$=100\times0.01=1$（m^3）

每 $100 \, \text{m}^2$ 瓷砖墙面中灰缝砂浆净用量$=[100-（4\,328.25\times0.15\times0.15）]\times0.005\approx0.013$（$\text{m}^3$）

每 $100 \, \text{m}^2$ 瓷砖墙面中水泥砂浆净用量$=（1+0.013）\times（1+1\%）\approx1.02$（$\text{m}^3$）

2. 周转性材料消耗量的确定方法

周转性材料是指在建筑工程施工中，能多次反复使用的材料，如模板、脚手架等。这些材料在施工中不是一次消耗的，而是随着使用次数逐渐消耗的，故称为周转性材料。

周转性材料在定额中是按照多次使用、分次摊销的方法计算，一般以摊销量表示。下面以模板为例说明。

（1）现浇混凝土结构模板摊销量的计算。摊销量是指为完成一定计量单位的建筑产品，一次所需摊销的周转性材料的数量。

$$摊销量=周转使用量-回收量$$

其中，周转使用量是指周转性材料在周转使用和补充损耗的条件下，每周转使用一次平均所需消耗的材料量，通常按下式计算：

$$周转使用量=\dfrac{一次使用量}{周转次数}+损耗量$$

$$=\dfrac{一次使用量+一次使用量\times（周转次数-1）\times损耗率}{周转次数}$$

$$=一次使用量\times\dfrac{1+（周转次数-1）\times损耗率}{周转次数}$$

$$=一次使用量\times K_1$$

式中，一次使用量——完成定额计量单位产品的生产第一次投入的材料量；

　　　　K_1——周转使用系数。

以现浇钢筋混凝土构件为例，一次使用量及 K_1 可按下式计算：

一次使用量$=$定额计量单位混凝土构件的模板接触面积$\times$每 $1 \, \text{m}^2$ 接触面积的需模板量

$$K_1=\dfrac{1+（周转次数-1）\times损耗率}{周转次数}$$

回收量是指周转性材料每周转一次后，可以平均回收的数量。

$$回收量=\dfrac{一次使用量\times（1-损耗率）}{周转次数}$$

另外，在确定周转性材料的摊销量时，其回收部分应考虑材料使用前后价值的变化，应乘以回收折价率。同时，周转性材料在周转使用过程中施工单位要投入人力、物力，组织和管理修补工作，须支付施工管理费。实际计算中，为了补偿此项费用和简化计算，一般采用减少回收量，增加摊销量的方法，即

$$摊销量=周转使用量-回收量\times\dfrac{回收折价率}{1+施工管理费率}$$

37

$$=\text{一次使用量}\times K_1-\frac{\text{一次使用量}\times(1-\text{损耗率})}{\text{周转次数}}\times\frac{\text{回收折价率}}{1+\text{施工管理费率}}$$

$$=\text{一次使用量}\times\left(K_1-\frac{1-\text{损耗率}}{\text{周转次数}}\times\frac{\text{回收折价率}}{1+\text{施工管理费率}}\right)$$

$$=\text{一次使用量}\times K_2$$

式中，K_2——摊销量系数。

$$K_2=K_1-\frac{1-\text{损耗率}}{\text{周转次数}}\times\frac{\text{回收折价率}}{1+\text{施工管理费率}}$$

对各种周转性材料，可根据不同的施工部位、周转次数、损耗率、回收折价率及施工管理费率，计算出相应的 K_1、K_2，并制成表格查用，以便能迅速地计算出周转使用量和摊销量。

（2）预制混凝土构件模板摊销量的计算。预制混凝土构件的模板，其摊销量的计算方法不同于现浇构件，它是按照多次使用、平均摊销的方法，根据一次使用量和周转次数进行计算的，即

$$\text{模板一次使用量}=1\text{ m}^3\text{构件模板接触面积}\times1\text{ m}^2\text{接触面积模板净用量}$$

$$\text{模板摊销量}=\frac{\text{一次使用量}}{\text{周转次数}}$$

四、机械台班消耗定额

（一）机械台班消耗定额的概念及作用

1. 机械台班消耗定额的概念

机械台班消耗定额也称机械消耗定额，是指在正常施工和合理使用施工机械条件下，完成单位合格产品所必须消耗的某种型号的施工机械台班的数量标准。一台机械工作一个工作班（8小时）称为一个"台班"。

2. 机械台班消耗定额的作用

（1）机械台班消耗定额是企业编制机械需要量计划的依据。

（2）机械台班消耗定额是考核机械生产的尺度。

（3）机械台班消耗定额是推行经济责任制，实行计件工资、签发施工任务书的依据。

（二）机械台班消耗定额的表现形式

1. 机械时间定额

机械时间定额是指在正常的施工条件下，某种机械生产单位合格产品所必须消耗的台班数量。

$$\text{单位产品机械时间定额（台班）}=\frac{1}{\text{台班产量}}$$

由于机械必须由工人小组配合，所以完成单位合格产品的时间定额，同时应列出人工时间定额，即

$$\text{单位产品人工时间定额（工日）}=\frac{\text{小组成员总人数}}{\text{台班产量}}$$

2．机械产量定额

机械产量定额是指某种机械在合理的施工组织和正常的施工条件下，单位时间内完成合格产品的数量。

$$机械产量定额 = \frac{1}{机械时间定额（台班）}$$

机械时间定额和机械产量定额互为倒数关系。

复式表示法有如下形式：

$$\frac{人工时间定额}{机械台班产量} 或 \frac{人工时间定额}{机械台班产量}/台班车次$$

（三）机械台班消耗定额的确定

1．拟定机械正常工作条件

机械正常工作条件，包括施工现场的合理组织和编制的合理配置。

施工现场的合理组织，是指对机械的放置位置、工人的操作场地等做出合理的布置，最大限度地发挥机械的工作性能。

编制机械台班消耗定额，应正确确定机械配置和拟定的工人编制，保持机械的正常生产率和工人正常的劳动效率。

2．确定机械纯工作时间

机械纯工作时间包括机械的有效工作时间、不可避免的无负荷工作时间和不可避免的中断时间。

机械纯工作时间（或台班）的正常生产率，就是在机械正常工作条件下，由具备必需的知识与技能的技术工人操作机械工作 1 h（或台班）的生产效率。

3．确定施工机械的正常利用系数

施工机械的正常利用系数又称机械时间利用系数，是指机械纯工作时间占工作班延续时间的百分比。

$$机械正常利用系数 = \frac{机械在一个工作班内纯工作时间}{一个工作班延续时间（8h）}$$

▌知识链接▐

拟定工作班的正常状况，关键是如何保证合理利用工时，因此，要注意下列几个问题。

（1）尽量利用不可避免的中断时间、工作开始前与结束后的时间，进行机械的维护和养护。

（2）尽量利用不可避免的中断时间作为工人的休息时间。

（3）根据机械工作的特点，在担负不同工作时，规定不同的开始与结束时间。

（4）合理组织施工现场，排除由于施工管理不善造成的机械停歇。

4．施工机械台班消耗定额的计算

（1）施工机械台班时间定额的计算。施工机械台班时间定额包括机械纯工作时间、机械台班准备与结束时间、机械维护时间等，但不包括迟到、早退、返工等非定额时间。

（2）施工机械台班产量定额的计算。其计算公式为

施工机械台班产量定额=机械纯工作 1 h 正常生产率×工作班纯工作时间

或

施工机械台班产量定额=机械纯工作1h正常生产率×工作班延续时间×机械正常利用系数

☼小提示

机械操作与人工操作相比，劳动生产率在更大程度上受施工条件的影响，所以需要更好地拟定正常的施工条件。在拟定机械正常的施工条件时，主要是工作地点的合理组织和拟定合理的工人编制。

学习单元3　预算定额

知识目标

（1）了解预算定额的概念和作用。
（2）了解预算定额和施工定额的区别。
（3）了解预算定额的编制原则和依据。

技能目标

（1）通过本单元的学习，对预算定额的概念有一个简要的了解。
（2）能够掌握预算定额中人工、材料、机械台班消耗量的确定方法。

 基础知识

一、预算定额的基本含义

（一）预算定额的概念与作用

1. 预算定额的概念

预算定额是确定生产合格的单位分项工程或结构构件所消耗的人工、材料、机械台班的数量标准，是由国家及各地区主管机关或被授权单位编制并颁发的指标。预算定额是计算单项工程和单位工程的成本和造价的基础。

预算定额是工程建设中一项重要的技术经济文件，它的各项指标反映了国家要求施工企业和建设单位，在完成施工任务中所消耗人工、材料、机械等消耗量的限度。预算定额体现了国家、建设单位和施工企业之间的一种经济关系。预算定额在控制投资中起主导作用，国家和建设单位按预算定额的规定，为建设工程提供必要的人力、物力和资金供应；在招标投标的工程量清单计价中起参考作用，施工企业可以在预算定额的消耗量范围内，通过自己的施工活动，按质按量地完成施工任务。

2. 预算定额的作用

预算定额是确定单位分项工程或结构构件的基础，在我国建筑安装工程中具有以下的重要作用。

（1）预算定额是编制施工图预算，确定和控制项目投资、建筑安装工程造价的基础。
（2）预算定额是对设计方案进行技术经济比较，进行技术经济分析的依据。
（3）预算定额是编制施工组织设计的依据。
（4）预算定额是工程结算的依据。

（5）预算定额是施工企业进行经济活动分析的依据。

（6）预算定额是编制概算定额和估算指标的基础。

（7）预算定额是合理编制标底、投标的基础。

（二）预算定额与施工定额的联系和区别

1．预算定额与施工定额的联系

预算定额以施工定额为基础进行编制，它们都规定了完成单位合格产品所需人工、材料、机械台班消耗的数量标准。

2．预算定额与施工定额的区别

（1）研究对象不同。预算定额以分部分项工程为研究对象，施工定额以施工过程为研究对象。前者在后者基础上，对研究对象进行了科学的总和扩大。

（2）编制单位和使用范围不同。预算定额由国家、行业或地区建设主管部门编制，是国家、行业或地区建设工程造价计价法规性标准。施工定额由施工企业编制，是企业内部使用的定额。

（3）编制时考虑的因素不同。预算定额编制考虑的是一般情况，考虑了施工过程中，对前面施工工序的检验，对后继施工工序的准备，以及相互搭接中的技术间歇、零星用工及停工损失等人工、材料、机械台班消耗量的增加因素。施工定额考虑的是企业施工的特殊情况。所以，预算定额比施工定额考虑的因素更多、更复杂。

（4）编制水平不同。预算定额采用社会平均水平编制，施工定额采用企业平均先进水平编制。一般情况下，人工消耗量方面预算定额比施工定额低 10%~15%。

二、预算定额的编制

41

（一）预算定额的构成要素

预算定额一般由项目名称、单位、人工、材料、机械台班消耗量构成，若反映货币量，还包括项目的定额基价。预算定额实例见表 2-2。

表 2-2　　　　　　　　　　　　　预算定额摘录

定额编号				5-408
项目		单位	单价	现浇 C20 混凝土圈梁/m^3
基价		元		199.05
其中	人工费	元		58.60
	材料费	元		137.50
	机械费	元		2.95
人工	综合工日	工日	20.00	2.93
材料	C20 混凝土	m^3	134.50	1.015
	水	m^3	0.90	1.087
机械	混凝土搅拌机 400 L	台班	55.24	0.039
	插入式振动器	台班	10.37	0.077

1．项目名称

预算定额的项目名称也称定额子目名称。定额子目是构成工程实体或有助于构成工程实体的最小组成部分，一般是按工程部位或工程材料划分。一个单位工程预算可由几十到上百个定额子项构成。

2. 人工、材料、机械台班消耗量

人工、材料、机械台班消耗量是预算定额的主要内容，这些消耗量是完成单位产品（一个单位定额子目）的规定数量。

3. 定额基价

定额基价也称工程单价，是上述定额子目中人工、材料、机械台班消耗量的货币表现。

$$定额基价=工日数×工日单价+\sum_{i=1}^{n}(材料用量×材料单价)_i+\sum_{i=1}^{n}(机械台班量×台班单价)_i$$

（二）预算定额的编制原则

1. 社会平均水平原则

预算定额理应遵循价值规律的要求，按生产该产品的社会平均必要劳动时间来确定其价值。也就是说，在正常的施工条件下，以平均的劳动强度、平均的技术熟练程度，在平均的技术装备条件下，完成单位合格产品所需的劳动消耗量就是预算定额的消耗水平。

2. 简明适用的原则

简明适用一是指在编制预算定额时，对于那些主要的、常用的、价值量大的项目，分项工程要细化；次要的、不常用的、价值量相对较小的项目则可以粗一些。二是指预算定额要项目齐全。要注意补充那些因采用新技术、新结构、新材料而出现的新的定额项目。如果项目不全，缺项多，就会使计价工作缺少充足的可靠的依据。三是要求合理确定预算定额的计算单位，简化工程量的计算，尽可能地避免同一种材料用不同的计量单位和一量多用，尽量减少定额附注和换算系数。

（三）预算定额的编制依据

（1）全国统一劳动定额、全国统一基础定额。

（2）现行的设计规范，施工验收规范，质量评定标准和安全操作规程。

（3）通用的标准图和已选定的典型工程施工图纸。

（4）推广的新技术、新结构、新材料、新工艺。

（5）施工现场测定资料、实验资料和统计资料。

（6）现行预算定额及基础资料，地区材料预算价格、工资标准及机械台班单价。

（四）预算定额的编制步骤

预算定额的编制，大致可分为 4 个阶段。

1. 准备工作阶段（第一阶段）

（1）拟定编制方案。提出编制定额目的和任务、定额编制范围和内容，明确编制原则、要求、项目划分和编制依据，拟定编制单位和编制人员，做出工作计划、时间、地点安排和经费预算等。

（2）成立编制小组。抽调人员，根据专业需要划分编制小组，如土建定额组、设备定额组、混凝土及土木构件组、混凝土及砌筑砂浆配合比测算组等。

（3）收集资料。在已确定的编制范围内，采用表格化收集定额编制基础资料，以统计资料为主，注明所需要的资料内容、填表要求和时间范围。例如收集一些现行规定、规范和政策法规资料；收集定额管理部门积累的资料（如日常定额解释资料、补充定额资料、工程实践资料等）等。其优点是统一口径，便于资料整理，并具有广泛性。

（4）专题座谈。邀请建设单位、设计单位、施工单位及管理单位的有经验的专业人员开座谈会，从不同角度就以往定额存在的问题发表各自意见和建议，以便在编制新定额时改进。

2. 定额编制阶段（第二阶段）

（1）确定编制细则。该项工作主要包括：统一编制表格和统一编制方法；统一计算口径、计量单位和小数点位数的要求；有关统一性的规定，即用字、专业用语、符号代码的统一及简化字的规范和文字的简练明确；人工、材料、机械单价的统一。

（2）确定定额的项目划分和工程量计算规则。

（3）定额人工、材料、机械台班消耗用量的计算、复核和测算。

3. 定额审核报批阶段（第三阶段）

（1）审核定稿。定额初稿的审核工作是定额编制工作的法定程序，是保证定额编制质量的措施之一。审核工作应由经验丰富、责任心强、多年从事定额工作的专业技术人员来承担。审稿工作的主要内容：文字表达确切通顺，简明易懂；定额的数字准确无误；章节、项目之间无矛盾等。

（2）预算定额水平测算。新定额编制成稿向主管机关报告之前，必须与原定额进行对比测算，分析水平升降原因。新编定额的水平一般应不低于历史上已经达到过的水平，并略有提高。

4. 修改定稿阶段（第四阶段）

（1）征求意见。定额编制成稿以后，需要组织征求各有关方面意见，通过反馈意见分析研究。在统一意见基础上整理分类，制定修改方案。

（2）修改整理报批。根据确定的修改方案，按定额的顺序对初稿进行修改，并经审核无误后形成报批稿，经批准后交付印刷。

（3）撰写编制说明。为贯彻定额，方便使用，需要撰写新定额编写说明，内容主要包括：项目、子目数量；人工、材料、机械消耗的内容范围；资料的依据和综合取定情况；定额中允许换算和不允许换算的规定；人工、材料、机械单价的计算和资料；施工方法、工艺的选择及材料运距的考虑；各种材料损耗的取定资料；调整系数的使用；其他应说明的事项与计算数据、资料等。

（4）立档、成卷。定额编制资料是贯彻执行中需查对资料的唯一依据，也为编制定额提供历史资料数据。作为技术档案应予永久保存。立档成卷目录包括：编制文件资料档；编制依据资料档；编制计算资料档；编制方案资料档；编制一、二稿原始资料档；讨论意见资料档；修改方案资料档（包括定额印刷底稿全套）；新定额水平测算资料档；工作总结和汇报材料档；简报资料、工作会议记录、记录资料档等。

（五）预算定额的编制方法

1. 确定定额项目名称及工作内容

预算定额项目的划分是以施工定额为基础，进一步综合确定预算定额项目名称、工作内容和施工方法，同时还要使施工定额和预算定额两者之间协调一致，并可以比较，以减轻预算定额的编制工作量。在划分定额项目的同时，应将各个工程项目的工作内容和范围予以确定，一般从以下两个方面考虑。

（1）项目划分是否合理。应做到项目齐全、粗细适度、步距大小适当、简明适用。

（2）工作内容是否全面。根据施工定额确定的施工方法和综合后的施工方法确定工作内容。

2. 确定施工方法

不同的施工方法，会直接影响预算定额中的人工、材料、机械台班消耗指标，在编制预算定额时，必须以本地区的施工（生产）技术组织条件、施工验收规范、安全操作规程，以及已

43

经成熟和推广的新工艺、新结构、新材料和新的操作方法等为依据，合理确定施工方法，使其正确反映当前社会生产力的水平。

3. 确定定额项目计量单位

预算定额和施工定额计量单位往往不同。施工定额的计量单位一般按工序或工作过程确定；而预算定额的计量单位，主要是根据分部分项工程的结构构件特征及其变化规律来确定。预算定额的计量单位具有综合性质，所选择的计量单位要符合工程量计算规则规定，并能确切反映定额项目所包含的工作内容，还能确切反映各个分项工程产品的形态特征与实物数量，并便于计算。

知识链接

预算定额的计量单位按公制或自然计量单位确定。一般依据以下建筑结构构件形体的特点确定。

（1）建筑结构构件的断面有一定形状和大小，但是长度不定时，长度可以"m^2""km"为计量单位，如踢脚线、楼梯栏杆、木装饰条等。

（2）建筑结构构件的厚度有一定额规格，但是长度和宽度不定时，可按面积以"m^2"为计量单位，如地面、楼面、屋面、墙面和天棚面抹灰等。

（3）建筑结构构件的长度、厚（高）度和宽度都变化时，可按体积以"m^3"为计量单位，如土方、砌筑工程、钢筋混凝土工程等。

（4）钢结构由于质量与价格差异很大，形状又不固定，采用质量以"t"为计量单位。

（5）建筑结构没有一定规格，而其构造又较复杂时，可按个、台、座、组为计量单位，如卫生洁具安装、铸铁水斗等。

预算定额中各项人工、机械和材料的计量单位选择，相对比较固定。人工和机械按"工日""台班"计量；各种材料的计量单位应与产品计量单位一致。

预算定额中的小数位数的取定，主要决定于定额的计算单位和精确度的要求。一般按以下要求取定。

（1）人工以工日为单位，取2位小数。

（2）机械以台班为单位，取2位小数。

（3）主要材料及半成品：

木材以m^3为单位，取3位小数；

钢材及钢筋以t为单位，取3位小数；

水泥以kg为单位，取3位小数；

标准砖以千块为单位，取3位小数；

砂浆、混凝土等半成品以m^3为单位，取3位小数。

4. 计算工程量

计算工程量的目的是为了分别计算典型设计图纸所包括的施工过程的工程量，以便在编制预算定额时，有可能利用施工定额或人工、机械和材料消耗指标确定预算定额所含工序的消耗量。

5. 编制预算定额册

预算定额册的组成内容在不同时期、不同专业和不同地区有所不同，但其变化不大，主要包括总说明、建筑面积计算规则、分部工程说明、分项工程表头说明、定额项目表、分章附录和总附录。有些预算定额册为方便使用，一般把工程量计算规则编入册内。

6. 编写定额说明

预算定额说明包括总说明、分部工程说明和分节说明。

（1）总说明。在总说明中，主要阐述预算定额的用途；编制原则、依据、适用范围；定额中已考虑的因素和未考虑的因素，使用中应注意的事项和有关问题的说明。

（2）分部工程说明。分部工程说明是定额册的重要组成部分，主要阐述本分部工程所包括的主要项目，编制中有关问题的说明，定额应用时的具体规定和处理方法等。

（3）分节说明。分节说明是对本节所包含的工程内容及使用的有关说明。

（六）预算定额消耗量指标的确定

定额是规定消耗在单位工程构造上的劳动力、材料和机械的数量标准，是计算建筑安装产品的基础。

1. 人工消耗量指标的确定

预算定额中人工消耗指标是指为完成该分项工程定额单位所需的用工数量，即应包括基本用工和其他用工两部分，人工消耗指标可以以现行的《建筑工程劳动定额》为基础进行计算。

（1）基本用工。基本用工是指完成某一合格分项工程所必须消耗的技术工种（主要）用工，例如，为完成墙体工程中的砌砖、调运砂浆、铺砂浆、运砖等所需要的工日数量。基本用工按技术工种相应劳动定额的工时定额计算，以不同工种列出定额工日。其计算式为

$$相应工序基本用工数量=\sum(某工序工程量×相应工序的时间定额)$$

（2）其他用工。其他用工是辅助基本用工完成生产任务所耗用的人工。按其工作内容的不同，可分为辅助用工、超运距用工和人工幅度差3类。

① 辅助用工是指技术工种劳动定额内不包括但在预算定额内又必须考虑的工时，如筛砂、淋灰用工，其计算式为

$$辅助用工=\sum(某工序工程数量×相应时间定额)$$

② 超运距用工是指预算定额中规定的材料、半成品的平均水平运距超过劳动定额规定运输距离的用工，其计算式为

$$超运距用工=\sum(超运距运输材料数量×相应超运距时间定额)$$

$$超运距=预算定额取定运距-劳动定额已包括的运距$$

③ 人工幅度差主要是指预算定额与劳动定额由于定额水平不同而引起的水平差。另外还包括定额中未包括，但在一般施工作业中又不可避免的且无法计量的用工。如各工种间工序搭接、交叉作业时不可避免的停歇工时消耗；水电线路移动造成的间歇工时消耗；质量检查影响操作消耗的工时，以及施工作业中不可避免的其他零星用工等。其计算采用乘系数的方法，即

$$人工幅度差=（基本用工+辅助用工+超运距用工）×人工幅度差系数$$

人工幅度差系数，一般土建工程为10%，设备安装工程为12%，由此可得

$$人工消耗指标= 基本用工数量+其他用工数量$$

$$其他用工数量= 辅助用工数量+超运距用工数量+人工幅度差用工数量$$

2. 材料定额消耗量的确定

预算定额的材料消耗指标一般由材料的净用量和损耗量构成。其中损耗量由施工操作损耗、场内运输（从现场内材料堆放点或加工点到施工操作地点）损耗、加工制作损耗和场内管理损耗（操作地点的堆放及材料堆放地点的管理）所组成。

45

合理确定材料消耗定额，必须研究和区分材料在施工过程中消耗的性质。

施工中材料的消耗，可分为必需的材料消耗和损失的材料两类性质。

（1）材料的分类。材料按用途分为以下4种。

① 主要材料，指直接构成工程实体的材料，其中也包括成品、半成品等。

② 辅助材料，是构成工程实体除主要材料外的其他材料，如钉子、铅丝等。

③ 周转材料，指脚手架、模板等多次周转使用的不构成工程实体的摊销材料。

④ 其他材料，指用量较少、难以计量的零星材料，如棉纱、编号用的油漆等。

（2）材料定额消耗量的计算方法。其计算方法主要有以下几种。

① 按标准规格及规范要求计算。这是一种常用的方法，其中一些基本的计算公式应记住。例如，每立方米1砖墙砖的净用量计算公式为

$$砖数=1/[(砖宽+灰缝)×(砖厚+灰缝)×砖长]$$

砂浆用量的计算公式为

$$砂浆（m^3）=（1\ m^3\ 砌体-砖数的体积）×1.07$$

其中，1.07是砂浆实体积折合为虚体积的系数。

② 按设计图尺寸计算。凡设计图纸有标注尺寸及下料要求的，按设计图纸尺寸计算材料净用量，如门窗制作用材料等。

③ 对于配合比用料，可采用换算法。各种胶结、涂料等材料的配合比用料，可以根据要求换算，得出材料用量。

④ 对于不能用其他方法确定定额消耗量的新材料、新结构，可采用测定法。

材料的损耗量，是指在正常施工条件下不可避免的材料消耗，如现场内材料运输损耗及施工过程损耗。

$$材料定额消耗量=材料净用量+损耗量\ 或\ 材料净用量×（1+损耗率）$$

3．机械定额消耗量的确定

预算定额中的机械台班消耗量指标，一般按《全国建筑安装工程统一劳动定额》中的机械台班量，并考虑一定的机械幅度差进行计算，即

$$分项定额机械台班消耗量=施工定额中机械台班用量+机械幅度差$$

（1）机械幅度差是指施工定额内没有包括，但实际中必须增加的机械台班费。它主要是考虑在合理的施工组织条件下机械的停歇时间，包括以下几项。

① 施工中机械转移工作面及配套机械相互影响损失的时间。

② 在正常施工条件下机械施工中不可避免的工作间歇时间。

③ 检查工程质量影响机械操作的时间。

④ 工程收尾工作不饱满所损失的时间。

⑤ 临时水电线路移动所发生的不可避免的机械操作间歇时间。

⑥ 冬雨季施工发动机械的时间。

⑦ 不同厂牌机械的工效差。

⑧ 配合机械施工的工人劳动定额与预算定额的幅度差。

（2）机械台班定额消耗量的计算步骤及计算方法。

① 确定合理的施工条件。这一点主要是拟定合理的工人编制所需要的。

② 确定机械纯工作1小时正常生产率。机械纯工作1小时正常生产率的确定方法，因机械

工作特点的不同而有所不同。

如对于循环动作机械，其计算公式为

机械纯工作 1 小时正常生产率=机械纯工作 1 小时正常循环次数×一次循环生产的产品数量

机械纯工作 1 小时正常循环次数=$60 \times [60/1$次循环正常延续时间$(秒)]$

1 次循环正常延续时间=$\sum ($循环各部分正常延续时间$)-$交叠时间

③ 确定施工机械的正常利用系数。施工机械的正常利用系数是指机械在工作班内对工作时间的利用率。

（3）计算施工机械台班定额。其计算公式为

施工机械台班产量定额=机械纯工作 1 小时正常生产率×工作班纯工作时间

=机械纯工作 1 小时正常生产率×工作班延续时间×机械正常利用系数

施工机械台班时间定额=1/施工机械台班产量定额

（4）计算预算定额消耗量。其计算公式为

机械预算定额消耗量=施工机械台班定额×（1+机械幅度差）

补充定额是定额体系中的一个重要内容，也是一项必不可少的内容。当设计图纸中某个工程采用新的结构或材料，而在预算定额中未编制此类项目时，为了确定工程的完整造价，就必须编制补充定额。

机械幅度差是指全国统一劳动定额规定范围内没有包括而实际中必须增加的机械台班消耗量。机械幅度差系数为：土方机械 25%，打桩机械 33%，吊装机械 30%。砂浆、混凝土搅拌机由于按小组配用，以小组产量计算机械台班产量，不另增加机械幅度差。其他分部工程中如钢筋、木材、水磨石加工等各项专用机械的幅度差为 10%。

（七）预算定额示例

表 2-3 为 1995 年《全国统一建筑工程基础定额》中砖石结构工程部分砖墙项目的示例。

表 2-3　　　　　　　　　　　　　　　　砖墙定额示例

工作内容：调、运、铺砂浆，运砖；砌砖包括窗台虎头砖、腰线、门窗套；安装木砖、铁件等。

计量单位：10 m³

定额编号			4—2	4—3	4—5	4—8	4—10	4 — 11
项目		单位	单面清水砖墙			混水砖墙		
			1／2 砖	1 砖	1 砖半	1／2 砖	1 砖	1 砖半
人工	综合工日	工日	21.79	18.87	17.83	20.14	16.08	15.63
材料	水泥砂浆 M5	m³	—	—	—	1.95	—	—
	水泥砂浆 M10	m³	1.95	—	—	—	—	—
	水泥混合砂浆 M2.5	m³	—	2.25	2.40	—	2.25	2.40
	普通黏土砖	千块	5.641	5.314	5.350	5.641	5.314	5.350
	水	m³	1.13	1.06	1.07	1.13	1.06	1.07
机械	灰浆搅拌机 200 L	台班	0.33	0.38	0.40	0.33	0.38	0.40

预算定额的说明包括定额总说明、分部工程说明及各分项工程说明。涉及各分部需说明的共性问题列入总说明，属某一分部需说明的事项列入章节说明。说明要求简明扼要，但是必须分门别类注明，尤其是对特殊的变化，力求使用简便，避免争议。

47

（八）预算定额基价编制

预算定额基价就是预算定额分项工程或结构构件的单价，包括人工费、材料费和机械台班使用费，也称工料单价或直接工程费单价。

预算定额基价一般通过编制单位估价表、地区单位估价表及设备安装价目表所确定的单价，用于编制施工图预算。在预算定额中列出的"预算价值"或"基价"，应视作该定额编制时的工程单价。

预算定额基价的编制方法，简单说就是工、料、机的消耗量和工、料、机单价的结合过程。其中，人工费是由预算定额中每一分项工程用工数，乘以地区人工工日单价计算得出；材料费是由预算定额中每一分项工程的各种材料消耗量，乘以地区相应材料预算价格之和算出；机械费是由预算定额中每一分项工程的各种机械台班消耗量，乘以地区相应施工机械台班预算价格之和算出。

分项工程预算定额基价的计算公式为

$$分项工程预算定额基价=人工费+材料费+机械使用费$$

$$人工费=\sum\left(现行预算定额中人工工日用量×人工日工资单价\right)$$

$$材料费=\sum\left(现行预算定额中各种材料耗用量×相应材料单价\right)$$

$$机械使用费=\sum\left(现行预算定额中机械台班用量×机械台班单价\right)$$

预算定额基价是根据现行定额和当地的价格水平编制的，具有相对的稳定性。但是为了适应市场价格的变动，在编制预算时，必须根据工程造价管理部门发布的调价文件对固定的工程预算单价进行修正。修正后的工程单价乘以根据图纸计算出来的工程量，就可以获得符合实际市场情况的工程的直接工程费。

48

📚 课堂案例

某预算定额基价的编制过程见表2-4。求其中定额子目3—1的定额基价。

表2-4　　　　　　　　　　　　某预算定额基价表

定额编号			3—1		3—2		3—4	
项目	单位	单价/元	砖基础		混水砖墙			
					1／2 砖		1 砖	
			数量	合价	数量	合价	数量	合价
基价			1 254.32		1 438.86		1 323.51	
其中	人工费		303.36		518.20		413.74	
	材料费		931.66		904.70		891.35	
	机械费		19.30		15.96		18.42	
综合工日	工日	25.73	11.790	303.36	20.140	518.20	16.080	413.74
材料	水泥砂浆 M5	m³	93.92			1.950	183.14	2.250	211.32
	水泥砂浆 M10	m³	110.82	2.360	261.54				
	标准砖	百块	12.70	52.36	664.97	56.41	716.41	53.14	674.88
	水	m³	2.06	2.500	5.15	2.500	5.15	2.500	5.15
机械	灰浆搅拌机 200 L	台班	49.11	0.393	19.30	0.325	15.96	0.375	18.42

解： 定额人工费=25.73×11.790=303.36（元）

定额材料费=110.82×2.36+12.70×52.36+2.06×2.50=931.66（元）

定额机械台班费=49.11×0.393=19.30（元）

定额基价=303.36+931.66+19.30=1 254.32（元）

三、预算定额的应用

（一）预算定额的直接套用

在应用预算定额时，要认真地阅读掌握定额的总说明、各分部工程说明、定额的适用范围、已经考虑和没有考虑的因素以及附注说明等。当分项工程的设计要求与预算定额条件完全相符时，则可直接套用定额的预算基价及工料机消耗量，计算分项工程的直接工程费以及工料机需用量。

☆**小技巧**

直接套用定额的情况：

（1）施工图设计要求与定额单个子目内容完全一致的，直接套用定额对应子目；

（2）施工图设计要求与定额多个子目内容一致的，组合套用定额相应子目；

（3）施工工艺在定额所设置步距之内，直接或组合套用相应子目。

直接套用定额项目的方法与步骤如下所述。

（1）根据施工图纸设计的分项工程项目内容，从定额册中查出该项目的定额编号。

（2）当根据施工图纸设计的分项工程项目内容与定额规定的内容相一致，或虽然不一致，但定额不允许调整或换算，即可直接套用定额的人工费、材料费、机械费和主要材料消耗量，计算该分项工程的预算价格。但是，在套用定额前，必须注意分项工程的名称、规格、计量单位要与定额相一致。

（3）将定额编号、人工费、材料费、机械费和主要材料消耗量分别填入预算表的相应栏内。

（4）确定工程项目所需人工、材料、机械台班的消耗量。其计算公式为

分项工程工料消耗量=分项工程量×定额工料消耗指标

☆**小技巧**

在编制单位工程施工图预算过程时，大多数项目可以直接套用预算定额。套用时应注意以下几点。

（1）根据施工图、设计说明和做法说明，选择定额项目。

（2）要从工程内容、技术特征和施工方法上仔细核对，才能较准确地确定相对应的定额项目。

（3）分项工程的名称和计量单位要与预算定额一致。

（二）换算套用

当设计要求与定额的工程内容、材料规格、施工方法等条件不完全相符时，则不可直接套用定额。可根据编制总说明、分部工程说明等有关规定，在定额规定的范围内加以调整换算。

49

知识链接

为了保持定额的水平，在预算定额的说明中规定了有关换算原则，一般包括以下几条。

（1）定额的砂浆、混凝土强度等级，如设计与定额不同时，允许按定额附录的砂浆、混凝土配合比表换算，但配合比中的各种材料用量不得调整。

（2）定额中抹灰项目已考虑了常用厚度，各层砂浆的厚度一般不作调整。如果设计有特殊要求时，定额中工料可以按厚度比例换算。

（3）必须按预算定额中的各项规定换算定额。

定额换算的实质就是按定额规定的换算范围、内容和方法，对某些分项工程预算单价的换算。通常只有当设计选用的材料品种和规格与定额有出入，并规定允许换算时，才能换算。在换算过程中，定额单位产品材料消耗量一般不变，仅调整与定额规定的品种或规格不相同的预算价格。经过换算的定额编号在下端应写上"换"字。

定额换算的基本思路是：根据设计图纸所示建筑、装饰分项工程的实际内容，选定某一相关定额子目，按定额规定换入应增加的人工、材料和机械，减去应扣除的人工、材料和机械。可用下式表述：

换算后工料消耗量=分项定额工料消耗量+换入的工料消耗量−换出的工料消耗量

1. 施工图设计做法与定额内容不一致的换算

（1）品种的换算。这类换算主要是将实际所用材料品种替代换算对象定额子目中所含材料品种，通常是指各种成品安装材料以及混凝土、砂浆标号和品种等的换算。

由于砂浆用量不变，所以人工、机械费不变，因而只换算砂浆强度等级和调整砂浆材料费。砌筑砂浆换算公式为

换算后综合单价=原综合单价+定额砂浆用量×（换入砂浆单价−换出砂浆单价）

=原综合单价+换入费用−换出费用

（2）断面的换算。这类换算主要是针对木构件设计断面与定额采用断面不符的换算，常用于木门窗、屋面木基层等处。此类定额子目一般都会明确注明所用断面尺寸，规定允许按设计调整材积，并给出相应的换算公式。

（3）间距的换算。这类换算主要是用于龙骨、挂瓦条及分格嵌条等处。定额规定设计间距与定额不符时，可按比例换算。

（4）厚度的换算。这类换算主要用于墙面抹灰、楼地面找平、屋面保温等处。对于砂浆类，换算过程要相对复杂一些。如墙柱面定额规定，墙面抹灰砂浆厚度应调整，砂浆用量按比例调整。这类换算不仅仅是砂浆用量的调整，往往还须相应调整机械台班。

（5）配合比的换算。当设计图纸要求的抹灰砂浆配合比或抹灰厚度与预算定额的抹灰砂浆配合比或厚度不同时，就要进行抹灰砂浆换算。

换算后综合单价=材料费+$\sum$(各层换入砂浆用量×换入砂浆综合单价−各层换出砂浆用量×

换出砂浆综合单价）+（定额人工费+定额机械费）×K×（1+25%+12%）

式中，K——工、机费换算系数。

K=设计抹灰砂浆总厚÷定额抹灰砂浆总厚

各层换入砂浆用量=（定额砂浆用量÷定额砂浆厚度）×设计厚度

各层换出砂浆用量=定额砂浆用量

（6）规格的换算。主要是指内外墙贴面砖、瓦材等块料规格与定额取定不符，定额规定可以对消耗量进行换算，并给出了相应的换算方法。

2. 施工方法与定额内容不一致的换算

（1）量差的换算。这类换算是由于实际施工工艺与定额设定工艺不同，以增减或调整定额相应子目消耗量或金额的方式来进行的。定额规定多以章节说明和附注说明形式出现，分布于多个分部工程。

（2）系数的换算。这类换算在实际工作中应用广泛，主要运用于土石方工程和措施项目等分部。

3. 项目条件与定额设定不相符的换算

（1）类别的换算。此项换算是针对实际工程类别与定额取定工程类别不同而引起管理费率、利润率相应改变的换算。以一般建筑工程来说，定额取定类别是 3 类，如实际为一类、二类，就需要换算。

工程类别换算公式为

换算后综合单价=原综合单价+（人工费+机械费）×（换入管理费率−换出管理费率）

或

换算后综合单价=材料费+（人工费+机械费）×（1+换入管理费率+换入利润率）

（2）工期的换算。此项换算是针对建筑物垂直运输机械使用量的换算，目的是确定工期天数。具体方法可以查阅《全国统一建筑安装工程工期定额》及其编制说明。

4. 定额换算的原因

当施工图纸的设计要求与定额项目的内容不相一致时，为了能计算出设计要求项目的直接工程费及工料机消耗量，必须对定额项目与设计要求之间的差异进行调整。这种定额项目的内容适应设计要求的差异调整是产生定额换算的原因。

5. 定额换算的依据

预算定额具有经济法规性，定额水平（即各种消耗量指标）不得随意改变。为了保持预算定额的水平不改变，在文字说明部分规定了若干条定额换算的条件，因此，在定额换算时必须执行这些规定才能避免人为改变定额水平的不合理现象。从定额水平保持不变的角度来解释，定额换算实际上是预算定额的进一步扩展与延伸。

6. 定额换算的内容

定额换算涉及人工费、材料费及机械费的换算，特别是材料费及材料消耗量的换算在定额换算中占相当大的比重，必须按定额的有关规定进行换算，不得随意调整。人工费的换算主要是由用工量的增减而引起的，材料费的换算则是由材料耗用量的改变（或不同构造做法）及材料代换而引起的。

7. 预算定额换算的几种类型

（1）砂浆换算，即砌筑砂浆调整强度等级，抹灰砂浆换配合比及砂浆用量。

（2）混凝土换算，即构件混凝土、楼地面混凝土的强度等级、混凝土类型的换算。

（3）系数换算，按规定对定额中的人工费、材料费、机械费乘以各种系数的换算。

（4）其他换算，除上述 3 种情况以外的换算。

学习单元 4　概算定额

知识目标

（1）了解概算定额的概念和作用。

（2）了解概算定额的编制原则和依据。

技能目标

（1）通过本单元的学习，对概算定额的概念有一个简要的了解。

（2）能够掌握概算定额的应用。

基础知识

建筑工程概算定额是在建筑预算定额基础上，根据有代表性的建筑工程通用图和标准图等资料，对预算定额相应子目进行适当的综合、合并、扩大而成，是介于预算定额和概算指标之间的一种定额。由于它是在预算定额的基础上编制的，因此，在编排次序、内容形式上基本与预算定额相同，只是比预算定额篇幅减少、子目减少，更容易编制和计算。

一、概算定额的概念和作用

（一）概算定额的概念

概算定额，是在预算定额基础上，确定完成合格的单位扩大分项工程或单位扩大结构构件所需消耗的人工、材料和施工机械台班的数量标准及其费用标准。概算定额又称扩大结构定额。

概算定额是预算定额的综合与扩大。它将预算定额中有联系的若干个分项工程项目综合为一个概算定额项目。如砖基础概算定额项目，就是以砖基础为主，综合了平整场地、挖地槽、铺设垫层、砌砖基础、铺设防潮层、回填土及运土等预算定额中分项工程项目。概算定额与预算定额的相同之处在于，它们都是以建（构）筑物各个结构部分和分部分项工程为单位表示的，内容也包括人工、材料和机械台班使用量定额 3 个基本部分，并列有基准价。概算定额表达的主要内容、表达的主要方式及基本使用方法都与预算定额相近。

概算定额与预算定额的不同之处，在于项目划分和综合扩大程度上的差异，同时，概算定额主要用于设计概算的编制。由于概算定额综合了若干分项工程的预算定额，因此，概算工程量计算和概算表的编制要比编制施工图预算简化一些。

☆小提示

概算定额可根据专业性质不同分为建筑工程概算定额和安装工程概算定额两大类。

1. 建筑工程概算定额分类

（1）土建工程概算定额。

（2）水暖通风工程概算定额。

（3）电气照明工程概算定额。

（4）其他工程概算定额。

2．安装工程概算定额分类

（1）机械设备及安装工程概算定额。

（2）电气设备及安装工程概算定额。

（3）其他设备及安装工程概算定额。

（二）概算定额的作用

（1）概算定额是扩大初步设计阶段编制设计概算和技术设计阶段编制修正概算的依据。

（2）概算定额是对设计项目进行技术经济分析和比较的基础资料之一。

（3）概算定额是编制建设项目主要材料计划的参考依据。

（4）概算定额是编制概算指标的依据。

（5）概算定额是编制招标控制价和投标报价的依据。

二、概算定额的编制原则、编制依据和编制步骤

（一）概算定额的编制原则

概算定额应该贯彻社会平均水平和简明适用的原则。由于概算定额和预算定额都是工程计价的依据，所以应符合价值规律和反映现阶段大多数企业的设计、生产及施工管理水平，但在概预算定额水平之间应保留必要的幅度差。概算定额的内容和深度是以预算定额为基础的综合和扩大。在合并中不得遗漏或增加项目，以保证其严密性和正确性。概算定额务必达到简化、准确和适用。

（二）概算定额的编制依据

（1）现行的设计规范。

（2）现行建筑安装工程消耗量定额。

（3）具有代表性的标准设计图纸和其他设计资料。

（4）现行的人工工资标准、材料价格、机械台班单价及其他费用资料。

（三）概算定额的编制步骤

概算定额的编制一般分 4 个阶段，即准备阶段、编制初稿阶段、测算阶段和审查定稿阶段。

1．准备阶段

该阶段主要是确定编制机构和人员组成，进行调查研究，了解现行概算定额执行情况和存在问题，明确编制的目的，拟订概算定额的编制方案和确定概算定额的项目。

2．编制初稿阶段

该阶段是根据已经拟订的编制方案和概算定额项目，收集和整理各种编制依据，对各种资料进行深入细致的测算和分析，确定人工、材料和机械台班的消耗量指标，最后编制概算定额初稿。概算定额水平与预算定额水平之间应有一定的幅度差，幅度差一般在 5% 以内。

3．测算阶段

该阶段的主要工作是测算概算定额水平，即测算新编制概算定额与原概算定额及现行预算定额之间的水平。测算的方法既要分项进行测算，又要通过编制单位工程概算以单位工程为对象进行综合测算。

4. 审查定稿阶段

概算定额经测算比较定稿后，可报送国家授权机关审批。

三、概算定额的应用

（一）概算定额的内容与形式

概算定额一般由文字说明、定额项目表及附录3部分组成。

1. 文字说明部分

文字说明部分有总说明和分部工程说明。在总说明中，主要阐述概算定额的编制依据、使用范围、包括的内容及作用、应遵守的规则及建筑面积计算规则等。分部工程说明主要阐述本分部工程包括的综合工作内容及分部分项工程的工程量计算规则等。

2. 定额项目表

定额项目表主要包括以下内容。

（1）定额项目的划分。概算定额项目一般按以下两种方法划分。

① 按工程结构划分：一般是按土石方、基础、墙、梁板柱、门窗、楼地面、屋面、装饰、构筑物等工程结构划分。

② 按工程部位（分部）划分：一般是按基础、墙体、梁柱、楼地面、屋盖、其他工程部位等划分，如基础工程中包括了砖、石、混凝土基础等项目。

（2）定额项目表。定额项目表是概算定额手册的主要内容，由若干分节定额组成。各节定额由工程内容、定额表及附注说明组成。定额表中列有定额编号、计量单位、概算价格及人工、材料、机械台班消耗量指标，综合了预算定额的若干项目与数量。

（二）概算定额的应用规则

（1）工程内容、计量单位及综合程度应与概算定额一致。

（2）必要的调整和换算应严格按定额的文字说明和附录进行。

（3）避免重复计算和漏项。

（4）参考预算定额的应用规则。

四、概算指标

（一）概算指标的概念及分类

1. 概算指标的概念

建筑安装工程概算指标通常是以单位工程为对象，以建筑面积、体积或成套设备装置的台或组为计量单位而规定的人工、材料、机械台班的消耗量标准和造价指标。

2. 概算指标的分类

概算指标分为建筑概算指标和安装工程概算指标。

（1）建筑概算指标包括一般土建概算指标、给排水工程概算指标、采暖工程概算指标、通信工程概算指标、电气照明工程概算指标。

（2）安装工程概算指标包括机械设备及安装工程概算指标、电气设备及安装工程概算指标、器具及生产家具购置概算指标。

（二）概算指标的作用

概算指标的作用与概算定额相同，它主要用于投资估价、初步设计阶段，其作用大致有以下几点。

（1）概算指标是编制投资估价和控制初步设计概算、工程概算造价的依据。

（2）概算指标是设计单位进行设计方案的技术经济分析、衡量设计水平、考核投资效果的标准。

（3）概算指标是建设单位编制基本建设计划、申请投资贷款和主要材料计划的依据。

因为概算指标比概算定额进一步扩大与综合，所以依据概算指标来估算投资就更为简便，但精确度也随之降低。

概算指标和概算定额的主要区别有以下两方面。

（1）确定各种消耗量指标的对象不同。

（2）确定各种消耗量指标的依据不同。

（三）概算指标的组成内容

概算指标的组成内容一般包括文字说明和列表两部分，以及必要的附录。

1. 总说明和分册说明

说明的内容一般包括概算指标的编制范围、编制依据、分册情况、指标包括的内容、指标未包括的内容、指标的使用方法、指标允许调整的范围及调整方法等。

2. 列表部分

（1）建筑工程列表形式。房屋建筑物、构筑物一般是以建筑面积、建筑体积、"座""个"等为计算单位，附以必要的示意图。示意图画出建筑物的轮廓示意或单线平面图，列出综合指标："元／m²"或"元／m³"，自然条件（如地耐力、地震烈度等），建筑物的类型、结构形式及各部位中结构主要特点，主要工程量。

（2）设备及安装工程的列表形式。设备以"t"或"台"为计算单位，也可以设备购置费或设备原价的百分比（％）表示；工艺管道一般以"t"为计算单位；通信电话站安装以"站"为计算单位。列出指标编号、项目名称、规格、综合指标（元／计算单位）之后一般还要列出其中的人工费，必要时还要列出主要材料费、辅材费。

☆小提示

概算指标的基本内容包括以下几部分。

（1）总说明：总说明主要从总体上说明概算指标的作用、编制依据、工程量计算规则及其有关规定。

（2）示意图：表明工程的结构形式。对于工业项目，还要表示出吊车及起重能力等。

（3）结构特征：主要对工程结构形式、层高、层数和建筑面积进行说明。

（4）经济指标：包括工程造价指标、人工、材料消耗指标等。

建筑工程列表中一般包括示意图、结构特征、经济指标、构造内容、工程量指标、人工及主要材料消耗量指标6个部分。

（四）概算指标的表现形式

概算指标在具体内容的表示方法上，分综合指标和单项指标两种形式。

55

1. 综合概算指标

综合概算指标是按照工业或民用建筑及其结构类型而制定的概算指标。综合概算指标的概括性较大，其准确性、针对性不如单项指标。

2. 单项概算指标

单项概算指标是指为某种建筑物或构筑物而编制的概算指标。单项概算指标的针对性较强，故指标中对工程结构形式要做介绍。只要工程项目的结构形式及工程内容与单项指标中的工程概况相吻合，编制出的设计概算就比较准确。

（五）概算指标的编制

1. 概算指标的编制原则

（1）按平均水平确定概算指标的原则。

（2）概算指标的内容和表现形式，要贯彻简明适用的原则。

（3）概算指标的编制依据，必须具有代表性。

2. 概算指标的编制依据

（1）现行的设计标准规范。

（2）现行的概算指标及其他相关资料。

（3）国务院各有关部门和各省、自治区、直辖市批准颁发的标准设计图集和有代表性的设计图纸。

（4）编制期相应地区人工工资标准、材料价格、机械台班费用等。

3. 概算指标的编制步骤

以房屋建筑工程为例，概算指标可按以下步骤进行编制。

（1）成立编制小组，拟订工作方案，明确编制原则和方法，确定指标的内容及表现形式，确定基价所依据的人工工资单价、材料预算价格、机械台班单价。

（2）收集整理编制指标所必需的标准设计、典型设计以及有代表性的工程设计图纸，设计预算等资料，充分利用有使用价值的已经积累的工程造价资料。

（3）编制阶段。主要是选定图纸，并根据图纸资料计算工程量和编制单位工程预算书，以及按着编制方案确定的指标项目对照人工及主要材料消耗指标，填写概算指标的表格。每平方米建筑面积造价指标编制方法如下所述。

① 编写资料审查意见及填写设计资料名称、设计单位、设计日期、建筑面积及构造情况，提出审查和修改意见。

② 在计算工程量的基础上，编制单位工程预算书，据以确定每百平方米建筑面积及构造情况以及人工、材料、机械消耗指标和单位造价的经济指标。

计算工程量，就是根据审定的图纸和预算定额计算出建筑面积及各分部分项工程量，然后按编制方案规定的项目进行归并，并以每平方米建筑面积为计算单位，换算出所对应的工程量指标。

根据计算出的工程量和预算定额等资料，编出预算书，求出每百平方米建筑面积的预算造价及人工、材料、施工机械费用和材料消耗量指标。

构筑物是以"座"为单位编制概算指标，因此，在计算完工程量，编出预算书后，不必进行换算，预算书确定的价值就是每座构筑物概算指标的经济指标。

（4）核对审核、平衡分析、水平测算、审查定稿。

（六）概算指标的应用

概算指标的应用要比概算定额具有更大的灵活性，由于它是一种综合性很强的指标，不可能与拟建工程的建筑特征、结构特征、自然条件、施工条件完全一致。因此，在选用概算指标时要十分慎重，选用的指标与设计对象在各个方面应尽量一致或接近，不一致的地方要进行换算，以提高准确性。

概算指标的应用一般有以下两种情况。

1. 如果设计对象的结构特征与概算指标一致时，可直接套用。

2. 如果设计对象的结构特征与概算指标的规定局部不同时，要对指标的局部内容调整后再套用。

设计对象的结构特征与概算指标有局部差异时，调整公式为

$$结构变化修正概算指标（元/m^2）= J + Q_1P_1 - Q_2P_2$$

式中，J——原概算指标；

　　Q_1——换入新结构的数量；

　　Q_2——换出旧结构的数量；

　　P_1——换入新结构的单价；

　　P_2——换出旧结构的单价。

学习单元 5　企业定额

57

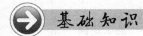

知识目标

（1）了解企业定额的概念和作用。
（2）了解企业定额的编制原则和依据。

技能目标

（1）通过本单元的学习，对企业定额的概念有一个简要的了解。
（2）能够掌握企业定额的应用。

基础知识

一、企业定额的概念和作用

（一）企业定额的概念

企业定额是企业内部根据自身的生产力水平，结合企业实际情况编制的符合本企业实际利益的定额。它既是一个企业自身的劳动生产率、成本降低率、机械利用率、管理费用节约率与主要材料进价水平的集中体现，也是企业采用先进工艺改变常规施工程序，从而大大节约企业成本开支的方法。企业定额水平一般应高于国家现行定额水平，才能满足生产技术发展、企业管理和市场竞争的需要。随着我国工程量清单计价模式的推广，统一定额的应用份额将会进一

步缩小，而企业定额的作用将会逐渐提高。

对于建筑安装企业来说，企业定额是指建筑安装企业根据本企业的技术水平和管理水平，编制完成单位合格产品所需的人工、材料和机械台班的消耗量，以及其他生产经营要素的消耗量标准。企业定额反映企业的施工生产与生产消耗之间的数量关系，是施工企业生产力水平的体现。企业的技术和管理水平不同，企业定额的水平也不同。企业定额是施工企业进行施工管理和投标报价的基础和依据，从一定意义上讲，企业定额是企业的商业机密，是企业参与市场竞争的核心竞争能力的具体表现。

（二）企业定额的作用

企业定额是施工企业生产经营的基础，也是施工企业现代化科学管理的重要手段。它是施工企业编制投标报价的依据，是编制施工方案的依据，是企业内部核算的依据。企业定额的建立，有利于施工企业提高施工技术，改进施工组织、降低工程成本，充分发挥投资效益，促进企业的健康发展。

（1）企业定额是施工企业计划管理的依据。

（2）企业定额是组织和指挥施工生产的有效工具。

（3）企业定额是计算工人劳动报酬的依据。

（4）企业定额有利于推广先进技术。

（5）企业定额是编制施工预算、加强成本管理和经济核算的基础。

（6）企业定额是编制工程投标报价的基础和主要依据。

二、编制企业定额的目的和作用

（1）企业定额能够满足工程量清单计价的要求。

（2）企业定额的编制和使用可以规范发包承包行为，规范建筑市场秩序。

（3）企业定额的建立和运用可以提高企业的管理水平和生产水平。

（4）企业定额是业内推广先进技术和鼓励创新的工具。

（5）建立企业定额，是加速企业综合生产能力发展的需要。

三、企业定额与施工定额的比较

企业定额与施工定额的比较见表 2-5。

表 2-5　　　　　　　　　企业定额与施工定额的比较

比较内容	企业定额	施工定额
编制主体	企业总部	各地区、各行业、各部门
使用范围	企业内部	社会范围
主要作用	企业内部施工管理；工程投标报价的基础	企业定额编制的依据；行业部门控制投标报价的依据
定额水平	企业平均先进	社会平均先进
定额性质	生产性、计价性定额	生产性定额

四、企业定额与预算定额的区别与联系

1. 相互联系

预算定额一般以施工定额为基础进行编制，而企业定额编制时往往以预算定额作为控制的参考依据。企业定额的编制水平一般高于预算定额。

2. 相互区别

（1）研究对象不同。预算定额以可计价的分部分项工程为研究对象，施工定额以施工过程为研究对象。前者在后者基础上，在研究对象上进行了科学的综合扩大。而企业定额与施工定额基本相同。

（2）编制单位和使用范围不同。预算定额由国家、行业或地区建设主管部门编制，是国家、行业或地区建设工程造价计价法规性标准。企业定额是由企业编制，是企业内部使用的定额。

（3）编制时考虑的因素不同。预算定额综合考虑了众多企业的一般情况，考虑了施工过程中，对前面施工工序的检验，对后继施工工序的准备，以及相互搭接中的技术间歇、零星用工及停工损失等人工、材料和机械台班消耗量的增加因素。企业定额是依据本企业的技术经济状况和施工水平编制的，考虑的是本企业施工的情况；施工定额考虑更多的是现场工程具体的施工技术水平。

（4）编制水平不同。预算定额采用社会平均水平编制，反映的是社会平均水平；企业定额采用企业自身水平编制，反映的是社会先进水平和个别成本。

五、企业定额的编制

（一）企业定额的编制原则

（1）与国家规范保持一致性原则。
（2）企业内的平均先进水平原则。
（3）内容和形式简明适用性原则。
（4）以专家为主全员参与原则。
（5）独立自主原则。
（6）量价分离原则。
（7）实事求是的动态管理原则。
（8）稳定性和时效性原则。
（9）保密性原则。

（二）企业定额的编制方法

企业定额的编制方法大致可以分为定额修正法、经验统计法、现场观测法、理论计算法4种。

1. 定额修正法

定额修正法是依据全国定额、行业定额，结合企业的实际情况和工程量清单计价规范的要求，调整定额的结构、项目范围等，在自行测算的基础上形成企业定额。这种方法的优点是继承了全国定额、行业定额的精华，使企业定额有模板可依，有改进的基础。

本方法由经营部实施，考察现场并结合技术人员意见，最终确定合适的价格。

2. 经验统计法

经验统计法是依据已有的施工经验，综合企业已有的经验数据，运用抽样统计的方法，对项目的消耗数据进行统计测算，最终形成自己的定额消耗数据。

本方法主要由技术部和经营部实施，仓库及财务等部门提供相应数据，项目开工前，技术人员领取工程施工统计表，工程结束后将填写详细、完整的表格提交经营部，共同讨论。

3. 现场观测法

现场观测法是以研究工时消耗为对象，以观察测时为目标，通过密集抽样和粗放抽样等技术手段进行直接的实践研究，确定人工消耗和机械台班消耗量的方法。该方法适用于影响工程造价大的主要项目及新技术、新工艺，常用于测定工时和设备的消耗水平。

本方法主要由现场技术人员、班组、分包队完成统计，统计好的表格按时上交经营部，经营部人员应定期去现场测定相应数据。

4. 理论计算法

理论计算法编制企业定额是依据施工图纸、施工规范及材料规格，用理论计算的方法求出定额中的理论消耗量，将理论消耗量加上合理的损耗，得出定额实际消耗水平的方法。

本方法适用于计算主要材料的消耗等与图纸数量相差很小的项目，在工程量计算中较为常用，例如计算钢材用量、油漆用量等。

（三）企业定额的编制程序

（1）确定定额子目的实物消耗量。

第一步，由定额编制专家组根据《建设工程工程量清单计价规范》《全国统一建筑工程基础定额》《建筑工程消耗量定额》，结合企业自身的施工管理习惯、内部核算方式、投标报价和惯例确定所需编制定额的步距和工程内容。

第二步，由定额编制人员根据《建设工程工程量清单计价规范》《全国统一建筑工程基础定额》《建筑工程消耗量定额》，结合定额编制专家组所需编制的步距和工程内容对《全国统一建筑工程基础定额》《建筑工程消耗量定额》中的定额子目进行拆分或整合，形成初步的施工消耗量定额、投标报价定额子目清单及对应的定额子目的实物消耗量。

第三步，将初步的施工消耗量定额、投标报价定额子目清单及对应的定额子目的实物消耗量，报送工程技术管理专家和企业内各工程处征求意见并对各方面的意见进行汇总，提交定额编制专家组讨论。

第四步，定额编制专家组对各方面的意见讨论后拿出修订方案，定额编制人员将施工消耗量定额、投标报价定额子目清单及对应的定额子目的实物消耗量进行修订后报定额编制专家组审定，企业领导审批。

（2）确定定额子目中基础单价和工料机工程单价。

（3）确定费用定额指标及综合单价。

（4）开发定额管理的应用软件。

（四）编制企业定额应该注意的问题

（1）企业定额从编制到施行，必须经过科学、审慎的论证。

（2）施工企业应该设立专门的部门和组织，及时搜集和了解各类市场信息和变化因素的具体资料，对企业定额进行不断的补充、完善和调整。

（3）对企业定额要进行科学有效的动态管理，建立完整的定额库和资料库，针对不同的工程，灵活使用企业定额。

（4）编制企业定额时，应考虑政府对企业的各项管理费用。

（5）企业定额要尽可能做到多种计价模式都能兼容。

（6）施工企业要了解政策、调整思路、紧跟市场，尽早制定和完善适合企业使用的企业定额。

六、基础单价的确定

基础单价是编制建筑及安装工程单价的重要基础资料，它包括人工单价、各种材料价格、施工机械使用价格。

人工单价即劳动力价格，一般情况下应按地区劳务市场价格计算确定。

材料价格按市场价格计算确定，其价格应是供货方将材料运至施工现场堆放地或工地仓库后的出库价格。

施工机械使用价格最常用的台班单价，应通过市场询价确定。

（一）人工单价的确定

人工单价是指在工程计价中一个建筑工人在一个工作日应计入的全部人工费用，它体现了建筑工人的工资水平和一个建筑工人在一个工作日应得到的劳动报酬。

1. 人工单价的确定方法

人工单价应结合国家劳动部门的政策，考虑养老保险金、失业保险金、住房公积金等费用，结合当地同行业实际收入水平确定，形成具有竞争力的人工单价。人工单价应区分工种、岗位、级别，形成不同等级的工资单价，但注意不要低于当地最低工资标准。编制投标报价定额时，可采用加权平均的办法确定，保持人工单价的动态性，并考虑人工工资的风险因素。

2. 人工单价的计算

（1）公式法。人工单价由基本工资、补贴性工资、生产工人辅助工资、职工福利费、生产工人劳动保护费构成。人工日工资单价计算公式为

$$日工资单价=[（月基本工资+月工资性津贴+月辅助工资）×$$
$$（1+福利费计提比例）+月劳动保护费]×12÷224$$

（2）规定法。各省市对人工单价有规定数值或最低标准，编制投标报价定额时可直接取用。但需注意，人工单价仅作为编制投标报价定额时的依据，不作为施工企业实发工资的依据。

（3）信息法。根据市场信息发布情况，进行合理定价处理。

（二）材料价格的确定

1. 正确计算材料价格的意义

材料价格的高低是企业材料管理水平的测试器，企业只有如实地计算材料的供应价及其他各项组成费用，才能真实反映并使企业的领导者了解自己管理的优劣，从而扬长避短，不断提高。

2. 材料价格的概念和内容组成

材料价格是指材料（包括构件、成品及半成品等）从其来源地（或交货地点）到达施工工地仓库或堆放场地后的出库价格。

材料价格的内容包括材料原价（或供应价格）、材料运杂费、场外运输损耗费、采购及保管

61

费和检验试验费等，用公式表示为

材料价格=材料原价+运杂费+场外运输损耗费+采购保管费+材料的检验试验费+风险金

或

材料价格=（材料原价+运杂费）×（1+场外运输损耗率）×（1+采购及保管费率）－
包装品回收价值+材料的检验试验费+风险金

3. 材料价格的确定

（1）材料原价。

① 外购类材料（如钢材、水泥、沥青）：材料原价=出厂价+供销手续费+包装费。

② 地方性材料：包括外购的砂、石、砖、瓦、灰等材料，按实际调查价格或当地主管部门规定的价格计算。

③ 自采材料：如黏土等，材料单价=开采单价+辅助生产现场经费。

（2）运杂费。运杂费指材料自供应地点至工地仓库（施工地点存放材料的地方）的运杂费用，包括装卸费、运费等，有时还应计囤存费及其他杂费（如过磅费、标签、支撑加固等费用）。

运杂费=运费+装卸费+杂费

① 运费=（运价率×运距）×单价毛重+吨次费。

② 装卸费=装卸费率×毛重×装卸次数。

③ 杂费是指吨次费、过磅费、捆绑费用。

> **课堂案例**
>
> 某桥梁钢材运输，无包装，运距 25 km，运价率 0.43 元/（t·km），吨次费 1.00 元/t，囤存费 3.00 元/t，装卸费 3.30 元/t，若运输 750 t，装卸一次，计算单位运杂费和总运杂费。
>
> 解：运费=（25×0.34）×1+1.00=9.50（元/t）
>
> 装卸费：3.30/t；杂费：3.00 元/t
>
> 每吨运杂费=9.50+3.30+3.00=15.80（元）
>
> 钢材运杂费=750×15.80=11 850.00（元）

（3）场外运输损耗费。场外运输损耗是指某些材料在正常的运输过程中发生的损耗，这部分损耗应摊入材料单价内，材料场外运输损耗可用损耗率表示。

（4）采购保管费。材料采购及保管费指材料供应部门（包括工地仓库以及各级材料管理部门）在组织采购、供应和保管材料过程中，所需的各项费用及工地仓库材料储备损耗。

（三）机械台班单价的确定

机械台班单价，是指施工机械在一个台班中，为使机械正常运转所支出和分摊的各项费用之和。它是编制企业定额的基础之一，也是施工企业对施工机械费用进行成本核算的依据。

1. 施工机械台班单价的确定方法

对于租赁机械的台班单价，应根据机械的租赁市场价格通过分析综合确定。

2. 机械台班单价计算

机械台班单价包括折旧费、大修理费、经常修理费、安拆费及场外运费、人工费、燃料动力费、养路费及车船使用税等七项费用。按其费用性质，可分为两大类，即第一类费用和第二类费用。

（1）第一类费用又称不变费用，包括折旧费、大修理费、经常修理费、安拆费及场外运费等。

（2）第二类费用又称可变费用，包括人工费、燃料动力费、养路费及车船使用税等费用。

七、企业定额的应用

（一）直接套用

当工程项目的设计要求、施工条件及施工方法与定额项目表的内容、规定完全一致时，可以直接套用定额。

（二）调整换算

当工程设计要求、施工条件及施工方法与定额项目内容及规定不完全相符时，应按规定调整换算。调整的方法一般采用系数调整和增减工日、材料数量调整。

学习案例

某升降式起重机吊装大型屋面板，每次吊装一块，经过现场计时观察，测得循环一次的各组成部分的平均延续时间如下：

挂钩时的停车为 31.4 s；

将屋面板吊至 15 m 高为 96.8 s；

将屋面板下落就位为 56.3 s；

解钩时的停车为 39.6 s；

回转悬臂、放下吊绳，空车回至构件堆放处 52.8 s。

想一想

计算升降式起重机纯工作 1 h 的正常生产率。

案例分析

确定机械纯工作 1 h 正常劳动生产率可分三步进行。

第一步，计算机械循环一次的正常延续时间，它等于本次循环中各组成部分延续时间之和，计算公式为

$$机械循环一次性正常延续时间 = \sum 循环内各组成部分延续时间$$

升降式起重机循环一次的正常延续时间 = 31.4+96.8+56.3+39.6+52.8 = 276.9（s）

第二步，计算机械纯工作 1 h 的循环次数，计算公式为

$$机械纯工作1h循环次数 = \frac{60 \times 60}{一次循环的正常延续时间} = \frac{60 \times 60}{276.9} = 13.00（次）$$

第三步，求机械纯工作 1 h 的正常生产率，计算公式为

$$机械纯工作1h正常生产率 = 机械纯工作1h正常循环次数 \times 一次循环的产品数量$$

$$= 13.00 \times 1 = 13.00（块）$$

63

知识拓展

定额的产生和在我国的发展

定额产生于 19 世纪末资本主义企业管理科学的发展初期。在资本主义国家，随着科技的发展，企业的生产技术得到了很大的提高，但由于管理跟不上，经济效益仍然不理想。为了通过加强管理提高劳动生产率，美国工程师泰勒（F. W. Taylor，1856—1915）经过研究制定了科学的管理方法，他将工人的时间划分为若干个组成部分，如准备工作时间、基本工作时间、辅助工作时间等，然后用秒表来测定完成各项工作所需的劳动时间，以此为基础制定工时消耗定额，作为衡量工人工作效率的标准。在研究工人工作时间的同时，泰勒把工人在劳动中的操作过程分为若干个操作步骤，去掉那些多余和无效的动作，制定出操作顺序最佳、付出体力最少、节省工作时间最多的操作方法，以期达到提高工作效率的目的。

制定科学的工时定额，实行标准的操作方法，采用先进的工具和设备，再加上有差别的计件工资制，这些就构成了"泰勒制"的主要内容。

就我国建筑工程劳动定额而言，它是随着国民经济的恢复和发展而建立起来的，并结合我国工程建设的实际情况，在各个时期制定和实行了统一劳动定额。它的发展过程是从无到有，从不健全到逐步健全的过程。

1955 年劳动部和建筑工程部联合编制了《全国统一建筑安装工程劳动定额》，这是我国建筑业第一次编制的全国统一劳动定额。1962 年、1966 年建筑工程部先后两次修订并颁发了《全国建筑安装统一劳动定额》。由于集中统一领导，执行定额认真，同时广泛开展技术测定，因此，定额的深度和广度都有较大的发展。在当时对组织施工、改善劳动组织、降低工程成本、提高劳动生产率都起到了有力的促进作用。

国家建工总局于 1979 年编制并颁发了《建筑安装工程统一劳动定额》，随后，各省、自治区、直辖市相继设立了定额管理机构，企业配备了定额人员，并在此基础上编制了本地区的《建筑工程施工定额》，使定额管理工作进一步适应各地区生产发展的需要，调动了广大建筑工人的生产积极性，对提高劳动生产率起了明显的促进作用。为适应建筑业的发展和施工中不断涌现的新结构、新技术、新材料的需要，城乡建设环境保护部于 1985 年编制并颁发了《全国建筑安装工程统一劳动定额》。

随着工程预算制度的建立和发展，工程预算定额也相应产生并不断发展。1955 年建筑工程部编制了《全国统一建筑安装工程预算定额》，1957 年国家建委在此基础上进行了修订并颁发全国统一的《建筑工程预算定额》。之后，国家建委将建筑工程预算定额的编制和管理工作下放到各省、自治区、直辖市。各省、自治区、直辖市于以后几年间先后组织编制了本地区的建筑安装工程预算定额。1981 年国家建委组织编制了《建筑工程预算定额》（修改稿），各省、自治区、直辖市在此基础上于 1984 年、1985 年先后编制了适合本地区的建筑安装工程预算定额。国家建设部于 1992 年颁发了《全国统一建筑装饰工程预算定额》，于 1995 年颁发了《全国统一建筑工程预算基础定额》。

情境小结

1. 本学习情境重点介绍了施工定额、预算定额、概算定额、企业定额 4 种定额类型。

2. 阐述施工定额的概念、组成和作用。重点介绍了施工定额所包含的劳动消耗定额、材料消耗定额、机械消耗定额的消耗量确定；劳动定额表现形式及其相互关系。同时介绍工作时间分类及其所包括的内容。

3. 重点介绍了预算定额。对预算定额的概念、作用、预算定额与施工定额的区别与联系、编制原则、编制依据、编制步骤、编制方法、建筑工程预算定额手册的内容等做了阐述。重点介绍了预算定额中人工消耗量、材料消耗量（一次使用材料、周转性材料）、机械台班消耗量的确定方法；以及人工单价、材料预算价格、机械台班预算单价的组成与确定。

学习检测

一、填空题

1. 按编制程序和用途不同，定额可分为＿＿＿＿＿＿、＿＿＿＿＿＿、＿＿＿＿＿＿、＿＿＿＿＿＿、和＿＿＿＿＿＿。

2. 施工预算的编制方法分为＿＿＿＿＿＿和＿＿＿＿＿＿两种。

3. 劳动定额根据表达方式分为＿＿＿＿＿＿和＿＿＿＿＿＿两种。

4. 材料消耗定额是指在节约与合理使用材料条件下，生产质量合格的单位工程产品，所必须消耗的一定规格的质量合格的材料、成品、＿＿＿＿＿＿、＿＿＿＿＿＿、动力与燃料的数量标准。

5. 企业定额的编制方法分为＿＿＿＿＿＿、＿＿＿＿＿＿、＿＿＿＿＿＿、＿＿＿＿＿＿4 种。

6. 概算定额是预算定额的＿＿＿＿＿＿＿＿＿＿。

二、选择题

1. 已知挖 50 m³ 按现行劳动定额计算共需 20 工日，则其时间定额和产量定额分别为（　　）。
   A. 0.4；0.4　　　　B. 0.4；2.5　　　　C. 2.5；0.4　　　　D. 2.5；2.5

2. 实体性材料的消耗量是指（　　）。
   A. 摊销量　　　　B. 净用量　　　　C. 周转使用量　　　　D. 材料用量

3. 材料预算定额价格是指材料从其来源地到达施工工地仓库后出库的（　　）。
   A. 平均价格　　　　B. 综合平均价格　　　　C. 指导价格　　　　D. 计划价格

4. 预算定额人工幅度差主要是指（　　）。
   A. 预算定额人工工日消耗量与施工劳动定额消耗之差
   B. 预算定额人工工日消耗量与概算定额消耗之差
   C. 预算定额人工工日消耗量与其净耗之差
   D. 预算定额人工工日消耗量测定带来的误差

5. 已知 1 m³C25 混凝土含 32.5 级水泥 470 kg，中砂 0.682 t，碎石 1.76 t，水 0.21 m³；水泥预算价为 0.28 元/kg，中砂预算价为 38.00 元/t，碎石预算价为 27.80 元/t，水预算价为 2.80 元/m³，该 1 m³ 混凝土的材料预算价为（　　）元。
   A. 190.21　　　　B. 190.80　　　　C. 280.00　　　　D. 345.80

6. 轮胎式起重机吊装大型屋面板，机械纯工作 1 h 的正常生产率为 13.32 块，工作班 8 h 内实际工作时间 7.2 h，则其产量定额和时间定额分别为（　　）。
   A. 96 块/台班，0.1 台班/块　　　　B. 86 块/台班，0.1 台班/块
   C. 96 块/台班，0.01 台班/块　　　　D. 86 块/台班，0.01 台班/块

三、简答题

1. 什么是施工定额？简述其组成和作用。
2. 什么是劳动消耗定额？它有几种表现形式？
3. 什么是预算定额？它有哪些制定方法？
4. 什么是概算定额？其编制依据与作用是什么？
5. 什么是企业定额？其编制原则是什么？

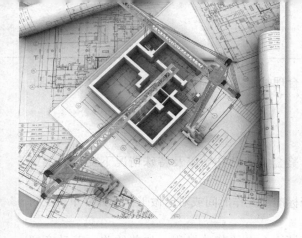

学习情境三

建筑工程单价

 情境导入

某 10 t 载重汽车有关资料如下：购买价格（辆）125 000 元；残值率 6%；耐用总台班 1 200 台班；修理间隔台班 240 台班；一次性修理费用 4 600 元；修理周期 5 次；经常维修系数 $K=3.93$；年工作台班 240 台班；每月每吨养路费 80 元/（t·月）；每台班消耗柴油 40.03 kg，柴油单价 5.60 元/kg；按规定年交纳保险费 8 500 元。

案例导航

上述案例中，施工机械台班单价也称施工机械台班使用费，是指一台施工机械在正常运转条件下，一个工作班中所发生的全部费用。

要了解人工、材料、施工机械台班单价的基本内容，需要掌握以下相关知识。

1. 人工单价的概念、组成及确定。
2. 材料单价的概念、组成及确定。
3. 施工机械台班单价的概念、组成及确定。

学习单元 1 确定人工单价

知识目标

（1）了解人工单价的概念及组成。
（2）熟悉人工单价确定的依据和方法。

技能目标

（1）通过本单元的学习，对人工单价的概念有一个简要的了解。
（2）能够具备确定人工单价的能力。

 基础知识

一、人工单价的概念及组成

（一）人工日工资单价的概念

人工日工资单价是指施工企业平均技术熟练程度的生产工人在每工作日（国家法定工作时

间内）按规定从事施工作业应得的日工资总额。合理确定人工工日单价是正确计算人工费和工程造价的前提和基础。

（二）人工日工资单价组成内容

人工日工资单价由计时工资或计件工资、奖金、津贴补贴以及特殊情况下支付的工资组成。

（1）计时工资或计件工资：是指按计时工资标准和工作时间或对已做工作按计件单价支付给个人的劳动报酬。

（2）奖金：是指对超额劳动和增收节支支付给个人的劳动报酬。如节约奖、劳动竞赛奖等。

（3）津贴补贴：是指为了补偿职工特殊或额外的劳动消耗和因其他原因支付给个人的津贴，以及为了保证职工工资水平不受物价影响支付给个人的物价补贴。如流动施工津贴、特殊地区施工津贴、高温（寒）作业临时津贴、高空津贴等。

（4）特殊情况下支付的工资：是指根据国家法律、法规和政策规定，因病、工伤、产假、计划生育假、婚丧假、事假、探亲假、定期休假、停工学习、执行国家或社会义务等原因按计时工资标准或计时工资标准的一定比例支付的工资。

> ☼小提示
>
> 虽然现阶段企业的人工单价大多由企业自己制定，但其中每一项内容都是根据有关法规、政策文件的精神，结合本部门、本地区和本企业的特点，通过反复测算最终确定的。近几年国家陆续出台了养老保险、医疗保险、住房公积金、失业保险等社会保障的改革措施，新的工资标准会将上述内容逐步纳入人工单价之中。

二、人工单价的确定方法

1. 年平均每月法定工作日

由于人工日工资单价是每一个法定工作日的工资总额，因此需要对年平均每月法定工作日进行计算。计算公式如下：

$$年平均每月法定工作日=\frac{全年日历日-法定假日}{12}$$

式中，法定假日指双休日和法定节日。

2. 日工资单价的计算

确定了年平均每月法定工作日后，将上述工资总额进行分摊，即形成了人工日工资单价。计算公式如下：

$$日工资单价=\frac{生产工人平均月工资(计时、计件)+平均月(奖金+津贴补贴+特殊情况下支付的工资)}{年平均每月法定工作日}$$

三、日工资单价的管理

虽然施工企业投标报价时可以自主确定人工费，但由于人工日工资单价在我国具有一定的政策性，因此工程造价管理机构也需要确定人工日工资单价。工程造价管理机构确定日工资单价应通过市场调查，根据工程项目的技术要求，参考实物工程量人工单价综合分析确定，发布的最低日工资单价不得低于工程所在地人力资源和社会保障部门所发布的最低工资标准的：普工 1.3 倍、一般技工 2 倍、高级技工 3 倍。

📖课堂案例

已知某安装企业高级工人的工资性补贴标准如下：部分补贴按年发放，4 000 元/年；另一部分按月发放，780 元/月；某项补贴按工作日发放，标准为 18 元/日。已知全年日历天数为 365 d，设法定假日为 119 d。求该企业高级工人工日单价中，工资性补贴为多少？

解：工资性补贴=4 000/（365−119）+780/[（365−119）/12]+18=72.31（元）

四、影响人工单价的因素

影响人工单价的因素有很多，归纳起来有以下几点。

1. 社会平均工资水平

建筑安装工人人工单价必然和社会平均工资水平趋同。社会平均工资水平取决于社会经济发展水平。由于我国改革开放以来经济迅速增长，社会平均工资也有大幅度增长，从而影响到人工单价的大幅提高。

2. 生产消费指数

生产消费指数的提高会带动人工单价的提高，以减少生活水平的下降，或维持原来的生活水平。生活消费指数的变动决定于物价的变动，尤其决定于生活消费品物价的变动。

3. 人工单价的组成内容

如住房消费、养老保险、医疗保险、失业保险费等列入人工单价，会使人工单价提高。

4. 劳动力市场供需变化

劳动力市场如果需求大于供给，人工单价就会提高；供给大于需求，市场竞争激烈，人工单价就会下降。

5. 国家政策的变化

如政府推行社会保障和福利政策，会影响人工单价的变动。需要指出的是，随着我国改革的深入，社会主义市场经济体制的逐步建立，企业按劳分配自主权的扩大，建筑企业工资分配标准早已突破以前企业工资标准的规定。因此，为适应社会主义市场经济的需要，人工单价应主要参考建筑劳务市场来确定。

学习单元 2　确定材料单价

✏️知识目标

（1）了解材料价格的概念及组成。

（2）掌握材料价格确定的基本方法。

✏️技能目标

（1）通过本单元的学习，对材料价格的概念有一个简要的了解。

（2）能够具备确定材料价格的能力。

69

基础知识

一、材料价格的概念及组成

1．材料价格的概念

材料价格是指材料从交货地点到达施工工地（或堆放材料地点）后的出库价格。

2．材料价格的组成

按现行规定，材料价格由材料原价（或供应价格）、供销部门手续费、包装费、运杂费、运输损耗费、采购及保管费组成。

二、材料价格的确定方法

（一）材料原价（或供应价格）

材料原价是指材料的出厂价格，进口材料抵岸价或销售部门的批发价和市场采购价（或信息价）。

在确定材料原价时，凡同一种材料因来源地、交货地、供货单位、生产厂家不同而有几种价格（原价）时，根据不同来源地供货数量的比例，采取加权平均的方法确定其综合原价。计算公式为

$$加权平均原价 = \frac{K_1C_1 + K_2C_2 + \cdots + K_nC_n}{K_1 + K_2 + \cdots + K_n}$$

式中，$K_1, K_2, \cdots, K_n$——各不同供应地点的供应量或各不同使用地点的需求量；

$C_1, C_2, \cdots, C_n$——各不同供应地点的原价。

（二）材料运杂费

材料运杂费是指国内采购材料自来源地、国外采购材料自到岸港运至工地仓库或指定堆放地点发生的费用。含外埠中转运输过程中所发生的一切费用和过境过桥费用，包括调车和驳船费、装卸费、运输费及附加工作费等。同一品种的材料有若干个来源地，应采用加权平均的方法计算材料运杂费。

（三）运输损耗费

在材料的运输中应考虑一定的场外运输损耗费用，这是指材料在运输装卸过程中不可避免的损耗。运输损耗的计算公式为

运输损耗=（材料原价+运杂费）×相应材料损耗率

（四）材料采购及保管费

材料采购及保管费是指为组织采购、供应和保管材料过程中所需的各项费用，包括采购费、仓储费、工地保管费、仓储损耗。

材料采购及保管费=（材料原价+运杂费+运输损耗费）×采购及保管费率

由于建筑材料的种类、规格繁多，采购保管费不可能按每种材料在采购保管过程中所发生的实际费用计算，只能规定几种费率。由建设单位供应材料到现场仓库，施工企业只收保管费。

课堂案例

某工地水泥从两个地方采购，其采购量及有关费用见表3-1，求该工地水泥的基价。

表 3-1　　　　　　　　　　　　　　水泥采购量及有关费用

采购处	采购量/t	原价/（元/t）	运杂费/（元/t）	运输损耗率/%	采购及保管费率/%
来源一	300	240	20	0.5	
来源二	200	250	15	0.4	3

解：加权平均原价 $= \dfrac{300 \times 240 + 200 \times 250}{300 + 200} = 244(\text{元}/t)$

加权平均运杂费 $= \dfrac{300 \times 20 + 200 \times 15}{300 + 200} = 18(\text{元}/t)$

来源一的运输损耗费 $= (240 + 20) \times 0.5\% = 1.3(\text{元}/t)$

来源二的运输损耗费 $= (250 + 15) \times 0.4\% = 1.06(\text{元}/t)$

加权平均运输损耗费 $= \dfrac{300 \times 1.3 + 200 \times 1.06}{300 + 200} = 1.204(\text{元}/t)$

水泥基价 $= (244 + 18 + 1.204) \times (1 + 3\%) = 271.1(\text{元}/t)$

71

学习单元 3　确定施工机械台班单价

知识目标

（1）了解施工机械台班单价的概念和组成。

（2）掌握施工机械台班单价确定的基本方法。

技能目标

（1）通过本单元的学习，对施工机械台班单价的概念有一个简要的了解。

（2）能够具备确定机械台班单价的能力。

 基础知识

一、施工机械台班单价的概念

施工机械使用费是根据施工中耗用的机械台班数量与机械台班单价确定的。施工机械台班耗用量按预算定额规定计算。

施工机械台班单价以"台班"为计量单位。一台机械工作一班（一般按 8 h 计）就为一个台班。一个台班中为使机械正常运转所支出和分摊的各种费用之和，就是施工机械台班单价，或称台班使用费。

二、施工机械台班单价的组成

施工机械台班单价按照有关规定由 7 项费用组成，这类费用按其性质分类，划分为第一类费用和第二类费用两大类。

（一）第一类费用（又称固定费用或不变费用）

这些费用不因施工地点、条件的不同而发生大的变化，内容包括折旧费、大修理费、经常修理费、安拆费及场外运输费。

1. 折旧费

折旧费是指施工机械在规定使用期限内，每一台班所摊的机械原值及支付贷款利息的费用。其计算公式为

$$台班折旧费=\frac{施工机械预算价格\times（1-残值率）+贷款利息}{耐用总台班}$$

$$施工机械预算价格=原价\times（1+购置附加费率）+手续费+运杂费$$

$$残值率=\frac{施工机械残值}{施工机械预算价格}\times100\%$$

$$耐用总台班\left(\begin{array}{l}即施工机械从开始投入使用\\到报废前所使用的总台班数\end{array}\right)=修理间隔台班\times修理周期$$

📖 课堂案例

假设 6 t 载重汽车的预算价格为 200 000 元（包含购置税、运杂费等全部费用），残值率为 5%，大修间隔台班为 550 个，大修周期为 3 个，贷款利息为 29 000 元，试计算台班折旧费。

解：（1）计算耐用总台班。

$$耐用总台班=550\times3=1\ 650（个）$$

（2）计算台班折旧费。

$$台班折旧费=\frac{200\ 000\times（1-5\%）+29\ 000}{1\ 650}\approx132.73(元/台班)$$

2. 大修理费

大修理费是指施工机械按规定的大修理间隔进行必要的大修理，以恢复其正常使用功能所需的费用。

$$台班大修费=\frac{一次大修费\times（大修理周期-1）}{耐用总台班}$$

3. 经常修理费

经常修理费是指施工机械除大修理以外的各级保养及临时故障排除所需的费用。包括保障机械正常运转所需替换设备与随机配备工具附具的摊销及维护费用，机械运转日常保养所需润

滑与擦拭的材料费用及机械停置期间的维护保养费用等。

$$台班经常修理费=台班大修理费×经常修理费系数$$

4. 安拆费及场外运输费

安拆费是指施工机械在施工现场进行安装、拆卸所需的人工、材料、机械费及试运转费，以及安装所需的辅助设施的折旧、搭设、拆除等费用。

场外运输费指施工机械整体或分件，从停放场地运至施工现场或由一个工地运至另一个工地，运距在 25 km 以内的机械进出场运输及转移费用，包括施工机械的装卸、运输、辅助材料、架线等费用。

机械台班安拆费及场外运输费=

$$台班辅助设施摊销费+\frac{机械一次安拆费×年平均安拆次数+\left(一次运输装卸费+辅助材料一次摊销费+一次架线费\right)×年平均场外运输次数}{年工作台班}$$

（二）第二类费用（又称变动费用或可变费用）

这类费用常因施工地点和条件的不同而有较大的变化，内容包括燃料动力费、人工费、养路费及车船使用税等。

1. 燃料动力费

燃料动力费是指机械在运转施工作业中所耗用的固体燃料（煤炭、木材）、液体燃料（汽油、柴油）、电力、水和风力等费用。

$$台班燃料动力费=台班燃料动力消耗量×各省、自治区、直辖市规定的相应单价$$

2. 人工费

人工费是指机上司机、司炉和其他操作人员的工作日工资以及上述人员在机械规定的年工作台班以外的基本工资和工资性质的津贴（年工作台班以外机上人员工资指机械保管所支出的工资，以"增加系数"表示）。

工作台班以外机上人员人工费用，以增加机上人员的工日数形式列入定额，按下列公式计算：

$$台班人工费=定额机上人工工日×日工资单价$$
$$定额机上人工工日=机上定员工日×（1+增加工日系数）$$

增加工日系数=（年日历天数–规定节假公休日–辅助工资中年非工作日–机械年工作台班）/机械年工作台班

其中，增加工日系数可取为 0.25。

3. 养路费及车船使用税

养路费及车船使用税指按照国家有关规定应缴纳的运输机械养路费和车船使用税，按各省、自治区、直辖市规定标准计算后列入定额。

养路费及车船使用税的计算公式为

$$台班养路费及车船使用税=\frac{载质量（或核定吨位）×\left\{养路费[元/(t·月)]×12+车船使用税[元/(t·车)]\right\}}{年工作台班数}+保险费及年检费$$

其中，核定吨位：运输车辆按载重质量计算；汽车吊、轮胎吊、装载机按自重计算。

$$保险费及年检费 = \frac{年保险费及年检费}{年工作台班}$$

学习案例

某工程使用 425 号普通硅酸盐水泥，货源从甲、乙、丙、丁 4 个厂进货，甲厂供货 30%，出厂价 284 元/t，乙厂供货 25%，出厂价 265 元/t，丙厂供货 10%，出厂价 290 元/t，丁厂供货 35%，出厂价 273 元/t，均由建材公司供应，建材公司提货地点是本市的中心仓库。水泥市内运费为 25 元/t，供销手续费率为 3%，采购及保管费率为 2%，纸袋回收率为 50%，纸袋回收值按 0.10 元/个计算。

知识拓展

地区工程单价的编制

编制地区单价的意义主要是简化工程造价的计算，同时也有利于工程造价的正确计算和控制。因为一个建设工程，所包括的分部分项工程多达数千项，为确定预算单价所编制的单位估价表就要有数千张。要套用不同的定额和预算价格，要经过多次运算。不仅需要大量的人力、物力，也不能保证预算价格的准确性和及时性，所以，编制地区单价不仅十分必要，而且也有很大的意义。

编制地区单价的主要方法是加权平均法。要使编制出的工程单价能适应该地区的所有工程，就必须全面考虑各个影响工程单价的因素对所有工程的影响。一般来说，在一个地区范围内影响工程单价的因素有些是统一的，也比较稳定，如预算定额和概算定额、工资单价、台班单价等。不统一、不稳定的因素主要是材料预算价格。因为同一种材料由于原价不同、交货地点不同、运输方式和运输地点不同，以及工程所在地点和区域不同，所形成的材料预算价格也不同。所以要编制地区单价，就要综合考虑上述因素，采用加权平均法计算出地区统一材料预算价格。

材料预算价格的组成因素按有关部门规定，供销部门手续费、包装费、采购及保管费的费率，在地区范围内是相同的。材料原价一般也是相同的。因此，编制地区性统一材料预算价格的主要问题是确定材料运输费。

就一个地区看，每种材料的运输费都可以分为两部分：一部分是自发货地点至当地一个中心点的运输费；另一部分是自这一中心点至各用料地点的运输费。与此相适应，材料运输费也可以分为长途（外地）运输费和短途（当地）运输费。对于这两部分运输费，要分别采用加权平均法计算出平均运输费。

计算长途运输的平均运输费，主要应考虑由于供应者不同而引起的同一种材料的运距和运输方式不同；每个供应者供应的材料数量不同。采用加权平均法计算其平均运输费的公式为

$$T_A = \frac{Q_1 T_1 + Q_2 T_2 + \cdots + Q_n T_n}{Q_1 + Q_2 + \cdots + Q_n} = R_1 T_1 + R_2 T_2 + \cdots + R_n T_n$$

式中，　　T_A——平均长途运输费；

$Q_1, Q_2, \cdots, Q_n$——自各不同交货地点起运的同一种材料数量；

$T_1, T_2, \cdots, T_n$——自各交货地点至当地中心点的同一材料运输费；

$R_1, R_2, \cdots, R_n$——自各交货地点起运至当地中心点材料占该种材料总量的比重。

　　计算当地运输的平均运输费，主要应考虑从中心仓库到各用料地点的运距不同对运输费的影响和用料数量。计算方法和长途运输基本相同，即

$$T_B = M_1 T_1 + M_2 T_2 + \cdots M_n T_n$$

式中，　　T_B——平均当地运输费；

$M_1, M_2, \cdots, M_n$——各用料地点对某种材料需要量占该种材料总量比重；

$T_1, T_2, \cdots, T_n$——自当地中心仓库至各用料地点的运输费。

$$材料平均运输费 = T_A + T_B$$

　　如果原价不同，也可以采用加权平均法计算。把经过计算的各项因素相加，就是地区材料预算价格。

　　地区单价是建立在定额和统一地区材料预算价格的基础上的。当这个基础发生变化，地区单价也就相应地变化。在一定时期内地区单价具有相对稳定性。不断研究和改善地区单价和地区材料预算价格的编制和管理工作，并使之具有相对稳定的基础，是加强概预算管理，提高基本建设管理水平和投资效果的客观要求。

情境小结

　　1. 人工日工资单价由计时工资或计件工资、奖金、津贴补贴以及特殊情况下支付的工资组成。影响人工单价的因素有社会平均工资水平、生产消费指数、人工单价的组成内容、劳动力市场供需变化和国家政策的变化等。

　　2. 材料价格由材料原价（或供应价格）、供销部门手续费、包装费、材料运杂费、运输损耗费、采购及保管费组成。

　　3. 施工机械台班单价按照有关规定由 7 项费用组成，这类费用按其性质分类，划分为第一类费用和第二类费用两大类。第一类费用包括折旧费、大修理费、经常修理费、安拆费及场外运输费。第二类费用包括燃料动力费、人工费、养路费及车船使用税。

学习检测

一、填空题

　　1. 我国现行规定生产工人的人工工日单价组成包括_____、_____、生产工人辅助工资、职工福利费和生产工人劳动保护费五部分内容。

　　2. 材料预算价格是指材料由其_____（或交货地点）运至工地仓库（或指定堆放地

点）的出库价格，包括货源地至工地仓库之间的所有费用。

3. 材料价格由材料原价（或供应价格）、_____、_____、_____、_____、_____等组成。

4. 材料运输损耗是指材料在运输和装卸搬运过程中_____的损耗。

5. 施工机械台班第一类费用包括_____、_____、_____及_____。

6. 施工机械台班第二类费用包括_____、_____、_____及_____。

二、选择题

1. 在人工单价的组成内容中，物价补贴属于（ ）。
   A. 基本工资　　　　B. 辅助工资　　　　C. 职工福利费　　　　D. 工资性津贴

2. 影响建筑安装工人人工单价的因素很多，归纳起来有（ ）。
   A. 劳动力市场供需变化　　　　　　B. 人工单价的组成内容
   C. 社会平均工资水平　　　　　　　D. 国际市场行情的变化
   E. 国家政策的变化

3. 下列费用不属于材料基价中采购保管费的是（ ）。
   A. 装卸费　　　　　　　　　　　B. 仓储费
   C. 工地管理费　　　　　　　　　D. 仓储损耗

4. 影响材料预算价格变动的因素包括（ ）。
   A. 市场供需变化　　　　　　　　B. 运输距离和运输方法的变化
   C. 国际市场行情　　　　　　　　D. 社会平均工资水平
   E. 材料生产成本的变动

5. 6 t 载重汽车一次大修理费为 9 900 元，大修理周期为 3 个，耐用总台班为 1 900 台班，则台班大修理费是（ ）。
   A. 9.8 元/台班　　　　　　　　　B. 10.42 元/台班
   C. 5.6 元/台班　　　　　　　　　D. 98 元/台班

三、简答题

1. 什么是人工单价？人工单价由哪些内容构成？
2. 影响人工单价的因素有哪些？
3. 什么是材料预算价格？材料预算价格由哪几部分组成？
4. 施工机械台班单价的概念是什么？机械台班使用费由哪些费用组成？

学习情境四

建筑安装工程费用

 情境导入

　　某拟建年产 30 万吨铸钢厂，根据可行性研究报告提供的已建年产 25 万吨类似工程的主厂房工艺设备投资约 2 400 万元。已建类似项目资料：与设备投资有关的各专业工程投资系数，见表 4-1。与主厂房投资有关的辅助工程及附属设施投资系数见表 4-2。

表 4-1　　　　　　　　　　　与设备投资有关的各专业工程投资系数

加热炉	汽化冷却	余热锅炉	自动化仪表	起重设备	供电与传动	建筑安装
0.12	0.01	0.04	0.02	0.09	0.18	0.40

表 4-2　　　　　　　　　与主厂房投资有关的辅助工程及附属设施投资系数

动力系统	机修系统	总图运输系统	行政及生活福利设施工程	工程建设其他费
0.30	0.12	0.20	0.30	0.20

　　本项目的资金来源为自有资金和贷款，贷款总额为 8 000 万元，贷款利率为 8%（按年计息）。建设期 3 年，第一年投入 30%，第二年投入 50%，第三年投入 20%。预计建设期物价年平均上涨率 3%，投资估算到开工的时间按一年考虑，基本预备费率 5%。

 案例导航

　　建设工程费用是指建设工程按照既定的建设内容、建设规模、建设标准、工期全部建成并经验收合格交付使用所需的全部费用。它包括用于购买工程项目所需各种设备的费用，用于建筑和安装施工所需的全部费用，用于委托工程勘察设计、监理应支付的费用，用于购置土地所需费用，也包括建设单位进行项目管理和筹建所需的费用等。

　　要了解建筑工程费用，需要掌握以下相关知识。

1. 建筑工程费用的组成。
2. 建筑安装工程费用项目的计算。

学习单元 1　构成基本建设费用的项目

知识目标

（1）熟悉工程费用的概念和组成。

（2）熟悉工程建设其他费用、基本预备费和价差预备费的概念和组成。

**技能目标**

（1）通过本单元的学习，对建筑安装工程费用和设备及工器具费用的概念有一个简要的概括。

（2）能够清楚基本建设费用的构成。

基础知识

基本建设费用是指基本建设项目从筹建到竣工验收交付使用整个过程中，所投入的全部费用的总和。它包括工程费用（建筑工程费和安装工程费、设备及工器具购置费）、工程建设其他费用、预备费、建设期贷款利息及铺底流动资金等，如图4-1所示。

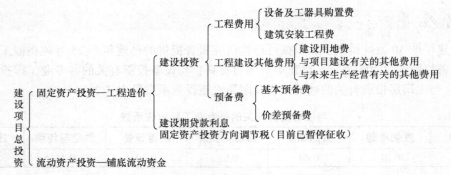

图4-1 我国现行建设项目总投资构成

一、工程费用

（一）建筑安装工程费

1. 建筑工程费

（1）各类房屋建筑工程和列入房屋建筑工程预算的供水、供暖、卫生、通风、煤气等设备费用及装饰、油饰工程的费用，列入建筑工程预算的各种管道、电力、电信和电缆导线敷设工程的费用。

（2）设备基础、支柱、工作台、烟囱、水塔、水池等建筑工程，以及各种炉窑的砌筑工程和金属结构工程的费用。

（3）为施工而进行的场地平整，工程和水文地质勘查，原有建筑物和障碍物的拆除，以及施工临时用水、电、气、路和完工后场地清理，环境绿化、美化等工作的费用。

2. 安装工程费

（1）生产、动力起重运输、传动和医疗、实验等各种需要安装的机械设备的装配费用，与设备相连的工作台梯子、栏杆等装配工程费，附属于被安装设备的管线敷设工程费用，以及被安装设备的绝缘、防腐、保温、油漆等工作的材料和安装费。

（2）为测定安装工程质量，对单台设备进行单机试运转，对系统设备进行系统联动，无负荷试运转工作的调试费。

（二）设备及工器具购置费

1. 设备购置费

设备购置费是指建设项目购置或自制的达到固定资产标准的各种国产或进口设备、工具、器具的购置费用，它由设备原价和设备运杂费构成。

　　2.　工具、器具及生产家具购置费

　　工具、器具及生产家具购置费是指新建或扩建项目初步设计规定的，保证初期正常生产必须购置的没有达到固定资产标准的设备、仪器、工卡模具、器具、生产家具和备品备件等的购置费用。其一般计算公式为

$$工具、器具及生产家具购置费=设备购置费×规定费率$$

二、工程建设其他费用

　　工程建设其他费用是指从工程筹建到工程竣工验收交付使用止的整个建设期间，除建筑安装工程费用和设备及工、器具购置费用以外的，为保证工程建设顺利完成和交付使用后能够正常发挥效用而发生的各项费用的总和。

（一）建设用地费

　　任何一个建设项目都固定于一定地点与地面相连接，必须占用一定量的土地，也就必然要发生为获得建设用地而支付的费用，这就是建设用地费。它是指为获得工程项目建设土地的使用权而在建设期内发生的各项费用，包括通过划拨方式取得土地使用权而支付的土地征用及迁移补偿费，或者通过土地使用权出让方式取得土地使用权而支付的土地使用权出让金。

79

（二）建设管理费

　　建设管理费是指建设单位为组织完成工程项目建设，在建设期内发生的各类管理性费用。

　　1.　建设管理费的内容

　　（1）建设单位管理费：是指建设单位发生的管理性质的开支。包括工作人员工资、工资性补贴、施工现场津贴、职工福利费、住房基金、基本养老保险费、基本医疗保险费、失业保险费、工伤保险费、办公费、差旅交通费、劳动保护费、工具用具使用费、固定资产使用费、必要的办公及生活用品购置费、必要的通信设备及交通工具购置费、零星固定资产购置费、招募生产工人费、技术图书资料费、业务招待费、设计审查费、工程招标费、合同契约公证费、法律顾问费、咨询费、完工清理费、竣工验收费、印花税和其他管理性质开支。

　　（2）工程监理费：是指建设单位委托工程监理单位实施工程监理的费用。此项费用应按国家发改委与建设部联合发布的《建设工程监理与相关服务收费管理规定》（发改价格[2007]670号）计算。依法必须实行监理的建设工程施工阶段的监理收费实行政府指导价；其他建设工程施工阶段的监理收费和其他阶段的监理与相关服务收费实行市场调节价。

2. 建设单位管理费的计算

建设单位管理费按照工程费用之和（包括设备工器具购置费和建筑安装工程费用）乘以建设单位管理费费率计算。

建设单位管理费=工程费用×建设单位管理费费率

建设单位管理费费率按照建设项目的不同性质、不同规模确定。有的建设项目按照建设工期和规定的金额计算建设单位管理费。如采用监理，建设单位部分管理工作量转移至监理单位。监理费应根据委托的监理工作范围和监理深度在监理合同中商定或按当地或所属行业部门有关规定计算；如建设单位采用工程总承包方式，其总包管理费由建设单位与总包单位根据总包工作范围在合同中商定，从建设管理费中支出。

（三）勘察设计费

勘察设计费是指对工程项目进行工程水文地质勘察、工程设计所发生的费用。包括工程勘察费、初步设计费（基础设计费）、施工图设计费（详细设计费）、设计模型制作费。此项费用应按《关于发布<工程勘察设计收费管理规定>的通知》（计价格[2002]10号）的规定计算。

（四）可行性研究费

可行性研究费是指在工程项目投资决策阶段，依据调研报告对有关建设方案、技术方案或生产经营方案进行的技术经济论证，以及编制、评审可行性研究报告所需的费用。此项费用应依据前期研究委托合同计列，或参照《国家计委关于印发<建设项目前期工作咨询收费暂行规定>的通知》（计投资（1999）1283号）规定计算。

（五）研究试验费

研究试验费是指为建设项目提供或验证设计数据、资料等进行必要的研究试验及按照相关规定在建设过程中必须进行试验、验证所需的费用。包括自行或委托其他部门研究试验所需人工费、材料费、试验设备及仪器使用费等。这项费用按照设计单位根据本工程项目的需要提出的研究试验内容和要求计算。在计算时要注意不应包括以下项目。

（1）应由科技三项费用（即新产品试制费、中间试验费和重要科学研究补助费）开支的项目。

（2）应在建筑安装费用中列支的施工企业对建筑材料、构件和建筑物进行一般鉴定、检查所发生的费用及技术革新的研究试验费。

（3）应由勘察设计费或工程费用中开支的项目。

（六）环境影响评价费

环境影响评价费是指按照《中华人民共和国环境保护法》《中华人民共和国环境影响评价法》等规定，在工程项目投资决策过程中，对其进行环境污染或影响评价所需的费用。包括编制环境影响报告书（含大纲）、环境影响报告表以及对环境影响报告书（含大纲）、环境影响报告表进行评估等所需的费用。此项费用可参照《关于规范环境影响咨询收费有关问题的通知》（计价格[2002]125号）的规定计算。

（七）劳动安全卫生评价费

劳动安全卫生评价费是指按照劳动部《建设项目（工程）劳动安全卫生监察规定》和《建设项目（工程）劳动安全卫生预评价管理办法》的规定，在工程项目投资决策过程中，为编制劳动安全卫生评价报告所需的费用。包括编制建设项目劳动安全卫生预评价大纲和劳动安全卫生预评价报告书以及为编制上述文件所进行的工程分析和环境现状调查等所需费用。

（八）场地准备及临时设施费

场地准备及临时设施费包括以下内容。

（1）建设项目场地准备费：是指为使工程项目的建设场地达到开工条件，由建设单位组织进行的场地平整等准备工作而发生的费用。

（2）建设单位临时设施费：是指建设单位为满足工程项目建设、生活、办公的需要，用于临时设施建设、维修、租赁、使用所发生或摊销的费用。

（九）引进技术和进口设备其他费用

引进技术和进口设备其他费用是指建设项目因引进技术和进口设备而发生的相关费用，主要包括出国人员费用、国外工程技术人员来华费用、技术引进费、分期或延期付款利息、担保费以及进口设备检验鉴定费。

（十）工程保险费

工程保险费是指为转移工程项目建设的意外风险，在建设期内对建筑工程、安装工程、机械设备和人身安全进行投保而发生的费用。包括建筑安装工程一切险、引进设备财产保险和人身意外伤害险等。

根据不同的工程类别，分别以其建筑、安装工程费乘以建筑、安装工程保险费率计算。各种工程保险费，民用建筑（住宅楼、综合性大楼、商场、旅馆、医院、学校）占建筑工程费的2‰~4‰；其他建筑（工业厂房、仓库、道路、码头、水坝、隧道、桥梁、管道等）占建筑工程费的3‰~6‰；安装工程（农业、工业、机械、电子、电器、纺织、矿山、石油、化学及钢铁工业、钢结构桥梁）占建筑工程费的3‰~6‰。

（十一）特殊设备安全监督检查费

特殊设备安全监督检验费是指安全监察部门对在施工现场组装的锅炉及压力容器、压力管道、消防设备、燃气设备、电梯等特殊设备和设施实施安全检验收取的费用。此项费用按照建设项目所在省（自治区、直辖市）安全监察部门的规定标准计算。无具体规定的，在编制投资估算和概算时可按受检设备现场安装费的比例估算。

（十二）市政公用设施费

市政公用设施费是指使用市政公用设施的工程项目，按照项目所在地省级人民政府有关规定建设或缴纳的市政公用设施建设配套费用，以及绿化工程补偿费用。此项费用按工程所在地人民政府规定标准计列。

（十三）与未来企业生产经营有关的其他费用

这项费用包括联合试运转费、生产准备费、办公和生产家具购置费。

　　联合试运转费是指新建或新增加生产能力的工程项目，在交付生产前按照设计文件规定的工程质量标准和技术要求，对整个生产线或装置进行负荷联合试运转所发生的费用净支出（试运转支出大于收入的差额部分费用）。试运转支出包括试运转所需原材料、燃料及动力消耗、低值易耗品、其他物料消耗、工具用具使用费、机械使用费、保险金、施工单位参加试运转人员工资以及专家指导费等；试运转收入包括试运转期间的产品销售收入和其他收入。联合试运转费不包括应由设备安装工程费用开支的调试及试车费用，以及在试运转中暴露出来的因施工原因或设备缺陷等发生的处理费用。

三、预备费

　　预备费也称为不可预见费，包括基本预备费和价差预备费。

（一）基本预备费

　　1. 基本预备费的内容

　　基本预备费是指针对项目实施过程中可能发生难以预料的支出而事先预留的费用，又称工程建设不可预见费，主要指设计变更及施工过程中可能增加工程量的费用。基本预备费一般由以下四部分构成。

　　（1）在批准的初步设计范围内，技术设计、施工图设计及施工过程中所增加的工程费用；设计变更、工程变更、材料代用、局部地基处理等增加的费用。

　　（2）一般自然灾害造成的损失和预防自然灾害所采取的措施费用。实行工程保险的工程项目，该费用应适当降低。

　　（3）竣工验收时为鉴定工程质量对隐蔽工程进行必要的挖掘和修复费用。

　　（4）超规超限设备运输增加的费用。

　　2. 基本预备费的计算

　　基本预备费是按工程费用和工程建设其他费用二者之和为计取基础，乘以基本预备费费率进行计算。

$$基本预备费＝（工程费用+工程建设其他费用）×基本预备费费率$$

　　基本预备费费率的取值应执行政府部门的有关规定。

（二）价差预备费

　　价差预备费指建设项目在建设期内由于价格等变化引起工程造价变化的预测预留费用。包括人工、材料、设备、施工机械等价差费，建筑安装工程费及工程建设其他费用调整，利率、汇率调整等增加的费用。计算公式为

$$PF=\sum_{t-1}^{n} I_t \left[\left(1+f\right)^m \left(1+f\right)^{0.5} \left(1+f\right)^{t-1} -1 \right]$$

　　式中，PF——价差预备费；

　　　　　n——建设期年份数；

　　　　　I_t——建设期中第 t 年的投资计划额，包括设备及工器具购置费、建筑安装工程费、工程建设其他费用及基本预备费；

f——年均投资价格上涨率；

m——建设前期年限（从编制估算到开工建设，单位：年）。

课堂案例

已知：某建设项目建安工程费为 5 000 万元，设备购置费为 3 000 万元，工程建设其他费用为 2 000 万元，基本预备费率为 5%，项目建设前期年限为 1 年，建设期为 3 年，各年投资计划额第一年完成投资 20%、第二年 60%、第三年 20%。年均投资价格上涨率为 6%，求建设项目建设期间价差预备费。

解：基本预备费=（5 000+3 000+2 000）×5%=500（万元）

静态投资=5 000+3 000+2 000+500=10 500（万元）

建设期第一年完成投资=10 500×20%=2 100（万元）

第一年涨价预备费为 $PF_1 = I_1 \left[(1+f)(1+f)^{0.5} - 1 \right] = 191.8$(万元)

第二年完成投资=10 500×60%=6 300（万元）

第二年涨价预备费为 $PF_2 = I_2 \left[(1+f)(1+f)^{0.5}(1+f) - 1 \right] = 987.9$(万元)

第三年完成投资=10 500×20%=2 100（万元）

第三年涨价预备费为 $PF_3 = I_3 \left[(1+f)(1+f)^{0.5}(1+f)^2 - 1 \right] = 475.1$(万元)

所以，建设期的涨价预备费为 $PF = 191.8 + 987.9 + 475.1 = 1\ 654.8$(万元)

四、建设期贷款利息

一个建设项目需要投入大量的资金，自用资金的不足通常利用贷款来解决，但利用贷款必须支付利息。建设期贷款利息包括向国内银行和其他非银行金融机构贷款、出口信贷、外国政府贷款、国际商业银行贷款以及在境内外发行的债券等在贷款期内应偿还的借款利息。

当总贷款是分年均衡发放时，建设期利息的计算可按当年借款在年中支用考虑，即当年贷款按半年计息，上年贷款按全年计息。计算公式为

$$q_j = \left(P_{j-1} + \frac{1}{2} A_j \right) i$$

式中，q_j——建设期第 j 年应计利息；

P_{j-1}——建设期第 $(j-1)$ 年末贷款累计金额与利息累计金额之和；

A_j——建设期第 j 年贷款金额；

i——年利率。

国外贷款利息的计算中，还应包括国外贷款银行根据贷款协议向贷款方以年利率的方式收取的手续费、管理费、承诺费；国内代理机构经国家主管部门批准的以年利率的方式向贷款单位收取的转贷费、担保费、管理费等。

课堂案例

某新建项目，建设期为 3 年，分年均衡进行贷款，第一年贷款 300 万元，第二年贷款 600 万元，第三年贷款 400 万元，年利率为 12%，建设期内利息只计息不支付，计算建设期利息。

解：在建设期，各年利息计算如下。

$$q_1 = \frac{1}{2} A_1 i = \frac{1}{2} \times 300 \times 12\% = 18(万元)$$

$$q_2 = \left(P_1 + \frac{1}{2} A_2\right) i = \left(300 + 18 + \frac{1}{2} \times 600\right) \times 12\% = 74.16(万元)$$

$$q_3 = \left(P_2 + \frac{1}{2} A_3\right) i = \left(318 + 600 + 74.16 + \frac{1}{2} \times 400\right) \times 12\% = 143.06(万元)$$

所以，建设期利息为

$$q = q_1 + q_2 + q_3 = 18 + 74.16 + 143.06 = 235.22(万元)$$

五、固定资产投资方向调节税

为了贯彻国家产业政策，控制投资规模，引导投资方向，调整投资结构，加强重点建设，促进国民经济持续稳定协调发展，国家将根据国民经济的运行趋势和全社会固定资产投资的状况，对进行固定资产投资的单位和个人开征或暂缓征收固定资产投资方向调节税（该税征收对象不含中外合资经营企业、中外合作经营企业和外资企业）。

投资方向调节税根据国家产业政策和项目经济规模实行差别税率，税率分为0%、5%、10%、15%、30%五个档次，各固定资产投资项目按其单位工程分别确定适用的税率。计税依据为固定资产投资项目实际完成的投资额，其中更新改造项目为建筑工程实际完成的投资额。投资方向调节税按固定资产投资项目的单位工程年度计划投资额预缴。年度终了后，按年度实际投资结算，多退少补。项目竣工后按全部实际投资进行清算，多退少补。

（一）基本建设项目投资适用的税率

（1）国家急需发展的项目投资，如农业、林业、水利、能源、交通、通信、原材料、科教、地质、勘探、矿山开采等基础产业和薄弱环节的部门项目投资，适用零税率。

（2）对国家鼓励发展但受能源、交通等制约的项目投资，如钢铁、化工、石油、水泥等部分重要原材料项目，以及一些重要机械、电子、轻工工业和新型建材的项目，实行5%的税率。

（3）为配合住房制度改革，对城乡个人修建、购买住宅的投资实行零税率；对单位修建、购买一般性住宅投资，实行5%的低税率；对单位用公款修建、购买高标准独门独院、别墅式住宅投资，实行30%的高税率。

（4）对楼堂馆所以及国家严格限制发展的项目投资，课以重税，税率为30%。

（5）对不属于上述四类的其他项目投资，实行中等税负政策，税率为15%。

（二）更新改造项目投资适用的税率

（1）为了鼓励企事业单位进行设备更新和技术改造，促进技术进步，对国家急需发展的项目投资予以扶持，适用零税率；对单纯工艺改造和设备更新的项目投资，适用零税率。

（2）对不属于上述提到的其他更新改造项目投资，一律适用10%的税率。

（三）注意事项

为贯彻国家宏观调控政策，扩大内需，鼓励投资，根据国务院的决定，对《中华人民共和国固定资产投资方向调节税暂行条例》规定的纳税义务人，其固定资产投资应税项目自2000年1月1日起新发生的投资额，暂停征收固定资产投资方向调节税。但该税种并未取消。

六、铺底流动资金

铺底流动资金是指工业建设项目中，为投产后第一年产品生产准备的铺底流动资金。一般按投产后第一年产品销售收入的30%计算。

铺底流动资金是指生产经营性项目投产后，为进行正常生产运营，用于购买原材料、燃料，支付工资及其他经营费用等所需的周转资金。铺底流动资金估算一般是参照现有同类企业的状况采用分项详细估算法，个别情况或者小型项目可采用扩大指标法。

（一）分项详细估算法

对计算铺底流动资金需要掌握的流动资产和流动负债这两类因素应分别进行估算。在可行性研究中，为简化计算，仅对存货、现金、应收账款等三项流动资产和应付账款这项流动负债进行估算。

（二）扩大指标估算法

（1）按建设投资的一定比例估算。例如，国外化工企业的铺底流动资金，一般是按建设投资的15%~20%计算。

（2）按经营成本的一定比例估算。

（3）按年销售收入的一定比例估算。

（4）按单位产量占用流动资金的比例估算。

铺底流动资金一般在投产前开始筹措。在投产第一年开始按生产负荷进行安排，其借款部分按全年计算利息。流动资金利息应计入财务费用。项目计算期末回收全部流动资金。

学习单元2　建筑安装工程费用的组成与计算

知识目标

（1）了解建筑安装工程费用的构成要素。

（2）掌握人工费、材料费、施工机具使用费、企业管理费、利润、规费和税金的概念和组成。

（3）掌握分部分项工程费、措施项目费、其他项目费、规费和税金的概念和组成。

技能目标

（1）通过本单元的学习，能够清楚建筑安装工程费用的构成要素。

（2）能够对各构成要素的概念进行简要的概述。

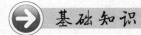 基础知识

一、我国现行建筑安装工程费用项目组成

根据住房城乡建设部、财政部颁布的"关于印发《建筑安装工程费用项目组成》的通知"（建标[2013]44号），我国现行建筑安装工程费用项目按两种不同的方式划分，即按费用构成要素划分和按造价形成划分，其具体构成如图4-2所示。

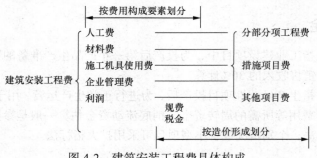

图 4-2　建筑安装工程费具体构成

二、按费用构成要素划分建筑安装工程费用项目构成和计算

按照费用构成要素划分，建筑安装工程费包括人工费、材料（包含工程设备，下同）费、施工机具使用费、企业管理费、利润、规费和税金。其中人工费、材料费、施工机具使用费、企业管理费和利润包含在分部分项工程费、措施项目费、其他项目费中，如图 4-3 所示。

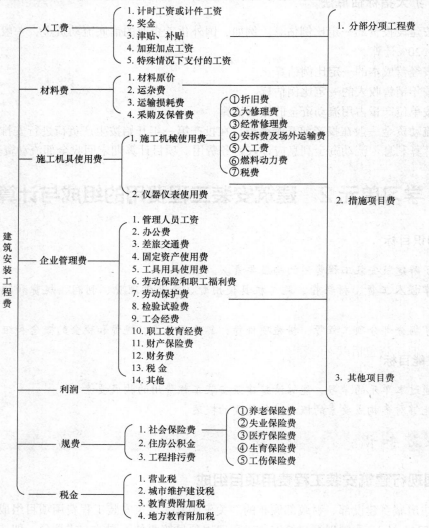

图 4-3　建筑安装工程费用项目组成（按费用构成要素划分）

（一）人工费

建筑安装工程费中的人工费，是指按照工资总额构成规定，支付给直接从事建筑安装工程施工作业的生产工人和附属生产单位工人的各项费用。

1. 人工费的内容

（1）计时工资或计件工资：是指按计时工资标准和工作时间或对已做工作按计件单价支付给个人的劳动报酬。

（2）奖金：是指对超额劳动和增收节支支付给个人的劳动报酬。如节约奖、劳动竞赛奖等。

（3）津贴、补贴：是指为了补偿职工特殊或额外的劳动消耗和因其他特殊原因支付给个人的津贴，以及为了保证职工工资水平不受物价影响支付给个人的物价补贴。如流动施工津贴、特殊地区施工津贴、高温（寒）作业临时津贴、高空津贴等。

（4）加班加点工资：是指按规定支付的在法定节假日工作的加班工资和在法定日工作时间外延时工作的加点工资。

（5）特殊情况下支付的工资：是指根据国家法律、法规和政策规定，因病、工伤、产假、计划生育假、婚丧假、事假、探亲假、定期休假、停工学习、执行国家或社会义务等原因按计时工资标准或计时工资标准的一定比例支付的工资。

2. 计算人工费的基本要素

计算人工费的基本要素有两个，即人工工日消耗量和人工日工资单价。

（1）人工工日消耗量：是指在正常施工生产条件下，生产建筑安装产品（分部分项工程或结构构件）必须消耗的某种技术等级的人工工日数量。它由分项工程所综合的各个工序劳动定额包括的基本用工、其他用工两部分组成。

（2）人工日工资单价：是指施工企业平均技术熟练程度的生产工人在每工作日（国家法定工作时间内）按规定从事施工作业应得的日工资总额。

3. 人工费的基本计算公式

$$人工费 = \sum(工日消耗量 \times 日工资单价)$$

☼小提示

公式适用于工程造价管理机构编制计价定额时确定定额人工费，是施工企业投标报价的参考依据。

其中，日工资包括以下内容。

（1）基本工资：是指发放给生产工人的基本工资。

$$基本工资(G_1) = \frac{生产工人平均月工资}{年平均每月法定工作日}$$

（2）工资性补贴：是指按规定标准发放的物价补贴，煤、燃气补贴，交通补贴，住房补贴，流动施工津贴等。

$$工资性补贴(G_2) = \frac{\sum 年发放标砖}{全年日历日-法定假日} + \frac{\sum 月发放标准}{年平均每月法定工作日} + 每工作日发放标准$$

（3）生产工人辅助工资：是指生产工人年有效施工天数以外非作业天数的工资，包括职工学习、培训期间的工资，调动工作、探亲、休假期间的工资，因气候影响的停工工资，女工哺乳时间的工资，病假在 6 个月内的工资及产、婚、丧假期的工资。

$$生产工人辅助工资(G_3)=\frac{全年无效工作日\times(G_1+G_2)}{全年日历日-法定假日}$$

（4）职工福利费：是指按规定标准计提的职工福利费。

$$职工福利费(G_2)=(G_1+G_2+G_3)\times福利费计提比例(\%)$$

（5）生产工人劳动保护费：是指按规定标准发放的劳动保护用品的购置费及修理费，徒工服装补贴，防暑降温费，在有碍身体健康环境中施工的保健费用等。

$$生产工人劳动保护费(G_5)=\frac{生产工人年平均支出劳动保护费}{全年日历日-法定假日}$$

（二）材料费

建筑安装工程费中的材料费，是指工程施工过程中耗费的各种原材料、辅助材料、构配件、零件、半成品或成品、工程设备的费用。

1. 材料费的内容

（1）材料原价：是指材料、工程设备的出厂价格或商家供应价格。

（2）运杂费：是指材料、工程设备自来源地运至工地仓库或指定堆放地点所发生的全部费用。

（3）运输损耗费：是指材料在运输装卸过程中不可避免的损耗。

（4）采购及保管费：是指为组织采购、供应和保管材料、工程设备的过程中所需要的各项费用，包括采购费、仓储费、工地保管费、仓储损耗。

工程设备是指构成或计划构成永久工程一部分的机电设备、金属结构设备、仪器装置及其他类似的设备和装置。

2. 计算材料费的基本要素

计算材料费的基本要素是材料消耗量和材料单价。

（1）材料消耗量。材料消耗量是指在合理使用材料的条件下，生产建筑安装产品（分部分项工程或结构构件）必须消耗的一定品种、规格的原材料、辅助材料、构配件、零件、半成品或成品等的数量。它包括材料净用量和材料不可避免的损耗量。

（2）材料单价。材料单价是指建筑材料从其来源地运到施工工地仓库直至出库形成的综合平均单价，其内容包括材料原价（或供应价格）、材料运杂费、运输损耗费、采购及保管费等。

3. 材料费的基本计算公式

$$材料费=\sum(材料消耗量\times材料单价)$$

（三）施工机具使用费

建筑安装工程费中的施工机具使用费，是指施工作业所发生的施工机械、仪器仪表使用费或其租赁费。

1. 施工机械使用费

施工机械使用费是指施工机械作业发生的使用费或租赁费。构成施工机械使用费的基本要素是施工机械台班消耗量和机械台班单价。施工机械台班单价应由下列 7 项费用组成。

（1）折旧费：指施工机械在规定的使用年限内，陆续收回其原值的费用。

（2）大修理费：指施工机械按规定的大修理间隔台班进行必要的大修理，以恢复其正常功能所需的费用。

☆**小提示**

　　工程造价管理机构在确定计价定额中的施工机械使用费时，应根据《建筑施工机械台班费用计算规则》并结合市场调查编制施工机械台班单价。施工企业可以参考工程造价管理机构发布的台班单价，自主确定施工机械使用费的报价。

（3）经常修理费：指施工机械除大修理以外的各级保养和临时故障排除所需的费用。包括为保障机械正常运转所需替换设备与随机配备工具附具的摊销和维护费用，机械运转中日常保养所需润滑与擦拭的材料费用及机械停滞期间的维护和保养费用等。

（4）安拆费及场外运输费：安拆费指施工机械（大型机械除外）在现场进行安装与拆卸所需的人工、材料、机械和试运转费用以及机械辅助设施的折旧、搭设、拆除等费用；场外运输费指施工机械整体或分体自停放地点至施工现场或由一施工地点运至另一施工地点的运输、装卸、辅助材料及架线等费用。

（5）人工费：指机上司机（司炉）和其他操作人员的人工费。

（6）燃料动力费：指施工机械在运转作业中所消耗的各种燃料及水、电等。

（7）税费：指施工机械按照国家规定应缴纳的车船使用税、保险费及年检费等。

2．仪器仪表使用费

仪器仪表使用费是指工程施工所需使用的仪器仪表的摊销及维修费用。

3．施工机具使用费的计算

（1）施工机械使用费的基本计算公式为

$$施工机械使用费 = \sum(施工机械台班消耗量 + 机械台班单价)$$

机械台班单价 = 台班折旧费 + 台班大修理费 + 台班经常修理费 + 台班安拆费及场外运输费 +
台班燃料动力费 + 台班养路费及车船使用税

（2）仪器仪表使用费的基本计算公式为

$$仪器仪表使用费 = 工程使用的仪器仪表摊销费 + 维修费$$

（四）企业管理费

企业管理费是指建筑安装企业组织施工生产和经营管理所需的费用。

1．企业管理费的内容

（1）管理人员工资：是指按规定支付给管理人员的计时工资、奖金、津贴补贴、加班加点工资及特殊情况下支付的工资等。

（2）办公费：是指企业管理办公用的文具、纸张、账表、印刷、邮电、书报、办公软件、现场监控、会议、水电、烧水和集体取暖降温（包括现场临时宿舍取暖降温）等费用。

（3）差旅交通费：是指职工因公出差、调动工作的差旅费、住勤补助费，市内交通费和误餐补助费，职工探亲路费，劳动力招募费，职工退休、退职一次性路费，工伤人员就医路费，工地转移费以及管理部门使用的交通工具的油料、燃料等费用。

（4）固定资产使用费：是指管理和试验部门及附属生产单位使用的属于固定资产的房屋、

89

设备、仪器等的折旧、大修、维修或租赁费。

（5）工具用具使用费：是指企业施工生产和管理使用的不属于固定资产的工具、器具、家具、交通工具和检验、试验、测绘、消防用具等的购置、维修和摊销费。

（6）劳动保险和职工福利费：是指由企业支付的职工退职金、按规定支付给离休干部的经费，集体福利费、夏季防暑降温、冬季取暖补贴、上下班交通补贴等。

（7）劳动保护费：是企业按规定发放的劳动保护用品的支出，如工作服、手套、防暑降温饮料以及在有碍身体健康的环境中施工的保健费用等。

（8）检验试验费：是指施工企业按照有关标准规定，对建筑以及材料、构件和建筑安装物进行一般鉴定、检查所发生的费用，包括自设试验室进行试验所耗用的材料等费用。不包括新结构、新材料的试验费，对构件做破坏性试验及其他特殊要求检验试验的费用和建设单位委托检测机构进行检测的费用，对此类检测发生的费用，由建设单位在工程建设其他费用中列支。但对施工企业提供的具有合格证明的材料进行检测不合格的，该检测费用由施工企业支付。

（9）工会经费：是指企业按《工会法》规定的全部职工工资总额比例计提的工会经费。

（10）职工教育经费：是指按职工工资总额的规定比例计提，企业为职工进行专业技术和职业技能培训，专业技术人员继续教育、职工职业技能鉴定、职业资格认定以及根据需要对职工进行各类文化教育所发生的费用。

（11）财产保险费：是指施工管理用财产、车辆等的保险费用。

（12）财务费：是指企业为施工生产筹集资金或提供预付款担保、履约担保、职工工资支付担保等所发生的各种费用。

（13）税金：是指企业按规定缴纳的房产税、车船使用税、土地使用税、印花税等。

（14）其他：包括技术转让费、技术开发费、投标费、业务招待费、绿化费、广告费、公证费、法律顾问费、审计费、咨询费、保险费等。

2. 企业管理费的计算

企业管理费一般采用取费基数乘以费率的方法计算，取费基数有三种，分别是以分部分项工程费为计算基础、以人工费和机械费合计为计算基础及以人工费为计算基础。企业管理费费率计算方法如下。

（1）以分部分项工程费为计算基础。

$$企业管理费费率（\%）=\frac{生产工人年平均管理费}{年有效施工天数×人工单价}×人工费占分部分项工程费比例（\%）$$

（2）以人工费和机械费合计为计算基础。

$$企业管理费费率（\%）=\frac{生产工人年平均管理费}{年有效施工天数×（人工单价+每一日机械使用费）}×100\%$$

（3）以人工费为计算基础。

$$企业管理费费率（\%）=\frac{生产工人年平均管理费}{年有效施工天数×人工单价}$$

☆小提示

上述公式适用于施工企业投标报价时自主确定管理费，是工程造价管理机构编制计价定额确定企业管理费的参考依据。

工程造价管理机构在确定计价定额中的企业管理费时，应以定额人工费或定额人工费与机械费之和作为计算基数，其费率根据历年积累的工程造价资料，辅以调查数据确定，计入分部分项工程和措施项目费中。

（五）利润

利润是指施工企业完成所承包工程获得的盈利，由施工企业根据企业自身需求并结合建筑市场实际自主确定。工程造价管理机构在确定计价定额中利润时，应以定额人工费或定额人工费与机械费之和作为计算基数，其费率根据历年积累的工程造价资料，并结合建筑市场实际确定，以单位（单项）工程测算，利润在税前建筑安装工程费的比重可按不低于 5% 且不高于 7% 的费率计算。利润应列入分部分项工程和措施项目费中。

（六）规费

规费是指按国家法律、法规规定，由省级政府和省级有关权力部门规定必须缴纳或计取的费用。主要包括社会保险费、住房公积金和工程排污费。

1. 规费的内容

（1）社会保险费。社会保险费包括以下内容。

① 养老保险费：企业按规定标准为职工缴纳的基本养老保险费。

② 失业保险费：企业按照国家规定标准为职工缴纳的失业保险费。

③ 医疗保险费：企业按照规定标准为职工缴纳的基本医疗保险费。

④ 生育保险费：企业按照国家规定为职工缴纳的生育保险费。

⑤ 工伤保险费：企业按照国务院制定的行业费率为职工缴纳的工伤保险费。

（2）住房公积金：企业按规定标准为职工缴纳的住房公积金。

（3）工程排污费：企业按规定缴纳的施工现场工程排污费。

其他应列而未列入的规费，按实际发生计取。

2. 规费的计算

（1）社会保险费和住房公积金的计算。社会保险费和住房公积金应以定额人工费为计算基础，根据工程所在地省、自治区、直辖市或行业建设主管部门规定费率计算。

$$社会保险费和住房公积金=\sum\left(工程定额人工费×社会保险费和住房公积金费率\right)$$

社会保险费和住房公积金费率可以每万元发承包价的生产工人人工费和管理人员工资含量与工程所在地规定的缴纳标准综合分析取定。

（2）工程排污费的计算。工程排污费应按工程所在地环境保护等部门规定的标准缴纳，按实计取列入。

其他应列而未列入的规费，按实际发生计取列入。

（七）税金

建筑安装工程税金是指国家税法规定的应计入建筑安装工程费用的营业税、城市维护建设税、教育费附加及地方教育费附加。

1. 营业税

营业税是按计税营业额乘以营业税税率确定，其中建筑安装企业营业税税率为 3%。计算公式为

91

$$应纳营业税=计税营业额×3\%$$

计税营业额是含税营业额，指从事建筑、安装、修缮、装饰及其他工程作业收取的全部收入，包括建筑、修缮、装饰工程所用原材料及其他物资和动力的价款。当安装的设备的价值作为安装工程产值时，亦包括所安装设备的价款。但建筑安装工程总承包人将工程分包或转包给他人的，其营业额中不包括付给分包或转包方的价款。营业税的纳税地点为应税劳务的发生地。

2. 城市维护建设税

城市维护建设税是为筹集城市维护和建设资金，稳定和扩大城市、乡镇维护建设的资金来源，而对有经营收入的单位和个人征收的一种税。

城市维护建设税是按应纳营业税额乘以适用税率确定，计算公式为

$$应纳税额=应纳营业税额×适用税率$$

城市维护建设税的纳税地点在市区的，其适用税率为营业税的 7%；所在地为县镇的，其适用税率为营业税的 5%，所在地为农村的，其适用税率为营业税的 1%。城建税的纳税地点与营业税纳税地点相同。

3. 教育费附加

教育费附加是按应纳营业税额乘以 3%确定，计算公式为

$$应纳税额=应纳营业税额×3\%$$

建筑安装企业的教育费附加要与其营业税同时缴纳。即使办有职工子弟学校的建筑安装企业，也应当先缴纳教育费附加，教育部门可根据企业的办学情况，酌情返还给办学单位，作为对办学经费的补助。

4. 地方教育费附加

地方教育费附加通常是按应纳营业税额乘以 2%确定，各地方有不同规定的，应遵循其规定，计算公式为

$$应纳税额=应纳营业税额×2\%$$

地方教育费附加应专项用于发展教育事业，不得从地方教育费附加中提取或列支征收或代征手续费。

5. 税金的综合计算

在工程造价的计算过程中，上述税金通常一并计算。由于营业税的计税依据是含税营业额，城市维护建设税、教育费附加和地方教育费附加的计税依据是应纳营业税额，而在计算税金时，往往已知条件是税前造价，即人工费、材料费、施工机具使用费、企业管理费、利润、规费之和。因此税金的计算往往需要将税前造价先转化为含税营业额，再按相应的公式计算缴纳税金。营业额的计算公式为

$$营业额=\frac{人工费+材料费+施工机具使用费+企业管理费+利润+规费}{1-营业税率×城市维护建设税率-营业税率×教育费附加税率-营业税率×地方教育费附加税率}$$

为了简化计算，可以直接将 3 种税合并为一个综合税率，按下式计算应纳税额：

$$应纳税额=税前造价×综合税率（\%）$$

综合税率的计算因纳税地点所在地的不同而不同。

（1）纳税地点在市区的企业综合税率的计算：

$$综合税率(\%) = \frac{1}{1-3\%-(3\%\times7\%)-(3\%\times3\%)-(3\%\times2\%)} - 1 = 3.48\%$$

（2）纳税地点在县城、镇的企业综合税率的计算：

$$综合税率(\%) = \frac{1}{1-3\%-(3\%\times5\%)-(3\%\times3\%)-(3\%\times2\%)} - 1 = 3.41\%$$

（3）纳税地点不在市区、县城、镇的企业综合税率的计算：

$$综合税率(\%) = \frac{1}{1-3\%-(3\%\times1\%)-(3\%\times3\%)-(3\%\times2\%)} - 1 = 3.28\%$$

（4）实行营业税改增值税的，按纳税地点现行税率计算。

三、按造价形成划分建筑安装工程费用项目构成和计算

建筑安装工程费按照工程造价形成由分部分项工程费、措施项目费、其他项目费、规费和税金组成。

（一）分部分项工程费

分部分项工程费是指各专业工程的分部分项工程应予列支的各项费用。各类专业工程的分部分项工程划分应遵循现行国家或行业计量规范的规定。分部分项工程费通常用分部分项工程量乘以综合单价进行计算。

$$分部分项工程费 = \sum(分部分项工程量 \times 综合单价)$$

综合单价包括人工费、材料费、施工机具使用费、企业管理费和利润，以及一定范围的风险费用。

（二）措施项目费

1. 措施项目费的构成

措施项目费是指为完成建设工程施工，发生于该工程施工前和施工过程中的技术、生活、安全、环境保护等方面的费用。措施项目及其包含的内容应遵循各类专业工程的现行国家或行业计量规范。以《房屋建筑与装饰工程工程量计算规范》（GB 50854—2013）中的规定为例，措施项目费可以归纳为以下几项。

（1）安全文明施工费：是指工程施工期间按照国家现行的环境保护、建筑施工安全、施工现场环境与卫生标准和有关规定，购置和更新施工安全防护用具及设施、改善安全生产条件和作业环境所需要的费用。通常由环境保护费、文明施工费、安全施工费、临时设施费组成。

① 环境保护费：是指施工现场为达到环保部门要求所需要的各项费用。

② 文明施工费：是指施工现场文明施工所需要的各项费用。

③ 安全施工费：是指施工现场安全施工所需要的各项费用。

④ 临时设施费：是指施工企业为进行建设工程施工所必须搭设的生活和生产用的临时建筑物、构筑物和其他临时设施费用。包括临时设施的搭设、维修、拆除、清理费或摊销费等。

各项安全文明施工措施费的具体内容见表 4-3。

表 4-3 安全文明施工措施费的具体内容

项目名称	工作内容及包含范围
环境保护	现场施工机械设备降低噪声、防扰民措施费用
	水泥和其他易飞扬细颗粒建筑材料密闭存放或采取覆盖措施等费用
	工程防扬尘洒水费用
	土石方、建渣外运车辆防护措施费用
	现场污染源的控制、生活垃圾清理外运、场地排水排污措施费用
	其他环境保护措施费用
文明施工	"五牌一图"费用
	现场围挡的墙面美化（包括内外粉刷、刷白、标语等）、压顶装饰费用
	现场厕所便槽刷白、贴面砖，水泥砂浆地面或地砖费用，建筑物内临时便溺设施费用
	其他施工现场临时设施的装饰装修、美化措施费用
	现场生活卫生设施费用
	符合卫生要求的饮水设备、淋浴、消毒等设施费用
	生活用洁净燃料费用
	防煤气中毒、防蚊虫叮咬等措施费用
	施工现场操作场地的硬化费用
	现场绿化费用、治安综合治理费用
	现场配备医药保健器材、物品费用和急救人员培训费用
	现场工人的防暑降温、电风扇、空调等设备及用电费用
	其他文明施工措施费用
安全施工	安全资料、特殊作业专项方案的编制，安全施工标志的购置及安全宣传费用
	"三宝"（安全帽、安全带、安全网）、"四口"（楼梯口、电梯井口、通道口、预留洞口）、"五临边"（阳台围边、楼板围边、屋面围边、槽坑围边、卸料平台两侧），水平防护架、垂直防护架、外架封闭等防护费用
	施工安全用电的费用，包括配电箱三级配电、两级保护装置要求、外电防护措施费用
	起重机、塔吊等起重设备（含井架、门架）及外用电梯的安全防护措施（含警示标志）及卸料平台的临边防护、层间安全门、防护棚等设施费用
	建筑工地起重机械的检验检测费用
	施工机具防护棚及其围栏的安全保护设施费用
	施工安全防护通道费用
	工人的安全防护用品、用具购置费用
	消防设施与消防器材的配置费用
	电气保护、安全照明设施费用
	其他安全防护措施费用
临时设施	施工现场采用彩色、定型钢板，砖、混凝土砌块等围挡的安砌、维修、拆除费用
	施工现场临时建筑物、构筑物的搭设、维修、拆除，如临时宿舍、办公室、食堂、厨房、厕所、诊疗所、临时文化福利用房、临时仓库、加工场地、搅拌台、临时简易水塔、水池等费用
	施工现场临时设施的搭设、维修、拆除，如临时供水管道、临时供电管线、小型临时设施等费用
	施工现场规定范围内临时简易道路铺设，临时排水沟、排水设施安砌、维修、拆除费用
	其他临时设施费搭设、维修、拆除费用

（2）夜间施工增加费：是指因夜间施工所发生的夜班补助费、夜间施工降效、夜间施工照明设备摊销及照明用电等费用。内容由以下各项组成。

① 夜间固定照明灯具和临时可移动照明灯具的设置、拆除费用。

② 夜间施工时，施工现场交通标志、安全标牌、警示灯的设置、移动、拆除费用。

③ 夜间照明设备摊销及照明用电、施工人员夜班补助、夜间施工劳动效率降低等费用。

（3）非夜间施工照明费：是指为保证工程施工正常进行，在地下室等特殊施工部位施工时所采用的照明设备的安拆、维护及照明用电等费用。

（4）二次搬运费：是指由于施工场地条件限制而发生的材料、成品、半成品等一次运输不能达到堆放地点，必须进行二次或多次搬运的费用。

（5）冬雨季施工增加费：是指在冬季或雨季施工需增加的临时设施、防滑、排除雨雪，人工及施工机械效率降低等费用。内容由以下各项组成。

① 冬雨（风）季施工时增加的临时设施（防寒保温、防雨、防风设施）的搭设、拆除费用。

② 冬雨（风）季施工时，对砌体、混凝土等采用的特殊加温、保温和养护措施费用。

③ 冬雨（风）季施工时，施工现场的防滑处理、对影响施工的雨雪的清除费用。

④ 冬雨（风）季施工时增加的临时设施、施工人员的劳动保护用品、冬雨（风）季施工劳动效率降低等费用。

（6）地上、地下设施、建筑物的临时保护设施费：是指在工程施工过程中，对已建成的地上、地下设施和建筑物进行的遮盖、封闭、隔离等必要保护措施所发生的费用。

（7）已完工程及设备保护费：是指竣工验收前，对已完工程及设备采取的覆盖、包裹、封闭、隔离等必要保护措施所发生的费用。

（8）脚手架费：是指施工需要的各种脚手架搭、拆、运输费用以及脚手架购置费的摊销（或租赁）费用。通常包括以下内容。

① 施工时可能发生的场内、场外材料搬运费用。

② 搭、拆脚手架、斜道、上料平台费用。

③ 安全网的铺设费用。

④ 拆除脚手架后材料的堆放费用。

（9）混凝土模板及支架（撑）费：是指混凝土施工过程中需要的各种钢模板、木模板、支架等的支拆、运输费用及模板、支架的摊销（或租赁）费用。内容由以下各项组成。

① 混凝土施工过程中需要的各种模板制作费用。

② 模板安装、拆除、整理堆放及场内外运输费用。

③ 清理模板黏结物及模内杂物、刷隔离剂等费用。

（10）垂直运输费：是指现场所用材料、机具从地面运至相应高度以及职工人员上下工作面等所发生的运输费用。内容由以下各项组成。

① 垂直运输机械的固定装置、基础制作、安装费。

② 行走式垂直运输机械轨道的铺设、拆除、摊销费。

（11）超高施工增加费。当单层建筑物檐口高度超过 20 m，多层建筑物超过 6 层时，可计算超高施工增加费，内容由以下各项组成。

① 建筑物超高引起的人工工效降低以及由于人工工效降低引起的机械降效费。

② 高层施工用水加压水泵的安装、拆除及工作台班费。

③ 通信联络设备的使用及摊销费。

（12）大型机械设备进出场及安拆费：是指机械整体或分体自停放场地运至施工现场或由一

个施工地点运至另一个施工地点，所发生的机械进出场运输及转移费用及机械在施工现场进行安装、拆卸所需的人工费、材料费、机械费、试运转费和安装所需的辅助设施的费用。内容由安拆费和进出场费组成。

① 安拆费包括施工机械、设备在现场进行安装拆卸所需人工、材料、机械和试运转费用以及机械辅助设施的折旧、搭设、拆除等费用。

② 进出场费包括施工机械、设备整体或分体自停放地点运至施工现场或由一施工地点运至另一施工地点所发生的运输、装卸、辅助材料等费用。

（13）施工排水、降水费：是指将施工期间有碍施工作业和影响工程质量的水排到施工场地以外，以及防止在地下水位较高的地区开挖深基坑出现基坑浸水，地基承载力下降，在动水压力作用下还可能引起流砂、管涌和边坡失稳等现象而必须采取有效的降水和排水措施费用。该项费用由成井和排水、降水两个独立的费用项目组成。

① 成井。成井的费用主要包括：a.准备钻孔机械、埋设护筒、钻机就位，泥浆制作、固壁，成孔、出渣、清孔等费用；b.对接上、下井管（滤管），焊接，安防，下滤料，洗井，连接试抽等费用。

② 排水、降水。排水、降水的费用主要包括：a. 管道安装、拆除，场内搬运等费用；b. 抽水、值班、降水设备维修等费用。

（14）其他。根据项目的专业特点或所在地区不同，可能会出现其他的措施项目。如工程定位复测费和特殊地区施工增加费等。

2. 措施项目费的计算

按照有关专业计量规范规定，措施项目分为应予计量的措施项目和不宜计量的措施项目两类。

（1）应予计量的措施项目。基本与分部分项工程费的计算方法相同，公式为

$$措施项目费=\sum(措施项目工程量×综合单价)$$

不同的措施项目其工程量的计算单位是不同的，分列如下。

① 脚手架费通常按建筑面积或垂直投影面积按 m^2 计算。

② 混凝土模板及支架（撑）费通常是按照模板与现浇混凝土构件的接触面积以 m^2 计算。

③ 垂直运输费可根据需要用两种方法进行计算：a.按照建筑面积以 m^2 为单位计算；b.按照施工工期日历天数以天为单位计算。

④ 超高施工增加费通常按照建筑物超高部分的建筑面积以 m^2 为单位计算。

⑤ 大型机械设备进出场及安拆费通常按照机械设备的使用数量以台次为单位计算。

⑥ 施工排水、降水费分两个不同的独立部分计算：a. 成井费用通常按照设计图示尺寸以钻孔深度按 m 计算；b. 排水、降水费用通常按照排、降水日历天数按昼夜计算。

（2）不宜计量的措施项目。对于不宜计量的措施项目，通常用计算基数乘以费率的方法予以计算。

① 安全文明施工费。计算公式为

$$安全文明施工费=计算基数×安全文明施工费费率（\%）$$

计算基数应为定额基价（定额分部分项工程费+定额中可以计量的措施项目费）、定额人工费或定额人工费与机械费之和，其费率由工程造价管理机构根据各专业工程的特点综合确定。

② 其余不宜计量的措施项目。包括夜间施工增加费，非夜间施工照明费，二次搬运费，冬雨季施工增加费，地上、地下设施、建筑物的临时保护设施费，已完工程及设备保护费等。计

算公式为

措施项目费＝计算基数×措施项目费费率（％）

公式中的计算基数应为定额人工费或定额人工费与定额机械费之和，其费率由工程造价管理机构根据各专业工程特点和调查资料综合分析后确定。

（三）其他项目费

1. 暂列金额

暂列金额是指建设单位在工程量清单中暂定并包括在工程合同价款中的一笔款项。用于施工合同签订时尚未确定或者不可预见的所需材料、工程设备、服务的采购，施工中可能发生的工程变更、合同约定调整因素出现时的工程价款调整以及发生的索赔、现场签证确认等的费用。暂列金额由建设单位根据工程特点，按有关计价规定估算，施工过程中由建设单位掌握使用；扣除合同价款调整后如有余额，归建设单位。

2. 计日工

计日工是指在施工过程中，施工企业完成建设单位提出的施工图纸以外的零星项目或工作所需的费用。

计日工由建设单位和施工企业按施工过程中的签证计价。

3. 总承包服务费

总承包服务费是指总承包人为配合、协调建设单位进行的专业工程发包，对建设单位自行采购的材料、工程设备等进行保管以及施工现场管理、竣工资料汇总整理等服务所需的费用。

总承包服务费由建设单位在招标控制价中根据总包服务范围和有关计价规定编制，施工企业投标时自主报价，施工过程中按签约合同价执行。

（四）规费和税金

规费和税金的构成和计算与按费用构成要素划分建筑安装工程费用项目组成部分是相同的。

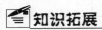 **学习案例**

某市建筑公司承建某县政府办公楼，工程税前造价为 1 000 万元，求该施工企业应缴纳的营业税、城市维护建设税、教育费附加和地方教育费附加分别是多少。

解：含税营业额 $=\dfrac{1000}{1-3\%-(3\%\times5\%)-(3\%\times3\%)-(3\%\times2\%)}=1\,034.126（万元）$

应缴纳的营业税＝1 034.126×3％＝31.024（万元）

应缴纳的城市维护建设税＝31.024×5％＝1.551（万元）

应缴纳教育费附加＝31.024×3％＝0.931（万元）

应缴纳地方教育附加＝31.024×2％＝0.620（万元）

知识拓展

建筑安装工程计价定额计价法程序及计算方法

单价法是目前建筑工程定额计价编制普遍采用的方法，在具体取费时要注意计费程序、计费基数和计费费率，一般取费基数有 3 种。

（1）以直接费为计算基础的计价程序（这种情况一般是包全部内容的工程）见表4-4。

表 4-4　　　　　　　　　**以直接费为计算基础的计价程序**

工程名称：　　　　　　　　　　　　　　　　　标段

序号	费用项目	计算方法	备注
1	直接工程费	按定额计价表	
2	措施费	按规定标准计算	
3	直接费小计	1+2	
4	间接费	3×相应费率	
5	利润	（3+4）×相应利润率	
6	合计	3+4+5	
7	含税造价	6×（1+相应税率）	

（2）以人工费和机械费为计算基础的计价程序（这种情况一般是只包人工和机械的工程费）见表 4-5。

表 4-5　　　　　　　　**以人工费和机械费为计算基础的计价程序**

工程名称：　　　　　　　　　　　　　　　　　标段

序号	费用项目	计 算 方 法	备注
1	直接工程费	按定额计价表	
2	其中人工费和机械费	按定额计价表	
3	措施费	按规定标准计算	
4	其中人工费和机械费	按规定标准计算	
5	直接费小计	1+3	
6	人工费和机械费小计	2+4	
7	间接费	6×相应费率	
8	利润	6×相应利润率	
9	合计	5+7+8	
10	含税造价	9×（1+相应税率）	

（3）以人工费计算基础的计价程序（这种情况一般是只包人工的工程费）见表 4-6。

表 4-6　　　　　　　　　　　　**竣工结算计价程序**

工程名称：　　　　　　　　　　　　　　　　　标段

序号	费用项目	计 算 方 法	备注
1	直接工程费	按定额计价表	
2	其中人工费	按定额计价表	
3	措施费	按规定标准计算	
4	其中人工费	按规定标准计算	
5	直接费小计	1+3	
6	人工费小计	2+4	
7	间接费	6×相应费率	
8	利润	6×相应利润率	
9	合计	5+7+8	
10	含税造价	9×（1+相应税率）	

情境小结

工程费用由建筑安装工程费用和设备及工具器具购置费两部分组成。建筑安装工程费用包括建筑工程费用和安装工程费用两部分。建筑安装工程费用是指各种设备及管道等安装工程的费用。设备及工具器具购置费用是由设备购置费用和工具器具及生产家具购置费用组成，它是固定资产投资中的积极部分。

建筑安装工程费按照费用构成要素划分，由人工费、材料（包含工程设备）费、施工机具使用费、企业管理费、利润、规费和税金组成。建筑安装工程费按照工程造价形成由分部分项工程费、措施项目费、其他项目费、规费、税金组成，分部分项工程费、措施项目费、其他项目费包含人工费、材料费、施工机具使用费、企业管理费和利润。

学习检测

一、填空题

1. 建筑安装工程费用包括建筑工程费用和_____两部分。

2. 建筑安装工程直接费由_____、_____组成。

3. 建筑安装工程间接费由_____、_____组成。

4. 材料费是指施工过程中耗费的_____、_____、构配件、零件、半成品或成品、工程设备的费用。

5. 经常修理费是指施工机械除大修理以外的_____和_____所需的费用。

6. 规费是政府和有关权力部门规定必须缴纳的费用，主要包括_____、_____和_____。

7. 安拆费指施工机械（大型机械除外）在现场进行_____与_____所需的人工、材料、机械和试运转费用以及机械辅助设施的折旧、搭设、拆除等费用；场外运输费指施工机械整体或分体自停放地点运至_____或由一施工地点运至另一施工地点的运输、装卸、辅助材料及架线等费用。

二、选择题

1. 我国现行建筑安装工程费用项目由直接费、间接费、（　）和税金组成。
   A. 措施费　　　　　B. 规费　　　　　C. 利润　　　　　D. 财务费

2. 在下列费用中，属于建筑安装工程间接费的是（　）。
   A. 施工单位搭设的临时设施费　　　　B. 危险作业以外伤害保险费
   C. 劳动保障　　　　　　　　　　　　D. 已完工程和设备保护费

3. 在下列费用中，不属于直接费的是（　）。
   A. 施工单位搭设的临时设施费　　　　B. 夜间施工费
   C. 技术开发费　　　　　　　　　　　D. 一次搬运费

4. 下列费用中，属于建筑安装工程直接工程费的是（　）。
   A. 施工单位搭建的临时设施费　　　　B. 现场管理费
   C. 施工企业管理费　　　　　　　　　D. 工程点交费

5. 企业管理费是指建筑安装企业组织施工生产和经营管理所需的费用，内容包括（　　）。

    A. 管理人员工资   B. 津贴补贴

    C. 差旅交通费   D. 工具用具使用费

    E. 检验试验费

6. 施工企业大型机械进出场费属于建筑安装工程的（　　）。

    A. 措施费   B. 直接工程费

    C. 规费   D. 企业管理费

7. 某工程项目，材料甲消耗量为 200 t，材料供应价格为 1 000 元/t，运杂费 15 元/t，运输损耗率为 2%，采购保管费率为 1%，材料的检验试验费为 30 元/t，则该项目材料甲的材料费为（　　）元。

    A. 215 130.6   B. 200 000   C. 209 130.6   D. 202 950.6

三、简答题

1. 建筑安装工程费用包括哪几部分？

2. 直接工程费包括哪些内容？详细说明。

3. 简述措施费的相关内容。

4. 什么是规费？它包括哪些内容？

学习情境五

计算建筑面积

情境导入

某建筑物地面以上共 10 层，地下有一层地下室，层高 4.5 m，并把深基础加以利用作地下架空层，架空层层高为 3 m，第十层为设备管道层，层高为 2.1 m，建筑外设有一有顶盖的室外楼梯，室外楼梯的水平投影面积为 20 m²。

（1）首层外墙勒脚以上结构外围水平面积 600 m²。首层设一外门斗，其围护结构外围水平面积为 20 m²，并设一处挑出墙外宽 1.6 m 的无柱檐廊，其结构底板水平面积为 30 m²。

（2）该建筑 2～10 层，每层外墙结构外围水平面积为 600 m²。

（3）地下室外墙上口外边线所围水平面积 600 m²，如加上采光井、防潮层及保护墙，则其外围水平面积共为 650 m²，地下架空层外围水平面积为 600 m²。

案例导航

建筑面积是建筑物各层水平面面积的总和。它包括使用面积、辅助面积和结构面积三部分内容。使用面积是指建筑物各层平面布置中可直接为生产或生活使用的净面积的总和。在民用建筑中居室的净面积称为居住面积。辅助面积是指建筑物各层平面布置间接为生产或生活服务所占用的净面积的总和。使用面积与辅助面积的总和称为有效面积。结构面积是指建筑物各层布置中的墙、柱等结构件所占面积的总和（不含抹灰厚度所占面积）。

要了解建筑面积的计算，需要掌握以下相关知识。

1. 建筑面积计算中所涉及的相关术语。

2. 单层建筑物、多层建筑物、其他建筑面积的计算以及不计算建筑面积的范围。

学习单元 1　建筑面积的基本内容

知识目标

（1）了解建筑面积的概念。

（2）熟悉建筑面积的作用与计算公式。

技能目标

（1）通过本单元的学习，对建筑面积的概念有一个简要的了解。

（2）能够清楚建筑面积的作用与计算公式。

基础知识

一、建筑面积的概念

建筑面积也称建筑展开面积，它是指住宅建筑外墙勒脚以上外围水平面测定的各层平面面积之和。它是表示一个建筑物建筑规模大小的经济指标。每层建筑面积按建筑物勒脚以上外墙围水平截面计算。它包括三项，即使用面积、辅助面积和结构面积。

（1）使用面积：是指建筑物各层平面中直接为生产或生活使用的净面积的总和。例如，住宅建筑中的居室、客厅、书房、厨房、卫生间、储藏室等。

（2）辅助面积：是指建筑物各层平面为辅助生产或生活所占的净面积的总和，例如居住建筑中的楼梯、走道、厕所、厨房等。使用面积与辅助面积之和称为有效面积。

（3）结构面积：是指建筑物各层平面中的墙、柱等结构所占面积之和。

二、建筑面积的作用

建筑面积是一项重要的技术经济指标。建筑面积的计算是工程计量的最基础工作，它在工程建设中起着非常重要的作用。首先，在工程建设的众多技术经济指标中，大多以建筑面积为基数，它是核定估算、概算、预算工程造价的一个重要基础数据，是计算和确定工程造价，并分析工程造价和工程设计合理性的一个基础指标；其次，建筑面积是国家进行建设工程数据统计、固定资产宏观调控的重要指标；同时，建筑面积还是房地产交易、工程承发包交易、建设工程有关运营费用的核定等的关键指标。建筑面积的作用，具体有以下几个方面。

1. 确定建设规模的重要指标

根据项目立项批准文件所核准的建筑面积，是初步设计的重要控制指标。对于国家投资的项目，施工图的建筑面积不得超过初步设计的5%，否则必须重新报批。

2. 确定各项技术经济指标的基础

建筑面积与使用面积、辅助面积、结构面积之间存在着一定的比例关系。设计人员在进行建筑或结构设计时，在计算建筑面积的基础上再分别计算出结构面积、有效面积等技术经济指标。

3. 评价设计方案的依据

建筑设计和建筑规划中，经常使用建筑面积控制某些指标，比如容积率、建筑密度、建筑系数等。在评价设计方案时，通常采用居住面积系数、土地利用系数、有效面积系数、单方造价等指标，它们都与建筑面积密切相关。因此，为了评价设计方案，必须准确计算建筑面积。

4. 计算有关分项工程量的依据

在编制一般土建工程预算时，建筑面积是确定一些分项工程量的基本数据。应用统筹计算方法，根据底层建筑面积，就可以很方便地推算出室内回填土体积、地（楼）面面积和天棚面积等。另外，建筑面积也是脚手架、垂直运输机械费用的计算依据。

5. 选择概算指标和编制概算的基础数据

概算指标通常是以建筑面积为计量单位。用概算指标编制概算时，要以建筑面积为计算基础。

知识链接

根据国家标准《建筑工程建筑面积计算规范》（GB/T 50353—2013），对在计算中涉及的术语作如下解释。

（1）层高（story height）：指上下两层楼面或楼面与地面之间的垂直距离。

（2）自然层（floor）：指按楼板、地板结构分层的楼层。

（3）架空层（empty space）：指建筑物深基础或坡地建筑吊脚架空部位不回填土石方形成的建筑空间。

（4）走廊（corridor gallery）：指建筑物的水平交通空间。

（5）挑廊（overhanging corridor）：指挑出建筑物外墙的水平交通空间。

（6）檐廊（eaves gallery）：指设置在建筑物底层出檐下的水平交通空间。

（7）回廊（cloister）：指在建筑物门厅、大厅内设置在二层或二层以上的回形走廊。

（8）门斗（foyer）：指在建筑物出入口设置的起分隔、挡风、御寒等作用的建筑过渡空间。

（9）建筑物通道（passage）：指为道路穿过建筑物而设置的建筑空间。

（10）架空走廊（bridge way）：指建筑物与建筑物之间在二层或二层以上专门为水平交通设置的走廊。

（11）勒脚（plinth）：指建筑物的外墙与室外地面或散水接触部位墙体的加厚部分。

（12）围护结构（envelop enclosure）：指围合建筑空间四周的墙体、门、窗等。

（13）围护性幕墙（enclosing curtain wall）：指直接作为外墙起围护作用的幕墙。

（14）装饰性幕墙（decorative faced curtain wall）：指设置在建筑物墙体外起装饰作用的幕墙。

（15）落地橱窗（french window）：指突出外墙面根基落地的橱窗。

（16）阳台（balcony）：指供使用者进行活动和晾晒衣物的建筑空间。

（17）眺望间（view room）：指设置在建筑物顶层或挑出房间的供人们远眺或观察周围情况的建筑空间。

（18）雨篷（canopy）：指设置在建筑物进出口上部的遮雨、遮阳篷。

（19）地下室（basement）：指房间地平面低于室外地平面的高度超过该房间净高的 1/2 者。

（20）半地下室（semi basement）：指房间地平面低于室外地平面的高度超过该房间净高的 1/3 且不超过 1/2 者。

（21）变形缝（deformation joint）：指伸缩缝（温度缝）、沉降缝和抗震缝的总称。

（22）永久性顶盖（permanent cap）：指经规划批准设计的永久使用的顶盖。

（23）飘窗（bay window）：指为房间采光和美化造型而设置的突出外墙的窗。

（24）骑楼（overhang）：指楼层部分跨在人行道上的临街楼房。

（25）过街楼（arcade）：指有道路穿过建筑空间的楼房。

学习单元 2　建筑面积的计算规则

知识目标

（1）熟悉应计算建筑面积的范围。

（2）熟悉不应计算建筑面积的范围。

技能目标

（1）通过本单元的学习，能够清楚建筑面积计算规则。

（2）根据工程实际，能够正确计算建筑面积。

一、应计算建筑面积的范围

根据国家标准《建筑工程建筑面积计算规范》（GB/T 50353—2013）的规定，下列内容应计算建筑面积。

（一）单层建筑物的建筑面积

（1）单层建筑物的建筑面积应按其外墙勒脚以上结构外围水平面积计算，勒脚是墙根部很矮的一部分墙体加厚，不能代表整个外墙结构，因此，要扣除勒脚墙体加厚部分。并应符合下列规定。

① 单层建筑物高度在 2.20 m 及以上者应计算全面积；高度不足 2.20 m 者应计算 1/2 面积。图 5-1 所示为单层建筑示意图。

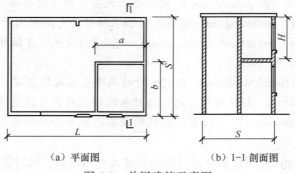

（a）平面图　　　　　　（b）1-1 剖面图

图 5-1　单层建筑示意图

② 利用坡屋顶内空间时，顶板下表面至楼面的净高超过 2.10 m 的部位计算全面积；净高在 1.20 ~ 2.10 m 的部位应计算 1/2 面积；净高不足 1.20 m 的部位不应计算面积。坡屋顶如图 5-2 所示。

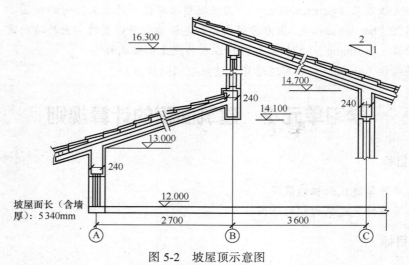

图 5-2　坡屋顶示意图

> **知识链接**
>
> ① 单层建筑物可以是民用建筑、公共建筑，也可以是工业厂房。
> ② 建筑面积只包括外墙的结构面积，不包括外墙抹灰厚度、装饰材料厚度所占面积。

（2）单层建筑物内设有局部楼层者，局部楼层的二层及以上楼层，有围护结构的应按其维护结构外围水平面积计算，无维护结构的应按其结构底板水平面积计算。层高在 2.20 m 及以上者应计算全面积；层高不足 2.20 m 者应计算 1/2 面积。

其建筑面积可表示为

$$S=LB+ab$$

式中，S——局部带楼层的单层建筑物面积；

　　　L——勒脚以上围护结构外围水平长度；

　　　B——勒脚以上围护结构外围水平宽度；

　　a、b——局部楼层结构外表面之间水平距离。

☼**小技巧**

单层建筑物应按不同的高度计算面积。其高度指室内地面标高至屋面板板面结构标高之间的垂直距离。遇有以屋面板找坡的平屋顶单层建筑物，其高度指室内地面标高至屋面板最低处板面结构标高之间的垂直距离。

（二）多层建筑物的建筑面积

多层建筑首层应按其外墙勒脚以上结构外围水平面积计算；二层及以上楼层应按其外墙结构外围水平面积计算。层高在 2.20 m 及以上者应计算全面积；层高不足 2.20 m 者应计算 1/2 面积。

（三）多层建筑坡屋顶内空间的建筑面积

多层建筑坡屋顶内和场馆看台（见图 5-3）下，当设计加以利用时，净高超过 2.10 m 的部位应计算全面积；净高为 1.20 ~ 2.10 m 的部位应计算 1/2 面积；当设计不利用或室内净高不足 1.20 m 时不应计算面积。

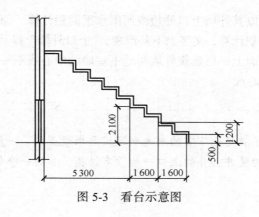

图 5-3　看台示意图

知识链接

　　外墙上的抹灰厚度或装饰材料厚度不能计入建筑面积。"二层及以上楼层"，是指有可能各层的平面布置不同，面积也不同，因此，要分层计算。多层建筑物的建筑面积应按不同的层高分别计算。

　　层高是指上下两层楼面结构标高之间的垂直距离。建筑物最底层的层高，当有基础底板时，按基础底板上表面结构标高至上层楼面的结构标高之间的垂直距离确定；当没有基础底板时，按地面标高至上层楼面结构标高之间的垂直距离确定。最上一层的层高是指楼面结构标高至屋面板板面结构标高之间的垂直距离；若遇到以屋面板找坡的屋面，层高指楼面结构标高至屋面板最低处板面结构标高之间的垂直距离。

（四）地下室、半地下室的建筑面积

　　地下室、半地下室（车间、商店、车站、车库、仓库等），包括相应的有永久性顶盖的出入口，应按其外墙上口（不包括采光井、外墙防潮层及其保护墙）外边线所围水平面积计算。层高在 2.20 m 及以上者应计算全面积；层高不足 2.20 m 者应计算 1/2 面积。地下室出入口示意图如图 5-4 所示。

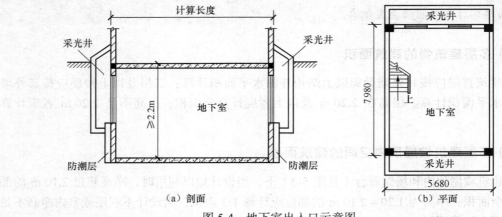

图 5-4　地下室出入口示意图

　　地下室、半地下室应以其外墙上口外边线所围水平面积计算。原计算规定按地下室、半地下室上口外墙外围水平面积计算，文字上不甚严密，"上口外墙"容易理解为地下室、半地下室的上一层建筑物的外墙。而上一层建筑外墙与地下室墙的中心线不一定完全重叠，多数情况是凸出或凹进地下室外墙中心线。

知识链接

　　地下室采光井是为了满足地下室的采光和通风要求设置的。一般在地下室围护墙上口开设一个矩形或其他形状的竖井，井的上口一般设有铁栅，井的一个侧面安装采光和通风用的窗子。

（五）坡地建筑物的建筑面积

坡地的建筑物深基础架空层（见图 5-5）、吊脚架空层（见图 5-6），设计加以利用并有围护结构的，层高在 2.20 m 及以上的部位应计算全面积；层高不足 2.20 m 的部位应计算 1/2 面积。设计加以利用、无围护结构的建筑吊脚架空层，应按其利用部位水平面积的 1/2 计算；设计不利用的深基础架空层、坡地吊脚架空层不应计算面积。

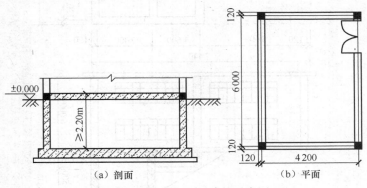

（a）剖面　　　　　（b）平面

图 5-5　深基础架空层建筑示意图

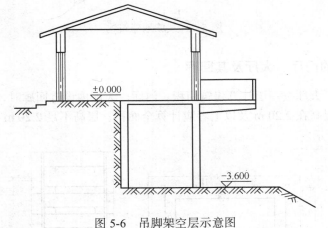

图 5-6　吊脚架空层示意图

☼**小提示**

（1）层高在 2.20 m 及以上的吊脚架空层可以设计用来作为一个房间使用。

（2）2.20 m 及以上层高的深基础架空层，可以设计用来安装设备或作储藏间使用。

课堂案例

图 5-7 所示为某坡地建筑物，根据其建筑面积计算规则计算建筑物面积。

解：本题依据坡地面积的计算规则，结合图 5-7 的平面图和剖面图，得出如下结论。

坡地建筑物的建筑面积$=7.44×4.74×2+（2+0.24）×4.74+1.6×4.74×\dfrac{1}{2}=84.94$（$m^2$）

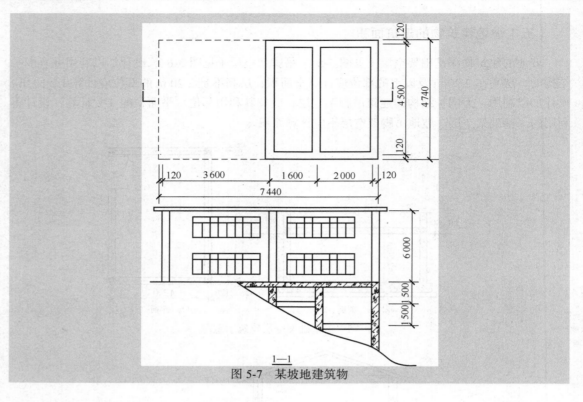

图 5-7　某坡地建筑物

（六）建筑物的门厅、大厅及其回廊

建筑物的门厅、大厅按一层计算建筑面积。门厅、大厅内设有回廊时，应按其结构底板水平面积计算。回廊层高在 2.20 m 及以上者应计算全面积；层高不足 2.20 m 者应计算 1/2 面积。大厅回廊如图 5-8 所示。

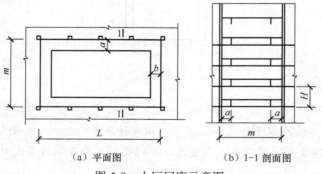

（a）平面图　　　　（b）1-1 剖面图

图 5-8　大厅回廊示意图

☼小提示

"门厅、大厅内设有回廊"中"回廊"是指，建筑物大厅、门厅的上部（一般该大厅、门厅占两个或两个以上建筑物层高）四周向大厅、门厅、中间挑出的走廊。宾馆、大会堂、教学楼等大楼内的门厅或大厅，往往要占建筑物的二层或二层以上的层高，这时也只能计算一层面积。"层高不足 2.20 m 者应计算 1/2 面积"指回廊层高可能出现的情况。

（七）架空走廊

建筑物间有围护结构的架空走廊，应按其围护结构外围水平面积计算。层高在 2.20 m 及以上者应计算全面积；层高不足 2.20 m 者应计算 1/2 面积。有永久性顶盖无围护结构的应按其结构底板水平面积的 1/2 计算。架空走廊是指建筑物与建筑物之间，在二层或二层以上专门为水平交通设置的走廊，如图 5-9 所示。

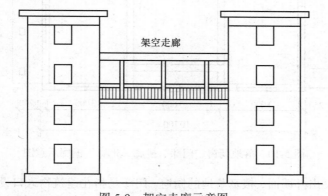

图 5-9　架空走廊示意图

（八）立体车库、立体书库、立体仓库

立体书库、立体仓库、立体车库，无结构层的应按一层计算，有结构层的应按其结构层面积分别计算。层高在 2.20 m 及以上者应计算全面积；层高不足 2.20 m 者应计算 1/2 面积。

> ☆小提示
>
> 　　计算规范对以前的计算规则进行了修订，增加了立体车库的面积计算。立体车库、立体仓库、立体书库不规定是否有围护结构，均按是否有结构层，应区分不同的层高确定建筑面积计算的范围，改变了以前按书架层和货架层计算面积的规定。

（九）舞台灯光控制室

有围护结构的舞台灯光控制室，应按其围护结构外围水平面积计算。层高在 2.20 m 及以上者应计算全面积；层高不足 2.20 m 者应计算 1/2 面积。如果舞台灯光控制室有围护结构且只有一层，那么就不能另外计算面积，因为整个舞台的面积计算已经包含了该灯光控制室的面积。

（十）落地橱窗、门斗、挑廊、走廊、檐廊

建筑物外有围护结构的落地橱窗、门斗、挑廊、走廊、檐廊（见图 5-10），应按其围护结构外围水平面积计算。层高在 2.20 m 及以上者应计算全面积；层高不足 2.20 m 者应计算 1/2 面积。有永久性顶盖无围护结构的应按其结构底板水平面积的 1/2 计算。但穿过建筑物的过道不计算建筑面积。

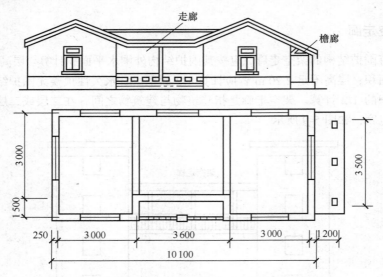

图 5-10　落地橱窗、门斗、挑廊、走廊、檐廊示意图

　　落地橱窗是指突出外墙面，根基落地的橱窗。门斗是指在建筑物入口设置的起分隔、挡风、御寒等作用的建筑过渡空间，保温门斗一般有围护结构。挑廊是指挑出建筑物外墙的水平交通空间。走廊是指建筑物底层的水平交通空间。檐廊是指设置在建筑物底层檐下的水平交通空间。

（十一）建筑物顶部楼梯间、水箱间、电梯机房

　　建筑物顶部有围护结构的楼梯间、水箱间、电梯机房等，层高在 2.20 m 及以上者应计算全面积；层高不足 2.20 m 者应计算 1/2 面积。

　　如遇建筑物屋顶的楼梯间是坡屋顶，应按坡屋顶的相关规定计算面积。单独放在建筑物屋顶上的混凝土水箱或钢板水箱，不计算面积。

（十二）场馆看台

　　有永久性顶盖无围护结构的场馆看台应按其顶盖水平投影面积的 1/2 计算。这里所称的"场馆"实际上是指"场"（如足球场、网球场等），看台上有永久性顶盖部分。"馆"应是有永久性顶盖和围护结构的，应按单层或多层建筑相关规定计算面积。

（十三）不垂直于水平面而超出底板外沿的建筑物。

　　设有围护结构不垂直于水平面而超出底板外沿的建筑物，应按其底板面的外围水平面积计算。层高在 2.20 m 及以上者应计算全面积；层高不足 2.20 m 者应计算 1/2 面积。

　　设有围护结构不垂直于水平面而超出底板外沿的建筑物，是指向建筑物外倾斜的墙体。若遇到有向建筑物内倾斜的墙体，应视为坡屋面，应按坡屋顶的有关规定计算面积。

（十四）室内楼梯间、电梯井、垃圾道

　　建筑物内的室内楼梯间、电梯井、观光电梯井、提物井、管道井、通风排气竖井、垃圾道、附墙烟囱应按建筑物的自然层计算。电梯井、垃圾道如图 5-11 所示。

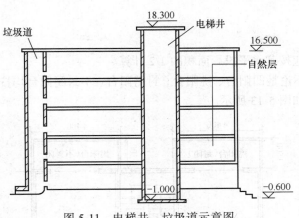

图 5-11　电梯井、垃圾道示意图

　　室内楼梯间的面积计算，应按楼梯依附的建筑物的自然层数计算，合并在建筑物面积内。若遇跃层建筑，其共用的室内楼梯应按自然层计算面积。电梯井是指安装电梯用的垂直通道。

（十五）雨篷结构的建筑面积

　　雨篷结构的外边线至外墙结构外边线的宽度超过 2.10 m 者，应按雨篷结构板的水平投影面积的 1/2 计算。

　　雨篷均以其宽度超过 2.10 m 或不超过 2.10 m 衡量。超过 2.10 m 者应按雨篷的结构板水平投影面积的 1/2 计算；不超过者不计算。上述规定不管雨篷是否有柱或无柱，计算应一致。

（十六）室外楼梯

　　有永久性顶盖的室外楼梯，应按建筑物自然层的水平投影面积的 1/2 计算。

　　室外楼梯，最上层楼梯无永久性顶盖或不能完全遮盖楼梯的雨篷，上层楼梯不计算面积，上层楼梯可视为下层楼梯的永久性顶盖，下层楼梯应计算面积。

　　雨篷、室外楼梯如图 5-12 所示。

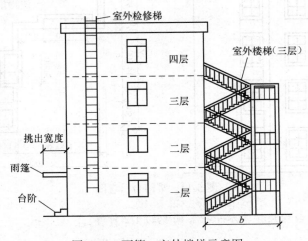

图 5-12　雨篷、室外楼梯示意图

111

（十七）阳台

建筑物的阳台均应按其水平投影面积的 1/2 计算。

建筑物的阳台，不论是凹阳台、挑阳台、封闭阳台、不封闭阳台均按其水平投影面积的 1/2 计算建筑面积。阳台如图 5-13 所示。

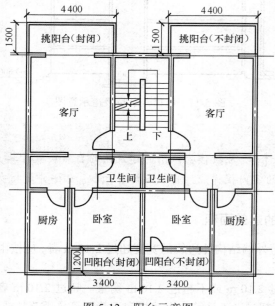

图 5-13 阳台示意图

课堂案例

图 5-14 所示为某阳台示意图，计算阳台建筑面积。

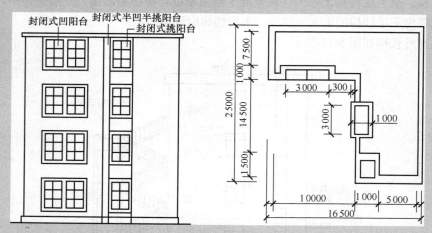

图 5-14 某阳台示意图

解：建筑物的阳台均应按其水平投影面积的 1/2 计算。

阳台的建筑面积 =（3.0×1.0+1.0×3.0+1.5×1.0）×4×$\dfrac{1}{2}$=15（m²）

（十八）其他建筑物的计算规则

（1）有永久性顶盖无围护结构的车棚、货棚、站台（见图 5-15）、加油站、收费站等，应按其顶盖水平投影面积的 1/2 计算。

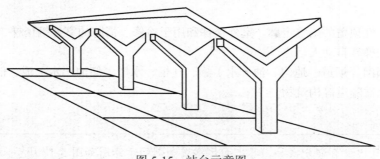

图 5-15　站台示意图

在车棚、货棚、站台、加油站、收费站内设有带围护结构的管理房间、休息室等，应另按有关规定计算面积。

（2）高低联跨的建筑物（见图 5-16），应以高跨结构外边线为界分别计算建筑面积；高低跨内部连通时，其变形缝应计算在低跨面积内。

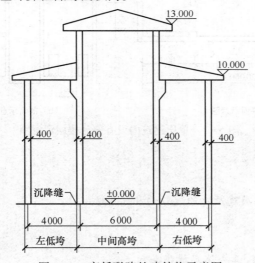

图 5-16　高低联跨的建筑物示意图

（3）以幕墙作为围护结构的建筑物，应按幕墙外边线计算建筑面积。围护性幕墙是指直接作为外墙起围护作用的幕墙。

（4）建筑物外墙外侧有保温隔热层的，应按保温隔热层外边线计算建筑面积。

（5）建筑物内的变形缝，应按其自然层合并在建筑物内计算。此处所指建筑物内的变形缝是与建筑物相连通的变形缝，即暴露在建筑物内，在建筑物内可以看得见的变形缝。

二、不应计算建筑面积的范围

（1）建筑物通道，骑楼、过街楼的底部。

（2）建筑物内的设备管道夹层。

（3）建筑物内分隔的单层房间，舞台及后台悬挂幕布，布景的天桥、挑台等。

113

（4）屋顶水箱、花架、凉棚、露台、露天游泳池。

（5）建筑物内的操作平台、上料平台、安装箱和罐体的平台。

（6）勒脚、附墙柱、垛、台阶、墙面抹灰、装饰面、镶贴块料面层、装饰性幕墙、空调室外机搁板（箱）、飘窗、构件、宽度在 2.10 m 及以内的雨篷以及与建筑物内不相连通的装饰性阳台、挑廊等。

（7）无永久性顶盖的架空走廊、室外楼梯和用于检修、消防的室外钢楼梯、爬梯等。

（8）自动扶梯、自动人行道。

（9）独立烟囱、烟道、地沟、油（水）罐、气柜、水塔、储油（水）池、储仓、栈桥、地下人防通道、地铁隧道等构筑物。

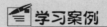 学习案例

某单层建筑内设有部分楼层，其平面示意图和剖面示意图如图 5-17 所示。

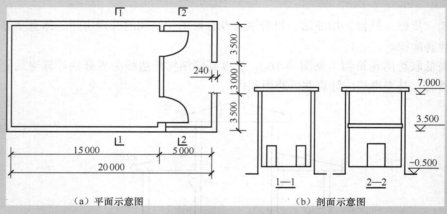

（a）平面示意图　　　　（b）剖面示意图

图 5-17　单层建筑内设有部分楼层示意图

想一想

求带有部分楼层的单层建筑物的建筑面积（A）。

案例分析

解：A=底层建筑面积+部分楼层建筑面积

底层建筑面积=（20.00+0.24）×（10.00+0.24）=207.26（m²）

楼层建筑面积=（5.00+0.24）×（10.00+0.24）=53.66（m²）

假设剖面 2—2 中间楼层标高为 5.000 m，则

建筑面积 A=207.26+$\frac{1}{2}$×53.66=234.09（m²）

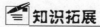 知识拓展

建筑面积相似点

1. 建筑面积相似点之一

（1）单层建筑物的建筑面积，应按其外墙勒脚以上结构外围水平面积计算，单层建筑物高

度在 2.20 m 及以上者应计算全面积；高度不足 2.20 m 者应计算 1/2 面积。

（2）多层建筑物首层应按其外墙勒脚以上结构外围水平面积计算；二层及以上楼层应按其外墙结构外围水平面积计算。层高在 2.20 m 及以上者应计算全面积；层高不足 2.20 m 者应计算 1/2 面积。

（3）地下室、半地下室（车间、商店、车站、车库、仓库等），包括相应的有永久性顶盖的出入口，应按其外墙口（不包括采光井、外墙防潮层及其保护墙）外边线所围水平面积计算。层高在 2.20 m 及以上者应计算全面积；层高不足 2.20 m 者应计算 1/2 面积。

（4）有围护结构的舞台灯光控制室，应按其围护结构外围水平面积计算。层高在 2.20 m 及以上者应计算全面积；层高不足 2.20 m 者应计算 1/2 面积。

（5）建筑物顶部有围护结构的楼梯间、水箱间、电梯机房等，层高在 2.20 m 及以上者应计算全面积；层高不足 2.20 m 者应计算 1/2 面积。

（6）设有围护结构不垂直于水平面而超出底板外沿的建筑物，应按其底板面的外围水平面积计算。层高在 2.20 m 及以上者应计算全面积；层高不足 2.20 m 者应计算 1/2 面积。

2. 建筑面积相似点之二

（1）单层建筑物的建筑面积，应按其外墙勒脚以上结构外围水平面积计算，利用坡屋顶内空间时净高超过 2.10 m 的部位应计算全面积；净高在 1.20～2.10 m 的部位应计算 1/2 面积；净高不足 1.20 m 的部位不应计算面积。

（2）多层建筑坡屋顶内和场馆看台下，当设计加以利用时净高超过 2.10 m 的部位应计算全面积；净高在 1.20～2.10 m 的部位应计算 1/2 面积；当设计不利用或室内净高不足 1.20 m 时不应计算面积。

3. 建筑面积相似点之三

（1）建筑物间有围护结构的架空走廊，应按其围护结构外围水平面积计算。层高在 2.20 m 及以上者应计算全面积；层高不足 2.20 m 者应计算 1/2 面积。有永久性顶盖无围护结构的应按其结构底板水平面积的 1/2 计算。

（2）建筑物有围护结构的落地窗、门斗、挑廊、走廊、檐廊，应按其围护结构外围水平面积计算。层高在 2.20 m 及以上者应计算全面积；层高不足 2.20 m 者应计算 1/2 面积。有永久性顶盖无围护结构的应按其结构底板水平面积的 1/2 计算。

4. 建筑面积相似点之四

（1）单层建筑物内设有局部楼层者，局部楼层的二层及以上楼层，有围护结构的应按其围护结构外围水平面积计算，无围护结构的应按其底板水平面积计算。层高在 2.20 m 及以上者应计算全面积；层高不足 2.20 m 者应计算 1/2 面积。

（2）建筑物的门厅、大厅按一层计算建筑面积。门厅、大厅内设有回廊时，应按其结构底板水平面积计算。层高在 2.20 m 及以上者应计算全面积；层高不足 2.20 m 者应计算 1/2 面积。

（3）立体书库、立体仓库、立体车库，无结构层的应按一层计算，有结构层的应按其结构层面积分别计算。层高在 2.20 m 及以上者应计算全面积；层高不足 2.20 m 者应计算 1/2 面积。

5. 建筑面积相似点之五

（1）有永久性顶盖无围护结构的场馆看台应按其顶盖水平投影面积的 1/2 计算。

（2）有永久性顶盖无围护结构的车棚、货棚、站台、加油站、收费站等，应按其顶盖水平投影面积的 1/2 计算。

（3）雨篷结构的外边线至外墙结构外边线的宽度超过 2.10 m 者，应按雨篷结构板的水平投影面积的 1/2 计算。

（4）有永久性顶盖的室外楼梯，应按建筑物自然层的水平投影面积的 1/2 计算。

（5）建筑物的阳台均应按其水平投影面积的 1/2 计算。

6. 建筑面积相似点之六

（1）建筑物内的室内楼梯间、电梯井、观光电梯井、提物井、管道井、通风排气竖井、垃圾道、附墙烟囱应按建筑物的自然层计算。

（2）建筑物内的变形缝，应按其自然层合并在建筑物面积内计算。

情境小结

建筑面积也称建筑张开面积，是建筑物各层面积的总和。

1. 建筑面积是技术经济指标的计算基础，对全面控制建设工程造价有着非常重要的意义。

2. 建筑面积是基本建设投资、建设项目可行性研究、建设项目勘察设计、建设项目评估、建筑工程施工和竣工验收等建设工程造价管理过程中一系列工作的重要指标。

3. 建筑面积是计算开工面积、竣工面积、优良工程率等重要指标的依据。

4. 建筑面积是计算单位面积造价、人工单耗指标、主要材料单耗指标和装饰材料单耗指标的依据。

学习检测

一、填空题

1. 建筑面积包括_____、_____和_____，其中使用面积与辅助面积的总和称为。

2. 单层建筑物的建筑面积，应按其外墙勒脚以上结构外围水平面积计算，并应符合规定：单层建筑物高度在_____及以上者应计算全面积，高度不足_____者应计算 1/2 面积。

3. 单层建筑物应按不同的高度计算面积。其高度指室内地面标高至屋面板板面结构标高之间的_____距离。

4. 多层建筑坡屋顶内和场馆看台下的空间应视为坡屋顶内的空间，设计加以利用时，应按其净高确定其面积的计算；设计不利用的空间，应_____。

5. 建筑物的门厅、大厅按一层计算建筑面积。门厅、大厅内设有回廊时，应按其结构底板水平面积计算。回廊层高在_____及以上者应计算全面积；层高不足_____者应计算_____面积。

6. 地下室采光井是为了满足地下室的_____和_____要求设置的。

7. 电梯井是_____。

二、选择题

1. 建筑面积包括（ ）。

    A. 实际面积   B. 使用面积

    C. 辅助面积   D. 公用面积

    E. 结构面积

2. 某住宅工程，首层外墙勒脚以上结构的外围水平面积为 448.38 m²，2～6 层外墙结构外围水平面积之和为 2 241.12 m²，不封闭的凹阳台的水平面积之和为 108 m²，室外悬挑雨篷水平投影面积为 4 m²，该工程的建筑面积为（　）m²。

  A. 2 639.5 m²　　　　B. 2 743.5 m²　　　　C. 2 689.5 m²　　　　D. 2 635.5 m²

  3. 有关下列叙述不正确的是（　）。

  A. 坡地的建筑物吊脚架空、深基础架空层，设计加以利用并有围护结构的，层高在 2.20 m 及以上的部位应计算全面积

  B. 坡地的建筑物吊脚架空、深基础架空层，设计加以利用并有围护结构的，层高在 2.20 m 及以上的部位计算 1/2 面积

  C. 设计加以利用、无围护结构的建筑吊脚架空层按其利用部位水平面积的 1/2 计算

  D. 设计不利用的深基础架空层、坡地吊脚架空层、多层建筑坡屋顶内、场馆看台下的空间不应计算面积

  4. 门厅、大厅内设有回廊时按其结构底板（　）计算建筑面积。

  A. 水平面积　　　　　　　　　　B. 水平面积的 1/2

  C. 水平投影面积　　　　　　　　D. 水平投影面积的 1/2

  5. 建筑物的阳台均应按（　）计算建筑面积。

  A. 其水平投影面积的全面积　　　　B. 其水平投影面积的 1/2

  C. 不计算面积　　　　　　　　　　D. 任意计算面积

  6. 变形缝是（　）的总称。

  A. 伸缩缝　　　　　　　　　　　B. 构造缝

  C. 沉降缝　　　　　　　　　　　D. 抗震缝

  E. 以上全选择

117

三、计算题

1. 图 5-18 是单层建筑内设有局部楼层的单层建筑物。试计算其建筑面积。

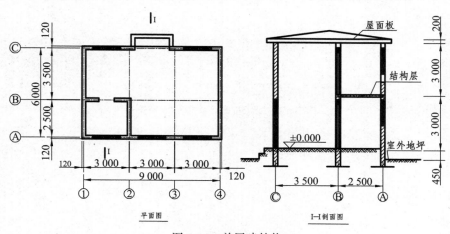

图 5-18　单层建筑物

2. 某 6 层砖混结构住宅楼，2~6 层建筑平面图均相同，如图 5-19 所示。阳台为不封闭阳台，首层无阳台，其他均与二层相同。计算其建筑面积。

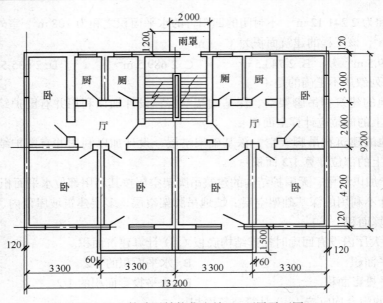

图 5-19　某砖混结构住宅楼 2～6 层平面图

学习情境六

计算土建工程工程量

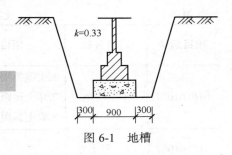

情境导入

某地槽长度为 25.50 m，槽深为 1.80 m，混凝土基础垫层 C15，宽 0.90 m，有工作面，三类土，挖出的土堆放在槽边，如图 6-1 所示。

案例导航

在计算土（石）方工程量时，首先应确定的因素有：土壤及岩石类别，根据工程地质勘测资料及《土壤及岩石（普氏）分类表》进行划分；地下水位标高及排（降）水方法；土方、沟槽、基坑挖（填）起止标高，施工方式及运距；岩石开凿、爆破方法，石碴清运方法及运距；其他有关资料。

图 6-1 地槽

要了解计算土（石）方工程量时应确定的因素，需要掌握以下相关知识。

1. 土石方工程工程量清单计量规则和方法。
2. 地基处理与边坡支护工程工程量清单计量规则和方法。
3. 桩基础工程工程量清单计量规则和方法。
4. 砌筑工程工程量清单计量规则和方法。
5. 混凝土及钢筋混凝土工程工程量清单计量规则和方法。
6. 屋面及防水工程工程量清单计量规则和方法。
7. 保温隔热防腐工程工程量清单计量规则和方法。

学习单元 1　计算土石方工程工程量

知识目标

（1）了解土石方工程的主要内容。
（2）熟悉工程量清单项目设置及工程量计算规则。
（3）掌握工程量计算应注意的问题。

技能目标

（1）通过本单元的学习，能够清楚土石方工程的主要内容。
（2）能够明确工程量计算的注意事项。

→ 基础知识

一、土石方工程的主要内容

土石方工程主要包括土方工程、石方工程、回填工程，适用于建筑物和构筑物的土石方开挖及回填工程。

二、工程量清单项目设置及工程量计算规则

（一）土方工程（编码：010101）

土方工程工程量清单项目设置及工程量计算规则见表 6-1。

表 6-1　　　　　　　　　　土方工程（编码：010101）

项目编号	项目名称	项目特征	计量单位	工程量计算规则	工程内容
010101001	平整场地	1.土壤类别 2.弃土运距 3.取土运距	m²	按设计图示尺寸以建筑物首层面积计算	1.土方挖填 2.场地找平 3.运输
010101002	挖一般土方	1.土壤类别 2.挖土深度 3.弃土运距	m³	按设计图示尺寸以体积计算	1.排地表水 2.土方开挖 3.围护（挡土板）及拆除 4.基底钎探 5.运输
010101003	挖沟槽土方			按设计图示尺寸以基础垫层底面积乘以挖土深度计算	
010101004	挖基坑土方				
010101005	冻土开挖	1.冻土厚度 2.弃土运距		按设计图示尺寸开挖面积乘以厚度以体积计算	1.爆破 2.开挖 3.清理 4.运输
010101006	挖淤泥、流砂	1.挖掘深度 2.弃淤泥、流砂运距		按设计图示位置、界限以体积计算	1.开挖 2.运输
010101007	管沟土方	1.土壤类别 2.管外径 3.挖沟深度 4.回填要求	1.m 2.m³	1.以米计量，按设计图示以管道中心线长度计算 2.以立方米计量，按设计图示管底垫层面积乘以挖土深度计算；无管底垫层按管外径的水平投影面积乘以挖土深度计算。不扣除各类井的长度，井的土方并入	1.排地表水 2.土方开挖 3.围护（挡土板）、支撑 4.运输 5.回填

☼小技巧

（1）沟槽、基坑、一般土方的划分。

① 底宽≤7 m，且底长>3 倍底宽为沟槽。

② 底长≤3 倍底宽且底面积≤150 m² 为基坑。

③ 超出上述范围则为一般土方。

（2）挖土应按自然地面测量标高至设计地坪标高的平均厚度确定。竖向土方、山坡切土开挖深度应按基础垫层底表面标高至交付施工现场地坪标高确定，无交付施工场地标高时，应按自然地面标高确定。

（3）建筑物场地厚度小于等于正负 300 mm 的挖、填、运、找平，应按表 6-1 中平整场地项目编码列项，超过 ±300 mm 以外的竖向布置挖土或山坡切土应按表 6-1 中挖一般土方项目编码列项。

（4）土方体积应按挖掘前的天然密实体积计算。如需按天然密实体积折算时，应按照表6-2 折算。

表 6-2　　　　　　　　　　　　　土方体积换算系数表

天然密实土体积	虚土体积	夯实土体积	松填土体积
1.00	1.30	0.87	1.08
0.77	1.00	0.67	0.83
1.15	1.49	1.00	1.24
0.93	1.20	0.81	1.00

📖课堂案例

某建筑物基础平面图和剖面图如图 6-2 所示，土壤类别为Ⅱ类土。试求该工程平整场地的工程量。

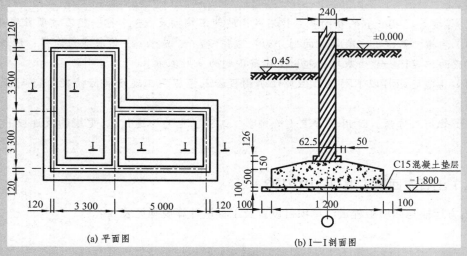

图 6-2　某建筑物基础平面图和剖面图

121

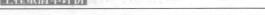

解： 根据平整场地工程量计算规则规定，应按设计图示尺寸以建筑物底层面积计算。

$$S_{底} = (3.30 \times 2 + 0.12 \times 2) \times (3.30 + 0.12 \times 2) + 5.0 \times (3.30 + 0.12 \times 2)$$
$$= 6.84 \times 3.54 + 5.0 \times 3.54$$
$$= 24.21 + 17.70$$
$$= 41.91 \ (m^2)$$

（二）石方工程（编码：010102）

石方工程工程量清单项目设置及工程量计算规则见表6-3。

表6-3　　　　　石方工程（编码：010102）

项目编码	项目名称	项目特征	计量单位	工程量计算规则	工作内容
010102001	挖一般石方	1.岩石类别 2.开凿深度 3.弃渣运距	m³	按设计图示尺寸以体积计算	1.排地表水 2.凿石 3.运输
010102002	挖沟槽石方			按设计图示尺寸沟槽底面积乘以挖石深度以体积计算	
010102003	挖基坑石方			按设计图示尺寸基坑底面积乘以挖石深度以体积计算	
010102004	挖管沟石方	1.岩石类别 2.管外径 3.挖沟深度	1.m 2.m³	1.以米计量，按设计图示以管道中心线长度计算 2.以立方米计量，按设计图示截面积乘以长度计算	1.排地表水 2.凿石 3.回填 4.运输

☼小提示

（1）挖石应按自然地面测量标高至设计地坪标高的平均厚度确定。基础石方开挖深度应按基础垫层底表面标高至交付施工场地标高确定，无交付施工场地标高时，应按自然地面标高确定。

（2）厚度>±300 mm的竖向布置挖石或山坡凿石应按表6-3中挖一般石方项目编码列项。

（3）沟槽、基坑、一般石方的划分为：底宽≤7 m，底长>3倍底宽为沟槽；底长≤3倍底宽、底面积≤150 m²为基坑；超出上述范围则为一般石方。

（4）弃碴运距可以不描述，但应注明由投标人根据施工现场实际情况自行考虑，决定报价。

（5）管沟石方项目适用于管道（给排水、工业、电力、通信）、电缆沟及连接井（检查井）等。

（三）土石方回填（编码：010103）

土石方运输与回填工程量清单项目设置及工程量计算规则见表6-4。

表 6-4 回填（编码：010103）

项目编码	项目名称	项目特征	计量单位	工程量计算规则	工作内容
010103001	回填方	1.密实度要求 2.填方材料品种 3.填方粒径要求 4.填方来源、运距	m³	按设计图示尺寸以体积计算 1.场地回填：回填面积乘平均回填厚度 2.室内回填：主墙间面积乘回填厚度，不扣除间隔墙 3.基础回填：按挖方清单项目工程量减去自然地坪以下埋设的基础体积（包括基础垫层及其他构筑物）	1.运输 2.回填 3.压实
010103002	余方弃置	1.废弃料品种 2.运距		按挖方清单项目工程量减利用回填方体积（正数）计算	余方点装料运输至弃置点

☆小提示

1. 填方密实度要求，在无特殊要求情况下，项目特征可描述为满足设计和规范的要求。

2. 填方材料品种可以不描述，但应注明由投标人根据设计要求验方后方可填入，并符合相关工程的质量规范要求。

3. 填方粒径要求，在无特殊要求情况下，项目特征可以不描述。

4. 工程量计算规则：

场地土方回填工程量＝回填面积×平均回填厚度

室内土方回填工程量＝主墙间净面积×回填厚度

基础土方回填工程量＝挖土方体积－设计室外地坪以下埋设的基础体积

📖课堂案例

图 6-2 所示为某建筑物基础平面图和剖面图（土壤为 II 类，外运 3 km），根据图示尺寸，试编制挖基础土方工程量清单，并计算施工图工程量。

解：工程量清单是由招标方按计价规范的规定计算编制的文件。

首先根据图示尺寸计算出挖基础土方工程量，根据计算规则和图示尺寸以及前面的注解，可算出基础底层面积为

$$S_底=（外墙垫层中心线长＋内墙垫层净长）×垫层底面宽度$$
$$=（L_中＋L_净）×垫层底面宽度$$
$$=[（3.3×6＋5.0×2）＋（3.3－0.7×2）]×1.4$$
$$=44.38（m^2）$$

挖土深度 ＝1.80－0.45＝1.35（m）

$$挖基础土方工程量＝S_底×挖土深度$$
$$=44.38×1.35$$
$$=59.91（m^3）$$

由此可编制出挖基础土方工程量清单，见表 6-5。

表 6-5　　　　　　　　　　挖基础土方工程量清单

工程名称：某工程

序号	项目编码	项目名称	计量单位	工程数量
1	010101003001	挖基础土方 Ⅱ类土，钢筋混凝土条形基础，素混凝土垫层，宽 1.4 m，长 31.7 m，挖土深 1.35 m，弃土运距 3 km	m³	59.91

学习单元 2　计算地基处理和桩基础工程工程量

知识目标

（1）了解地基处理和桩基础工程的主要内容。

（2）熟悉工程量清单项目设置及工程量计算规则。

（3）掌握工程量计算应注意的问题。

技能目标

（1）通过本单元的学习，能够清楚地基处理和桩基础工程的主要内容。

（2）能够明确工程量计算的注意事项。

基础知识

一、地基处理和桩基础工程的主要内容

地基处理和桩基础工程主要包括地基处理、基坑与边坡支护、打桩和灌注桩，适用于地基与边坡的处理、加固。

二、工程量清单项目设置及工程量计算规则

（一）地基处理（编码：010201）

地基处理工程量清单项目设置及工程量计算规则见表 6-6。

表 6-6　　　　　　　　　　地基处理（编码：010201）

项目编码	项目名称	项目特征	计量单位	工程量计算规则	工程内容
010201001	换填垫层	1.材料种类及配比 2.压实系数 3.掺加剂品种	m³	按设计图示尺寸以体积计算	1.分层铺填 2.碾压、振密或夯实 3.材料运输
010201002	铺设土工合成材料	1.部位 2.品种 3.规格	m²	按设计图示尺寸以体积计算	1.挖填锚固沟 2.铺设 3.固定 4.运输

项目编码	项目名称	项目特征	计量单位	工程量计算规则	工程内容
010201003	预压地基	1.排水竖井种类、断面尺寸、排列方式、间距、深度 2.预压方法 3.预压荷载、时间 4.砂垫层厚度	m²	按设计图示处理范围以面积计算	1.设置排水竖井、盲沟、滤水管 2.铺设砂垫层、密封膜 3.堆载、卸载或抽气设备安拆、抽真空 4.材料运输
010201004	强夯地基	1.夯击能量 2.夯击遍数 3.夯击点布置形式、间距 4.地耐力要求 5.夯填材料种类			1.铺设夯填材料 2.强夯 3.夯填材料运输
010201005	振冲密实（不填料）	1.地层情况 2.振密深度 3.孔距			1.振冲加密 2.泥浆运输
010201006	振冲桩（填料）	1.地层情况 2.空桩长度、桩长 3.桩径 4.填充材料种类	1.m 2.m³	1.以米计量，按设计图示尺寸以桩长计算 2.以立方米计量，按设计桩截面乘以桩长以体积计算	1.振冲成孔、填料、振实 2.材料运输 3.泥浆运输
010201007	砂石桩	1.地层情况 2.空桩长度、桩长 3.桩径 4.成孔方法 5.材料种类、级配		1.以米计量，按设计图示尺寸以桩长（包括桩尖）计算 2.以立方米计量，按设计桩截面乘以桩长（包括桩尖）以体积计算	1.成孔 2.填充、振实 3.材料运输
010201008	水泥粉煤灰碎石桩	1.地层情况 2.空桩长度、桩长 3.桩径 4.成孔方法 5.混合料强度等级	m	按设计图示尺寸以桩长（包括桩尖）计算	1.成孔 2.混合料制作、灌注、养护 3.材料运输
010201009	深层搅拌桩	1.地层情况 2.空桩长度、桩长 3.桩截面尺寸 4.水泥强度等级、掺量		按设计图示尺寸以桩长计算	1.预搅下钻、水泥浆制作、喷浆搅拌提升成桩 2.材料运输

续表

项目编码	项目名称	项目特征	计量单位	工程量计算规则	工程内容
010201010	粉喷桩	1.地层情况 2.空桩长度、桩长 3.桩径 4.粉体种类、掺量 5.水泥强度等级、石灰粉要求	m	按设计图示尺寸以桩长计算	1.预搅下钻、喷粉搅拌提升成桩 2.材料运输
010201011	夯实水泥土桩	1.地层情况 2.空桩长度、桩长 3.桩径 4.成孔方法 5.水泥强度等级 6.混合料配比		按设计图示尺寸以桩长（包括桩尖）计算	1.成孔、夯底 2.水泥土拌和、填料、夯实 3.材料运输
010201012	高压喷射注浆桩	1.地层情况 2.空桩长度、桩长 3.桩截面 4.注浆类型、方法 5.水泥强度等级		按设计图示尺寸以桩长计算	1.成孔 2.水泥浆制作、高压喷射注浆 3.材料运输
010201013	石灰桩	1.地层情况 2.空桩长度、桩长 3.桩径 4.成孔方法 5.掺和料种类、配合比		按设计图示尺寸以桩长（包括桩尖）计算	1.成孔 2.混合料制作、运输、夯填
010201014	灰土（土）挤密桩	1.地层情况 2.空桩长度、桩长 3.桩径 4.成孔方法 5.灰土级配			1.成孔 2.灰土拌和、运输、填充、夯实
010201015	柱锤冲扩桩	1.地层情况 2.空桩长度、桩长 3.桩径 4.成孔方法 5.桩体材料种类、配合比		按设计图示尺寸以桩长计算	1.安、拔套管 2.冲孔、填料、夯实 3.桩体材料制作、运输
010201016	注浆地基	1.地层情况 2.空钻深度、注浆深度 3.注浆间距 4.浆液种类及配比 5.注浆方法 6.水泥强度等级	1.m 2.m³	1.以米计量，按设计图示尺寸以钻孔深度计算 2.以立方米计量，按设计图示尺寸以加固体积计算	1.成孔 2.注浆导管制作、安装 3.浆液制作、压浆 4.材料运输

126

项目编码	项目名称	项目特征	计量单位	工程量计算规则	工程内容
010201017	褥垫层	1.厚度 2.材料品种及比例	1.m² 2.m³	1.以平方米计量，按设计图示尺寸以铺设面积计算 2.以立方米计量，按设计图示尺寸以体积计算	材料拌和、运输、铺设、压实

☼ **小提示**

（1）高压喷射注浆类型包括旋喷、摆喷、定喷，高压喷射注浆方法包括单管法、双重管法、三重管法。

（2）项目特征中的桩长应包括桩尖，空桩长度=孔深−桩长，孔深为自然地面至设计桩底的深度。

（3）复合地基的检测费用按国家相关取费标准单独计算，不在本清单项目中。

（4）如采用泥浆护壁成孔，工作内容包括土方、废泥浆外运，如采用沉管灌注成孔，工作内容包括桩尖制作、安装。

（二）基坑与边坡支护（编码：010202）

基坑与边坡支护工程量清单项目设置及工程量计算规则见表 6-7。

表 6-7　　　　　　　　　　基坑与边坡支护（编码：010202）

项目编码	项目名称	项目特征	计量单位	工程量计算规则	工程内容
010202001	地下连续墙	1.地层情况 2.导墙类型、截面 3.墙体厚度 4.成槽深度 5.混凝土种类、强度等级 6.接头形式	m³	按设计图示墙中心线长乘以厚度乘以槽深以体积计算	1.导墙挖填、制作、安装、拆除 2.挖土成槽、固壁、清底置换 3.混凝土制作、运输、灌注、养护 4.接头处理 5.土方、废泥浆外运 6.打桩场地硬化及泥浆池、泥浆沟
010202002	咬合灌注桩	1.地层情况 2.桩长 3.桩径 4.混凝土种类、强度等级 5.部位	1.m 2.根	1.以米计量，按设计图示尺寸以桩长计算 2.以根计量，按设计图示数量计算	1.成孔、固壁 2.混凝土制作、运输、灌注、养护 3.套管压拔 4.土方、废泥浆外运 5.打桩场地硬化及泥浆池、泥浆沟

项目编码	项目名称	项目特征	计量单位	工程量计算规则	工程内容
010202003	圆木桩	1.地层情况 2.桩长 3.材质 4.尾径 5.桩倾斜度	1.m 2.根	1.以米计量，按设计图示尺寸以桩长（包括桩尖）计算 2.以根计量，按设计图示数量计算	1.工作平台搭拆 2.桩机移位 3.桩靴安装 4.沉桩
010202004	预制钢筋混凝土板桩	1.地层情况 2.送桩深度、桩长 3.桩截面 4.沉桩方法 5.连接方式 6.混凝土强度等级			1.工作平台搭拆 2.桩机移位 3.沉桩 4.板桩连接
010202005	型钢桩	1.地层情况或部位 2.送桩深度、桩长 3.规格型号 4.桩倾斜度 5.防护材料种类 6.是否拔出	1.t 2.根	1.以吨计量，按设计图示尺寸以质量计算 2.以根计量，按设计图示数量计算	1.工作平台搭拆 2.桩机移位 3.打（拔）桩 4.接桩 5.刷防护材料
010202006	钢板桩	1.地层情况 2.桩长 3.板桩厚度	1.t 2.m²	1.以吨计量，按设计图示尺寸以质量计算 2.以平方米计量，按设计图示墙中心线长乘以桩长以面积计算	1.工作平台搭拆 2.桩机移位 3.打拔钢板桩
010202007	锚杆（锚索）	1.地层情况 2.锚杆（索）类型、部位 3.钻孔深度 4.钻孔直径 5.杆体材料品种、规格、数量 6.预应力 7.浆液种类、强度等级	1.m 2.根	1.以米计量，按设计图示尺寸以钻孔深度计算 2.以根计量，按设计图示数量计算	1.钻孔、浆液制作、运输、压浆 2.锚杆（锚索）制作、安装 3.张拉锚固 4.锚杆（锚索）施工平台搭设、拆除

续表

项目编码	项目名称	项目特征	计量单位	工程量计算规则	工程内容
010202008	土钉	1.地层情况 2.钻孔深度 3.钻孔直径 4.置入方法 5.杆体材料品种、规格、数量 6.浆液种类、强度等级	1.m 2.根	1.以米计量，按设计图示尺寸以钻孔深度计算 2.以根计量，按设计图示数量计算	1.钻孔、浆液制作、运输、压浆 2.土钉制作、安装 3.土钉施工平台搭设、拆除
010202009	喷射混凝土、水泥砂浆	1.部位 2.厚度 3.材料种类 4.混凝土（砂浆）类别、强度等级	m²	按设计图示尺寸以面积计算	1.修整边坡 2.混凝土（砂浆）制作、运输、喷射、养护 3.钻排水孔、安装排水管 4.喷射施工平台搭设、拆除
010202010	钢筋混凝土支撑	1.部位 2.混凝土种类 3.混凝土强度等级	m³	按设计图示尺寸以体积计算	1.模板（支架或支撑）制作、安装、拆除、堆放、运输及清理模内杂物、刷隔离剂等 2.混凝土制作、运输、浇筑、振捣、养护
010202011	钢支撑	1.部位 2.钢材品种、规格 3.探伤要求	t	按设计图示尺寸以质量计算。不扣除孔眼质量，焊条、铆钉、螺栓等不另增加质量	1.支撑、铁件制作（摊销、租赁） 2.支撑、铁件安装 3.探伤 4.刷漆 5.拆除 6.运输

☆小提示

1. 其他锚杆是指不施加预应力的土层锚杆和岩石锚杆。置入方法包括钻孔置入、打入或射入等。

2. 基坑与边坡的检测、变形观测等费用按国家相关取费标准单独计算，不在本清单项目中。

（三）打桩（编码：010301）

打桩工程量清单项目设置及工程量计算规则见表6-8。

129

表 6-8　　　　　　　　打桩（编码：010301）

项目编码	项目名称	项目特征	计量单位	工程量计算规则	工程内容
010301001	预制钢筋混凝土方桩	1.地层情况 2.送桩深度、桩长 3.桩截面 4.桩倾斜度 5.沉桩方法 6.接桩方式 7.混凝土强度等级	1.m 2.m³ 3.根	1.以米计量，按设计图示尺寸以桩长（包括桩尖）计算 2.以立方米计量，按设计图示截面积乘以桩长（包括桩尖）以实体积计算 3.以根计量，按设计图示数量计算	1.工作平台搭拆 2.桩机竖拆、移位 3.沉桩 4.接桩 5.送桩
010301002	预制钢筋混凝土管桩	1.地层情况 2.送桩深度、桩长 3.桩外径、壁厚 4.桩倾斜度 5.沉桩方法 6.桩尖类型 7.混凝土强度等级 8.填充材料种类 9.防护材料种类			1.工作平台搭拆 2.桩机竖拆、移位 3.沉桩 4.接桩 5.送桩 6.桩尖制作安装 7.填充材料、刷防护材料
010301003	钢管桩	1.地层情况 2.送桩深度、桩长 3.材质 4.管径、壁厚 5.桩倾斜度 6.沉桩方法 7.填充材料种类 8.防护材料种类	1.t 2.根	1.以吨计量，按设计图示尺寸以质量计算 2.以根计量，按设计图示数量计算	1.工作平台搭拆 2.桩机竖拆、移位 3.沉桩 4.接桩 5.送桩 6.切割钢管、精割盖帽 7.管内取土 8.填充材料、刷防护材料
010301004	截（凿）桩头	1.桩类型 2.桩头截面、高度 3.混凝土强度等级 4.有无钢筋	1.m³ 2.根	1.以立方米计算，按设计桩截面乘以桩头长度以体积计算 2.以根计量，按设计图示数量计算	1.截（切割）桩头 2.凿平 3.废料外运

☆小提示

（1）项目特征中的桩截面、混凝土强度等级、桩类型等可直接用标准图代号或设计桩型进行描述。

（2）打桩项目包括成品桩购置费，如果用现场预制桩，应包括现场预制的所有费用。

（3）打试验桩和打斜桩应按相应项目编码单独列项，并应在项目特征中注明试验桩或斜桩（斜率）。

（4）桩基础的承载力检测、桩身完整性检测等费用按国家相关取费标准单独计算，不在本清单项目中。

（四）灌注桩（编码：010302）

灌注桩工程量清单项目设置及工程量计算规则见表6-9。

表6-9　　　　　　　　　　　灌注桩（编码：010302）

项目编码	项目名称	项目特征	计量单位	工程量计算规则	工程内容
010302001	泥浆护壁成孔灌注桩	1.地层情况 2.空桩长度、桩长 3.桩径 4.成孔方法 5.护筒类型、长度 6.混凝土种类、强度等级	1.m 2.m³ 3.根	1.以米计量，按设计图示尺寸以桩长（包括桩尖）计算 2.以立方米计量，按不同截面在桩上范围内以体积计算 3.以根计量，按设计图示数量计算	1.护筒埋设 2.成孔、固壁 3.混凝土制作、运输、灌注、养护 4.土方、废泥浆外运 5.打桩场地硬化及泥浆池、泥浆沟
010302002	沉管灌注桩	1.地层情况 2.空桩长度、桩长 3.复打长度 4.桩径 5.沉管方法 6.桩尖类型 7.混凝土种类、强度等级			1.打（沉）拔钢管 2.桩尖制作、安装 3.混凝土制作、运输、灌注、养护
010302003	干作业成孔灌注桩	1.地层情况 2.空桩长度、桩长 3.桩径 4.扩孔直径、高度 5.成孔方法 6.混凝土种类、强度等级			1.成孔、护孔 2.混凝土制作、运输、灌注、振捣、养护
010302004	挖孔桩土（石）方	1.地层情况 2.挖孔深度 3.弃土（石）运距	m³	按设计图示尺寸（含护壁）截面积乘以挖孔深度以立方米计算	1.排地表水 2.挖土、凿石 3.基底钎探 4.运输
010302005	人工挖孔灌注桩	1.桩芯长度 2.桩芯直径、扩底直径、扩底高度 3.护壁厚度、高度 4.护壁混凝土种类、强度等级 5.桩芯混凝土种类、强度等级	1.m³ 2.根	1.以立方米计量，按桩芯混凝土体积计算 2.以根计量，按设计图示数量计算	1.护壁制作 2.混凝土制作、运输、灌注、振捣、养护

项目编码	项目名称	项目特征	计量单位	工程量计算规则	工程内容
010302006	钻孔压浆桩	1.地层情况 2.空钻长度、桩长 3.钻孔直径 4.水泥强度等级	1.m 2.根	1.以米计量，按设计图示尺寸以桩长计算 2.以根计量，按设计图示数量计算	钻孔、下注浆管、投放骨料、浆液制作、运输、压浆
010302007	灌注桩后压浆	1.注浆导管材料、规格 2.注浆导管长度 3.单孔注浆量 4.水泥强度等级	孔	按设计图示以注浆孔数量计算	1.注浆导管制作、安装 2.浆液制作、运输、压浆

▌知识链接▐

（1）泥浆护壁成孔灌注桩是指在泥浆护壁条件下成孔，采用水下灌注混凝土的桩。其成孔方法包括冲击钻成孔、冲抓锥成孔、回旋钻成孔、潜水钻成孔、泥浆护壁的旋挖成孔等。

（2）沉管灌注桩的沉管方法包括锤击沉管法、振动沉管法、振动冲击沉管法、内夯沉管法等。

（3）干作业成孔灌注桩是指不用泥浆护壁和套管护壁的情况下，用钻机成孔后，下钢筋笼，灌注混凝土的桩，适用于地下水位以上的土层使用。其成孔方法包括螺旋钻成孔、螺旋钻成孔扩底、干作业的旋挖成孔等。

（4）混凝土种类：指清水混凝土、彩色混凝土、水下混凝土等，如在同一地区既使用预拌（商品）混凝土，又允许现场搅拌混凝土时，也应注意。

📖课堂案例

某桩基工程采用长螺旋钻孔灌注桩100根，桩直径为0.5 m，长为10 m，试计算该钻孔灌注桩工程量。

解：根据公式 $V=\pi R^2$（L+0.25），已知 R=0.5 m，L=10，则

$$V=3.14\times(0.5/2)^2\times(10+0.25)\times100=201.2（m^3）$$

学习单元3　计算砌筑工程工程量

✍知识目标

（1）了解砌筑工程的主要内容。

（2）熟悉工程量清单项目设置及工程量计算规则。

技能目标

（1）通过本单元的学习，能够清楚砌筑工程的主要内容。

（2）能够清楚工程量清单项目的设置及工程量计算规则。

基础知识

一、砌筑工程的主要内容

砌筑工程主要包括砖砌体、砌块砌体、石砌体、垫层，适用于建筑物和构筑物的砌筑工程。

二、工程量清单项目设置及工程量计算规则

（一）砖砌体（编码：010401）

砖砌体工程量清单项目设置及工程量计算规则见表6-10。

表6-10　　　　　　　　　　砖砌体（编码：010401）

项目编码	项目名称	项目特征	计量单位	工程量计算规则	工程内容
010401001	砖基础	1.砖品种、规格、强度等级 2.基础类型 3.砂浆强度等级 4.防潮层材料种类	m³	按设计图示尺寸以体积计算 包括附墙垛基础宽出部分体积，扣除地梁（圈梁）、构造柱所占体积，不扣除基础大放脚T形接头处的重叠部分及嵌入基础内的钢筋、铁件、管道、基础砂浆防潮层和单个面积≤0.3 m² 的孔洞所占体积，靠墙暖气沟的挑檐不增加 基础长度：外墙按外墙中心线，内墙按内墙净长线计算	1.砂浆制作、运输 2.砌砖 3.防潮层铺设 4.材料运输
010401002	砖砌挖孔桩护壁	1.砖品种、规格、强度等级 2.砂浆强度等级		按设计图示尺寸以立方米计算	1.砂浆制作、运输 2.砌砖 3.材料运输

133

项目编码	项目名称	项目特征	计量单位	工程量计算规则	工程内容
010401003	实心砖墙	1.砖品种、规格、强度等级 2.墙体类型 3.砂浆强度等级、配合比		按设计图示尺寸以体积计算 扣除门窗、洞口、嵌入墙内的钢筋混凝土柱、梁、圈梁、挑梁、过梁及凹进墙内的壁龛、管槽、暖气槽、消火栓箱所占体积，不扣除梁头、板头、檩头、垫木、木楞头、沿缘木、木砖、门窗走头、砖墙内加固钢筋、木筋、铁件、钢管及单个面积≤0.3 m² 的孔洞所占的体积。凸出墙面的腰线、挑檐、压顶、窗台线、虎头砖、门窗套的体积亦不增加。凸出墙面的砖垛并入墙体体积内计算 1.墙长度：外墙按中心线、内墙按净长计算 2.墙高度： （1）外墙：斜（坡）屋面无檐口天棚者算至屋面板底；有屋架且室内外均有天棚者算至屋架下弦底另加 200 mm；无天棚者算至屋架下弦底另加 300 mm，出檐宽度超过 600 mm 时按实砌高度计算；与钢筋混凝土楼板隔层者算至板顶。平屋顶算至钢筋混凝土板底 （2）内墙：位于屋架下弦者，算至屋架下弦底；无屋架者算至天棚底另加 100 mm；有钢筋混凝土楼板隔层者算至楼板顶；有框架梁时算至梁底 （3）女儿墙：从屋面板上表面算至女儿墙顶面(如有混凝土压顶时算至压顶下表面） （4）内、外山墙：按其平均高度计算 3.框架间墙：不分内外墙按墙体净尺寸以体积计算 4.围墙：高度算至压顶上表面（如有混凝土压顶时算至压顶下表面），围墙柱并入围墙体积内	1.砂浆制作、运输 2.砌砖 3.刮缝 4.砖压顶砌筑 5.材料运输

项目编码	项目名称	项目特征	计量单位	工程量计算规则	工程内容
010401006	空斗墙	1.砖品种、规格、强度等级 2.墙体类型 3.砂浆强度等级、配合比	m³	按设计图示尺寸以空斗墙外形体积计算。墙角、内外墙交接处、门窗洞口立边、窗台砖、屋檐处的实砌部分体积并入空斗墙体积内	1.砂浆制作、运输 2.砌砖 3.装填充料 4.刮缝 5.材料运输
010401007	空花墙			按设计图示尺寸以空花部分外形体积计算，不扣除空洞部分体积	
010401008	填充墙	1.砖品种、规格、强度等级 2.墙体类型 3.填充材料种类及厚度 4.砂浆强度等级、配合比		按设计图示尺寸以填充墙外形体积计算	
010401009	实心砖柱	1.砖品种、规格、强度等级 2.柱类型 3.砂浆强度等级、配合比		按设计图示尺寸以体积计算。扣除混凝土及钢筋混凝土梁垫、梁头、板头所占体积	1.砂浆制作、运输 2.砌砖 3.刮缝 4.材料运输
010401010	多孔砖柱				
010401011	砖检查井	1.井截面、深度 2.砖品种、规格、强度等级 3.垫层材料种类、厚度 4.底板厚度 5.井盖安装 6.混凝土强度等级 7.砂浆强度等级 8.防潮层材料种类	座	按设计图示数量计算	1.砂浆制作、运输 2.铺设垫层 3.底板混凝土制作、运输、浇筑、振捣、养护 4.砌砖 5.刮缝 6.井池底、壁抹灰 7.抹防潮层 8.材料运输
010401012	零星砌砖	1.零星砌砖名称、部位 2.砖品种、规格、强度等级 3.砂浆强度等级、配合比	1.m³ 2.m² 3.m 4.个	1.以立方米计量，按设计图示尺寸截面积乘以长度计算 2.以平方米计量，按设计图示尺寸水平投影面积计算 3.以米计量，按设计图示尺寸长度计算 4.以个计量，按设计图示数量计算	1.砂浆制作、运输 2.砌砖 3.刮缝 4.材料运输

135

项目编码	项目名称	项目特征	计量单位	工程量计算规则	工程内容
010401013	砖散水、地坪	1.砖品种、规格、强等级 2.垫层材料种类、厚度 3.散水、地坪厚度 4.面层种类、厚度 5.砂浆强度等级	m²	按设计图示尺寸以面积计算	1.土方挖、运、填 2.地基找平、夯实 3.铺设垫层 4.砌砖散水、地坪 5.抹砂浆面层
010401014	砖地沟、明沟	1.砖品种、规格、强度等级 2.沟截面尺寸 3.垫层材料种类、厚度 4.混凝土强度等级 5.砂浆强度等级	m	以米计量，按设计图不以中心线长度计算	1.土方挖、运、填 2.铺设垫层 3.底板混凝土制作、运输、浇筑、振捣、养护 4.砌砖 5.刮缝、抹灰 6.材料运输

136

知识链接

（1）基础与墙（柱）身使用同一种材料时，以设计室内地面为界（有地下室者，以地下室室内设计地面为界），以下为基础，以上为墙（柱）身。基础与墙身使用不同材料时，位于设计室内地面高度≤±300 mm 时，以不同材料为分界线，高度>±300 mm 时，以设计室内地面为分界线。

（2）"砖基础"项目适用于各种类型砖基础：柱基础、墙基础、管道基础等。

（3）砖围墙以设计室外地坪为界，以下为基础，以上为墙身。

（4）框架外表面的镶贴砖部分，按零星项目编码列项。

（5）附墙烟囱、通风道、垃圾道应按设计图示尺寸以体积（扣除孔洞所占体积）计算并入所依附的墙体体积内。

（6）空斗墙的窗间墙、窗台下、楼板下、梁头下等的实砌部分，按零星砌砖项目编码列项。

（7）"空花墙"项目适用于各种类型的空花墙，使用混凝土花格砌筑的空花墙，实砌墙体与混凝土花格应分别计算，混凝土花格按混凝土及钢筋混凝土中预制构件相关项目编码列项。

（8）台阶、台阶挡墙、梯带、锅台、炉灶、蹲台、池槽、池槽腿、砖胎模、花台、花池、楼梯栏板、阳台栏板、地垄墙、≤0.3 m² 的孔洞填塞等，应按零星砌砖项目编码列项。砖砌锅台与炉灶可按外形尺寸以个计算，砖砌台阶可按水平投影面积以平方米计算，小便槽、地垄墙可按长度计算，其他工程按立方米计算。

课堂案例

某房屋建筑基础平面图和剖面图如图 6-3 所示，房屋建筑墙基础大放脚为等高式，内外墙部位的地圈梁截面为 240 mm×240 mm，圈梁底面高程为 −0.30 m。试计算砖基础工程量。

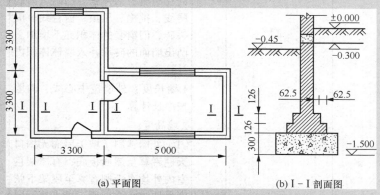

(a) 平面图　　　　　　　(b) I−I 剖面图

6-3　某房屋建筑基础平面图和剖面图

解：从图中可看出，内外墙基础上−0.30 m 处设有圈梁，由题意可知，圈梁截面面积为 240 mm×240 mm，根据计算规则，应扣除其体积。

外墙中心线长 $L_{中} = 3.3×6+5×2 = 29.80$（m）

内墙中心线长 $L_{净} = 3.3−0.24 = 3.06$（m）

查表等高式大放脚二层增加的断面面积为 0.047 25 m²；高度为 0.197 m。

折加后砖基础净高度 = 1.5−0.30（垫层）−0.24（圈梁高）+
0.197（大放脚折加高度）= 1.157（m）

砖基础工程量 = 基础长度×基础墙厚×折加后砖基础净高度
= （29.8+3.06）×0.24×1.157
= 9.12（m³）

（二）砌块砌体（编码：010402）

砌块砌体工程量清单项目设置及工程量计算规则见表 6-11。

表 6-11　　　　　　　　　　砌块砌体（编码：010402）

项目编码	项目名称	项目特征	计量单位	工程量计算规则	工程内容
010402001	砌块墙	1.砌块品种、规格、强度等级 2.墙体类型 3.砂浆强度等级		按设计图示尺寸以体积计算扣除门窗、洞口、嵌入墙内的钢筋混凝土柱、梁、圈梁、挑梁、过梁及凹进墙内的壁龛、管槽、暖气槽、消火栓箱所占体积，不扣除梁头、板头、檩头、垫木、木楞头、沿缘木、木砖、门窗走头、砌块墙内加固钢筋、木筋、	1.砂浆制作、运输 2.砌砖、砌块 3.勾缝 4.材料运输

137

续表

项目编码	项目名称	项目特征	计量单位	工程量计算规则	工程内容
010402001	砌块墙	1.砌块品种、规格、强度等级 2.墙体类型 3.砂浆强度等级	m³	铁件、钢管及单个面积≤0.3 m²的孔洞所占的体积。凸出墙面的腰线、挑檐、压顶、窗台线、虎头砖、门窗套的体积亦不增加。凸出墙面的砖垛并入墙体体积内计算 1.墙长度：外墙按中心线、内墙按净长计算 2.墙高度： （1）外墙：斜（坡）屋面无檐口天棚者算至屋面板底；有屋架且室内外均有天棚者算至屋架下弦底另加200 mm；无天棚者算至屋架下弦底另加300 mm，出檐宽度超过600 mm时按实砌高度计算；与钢筋混凝土楼板隔层者算至板顶；平屋面算至钢筋混凝土板底 （2）内墙：位于屋架下弦者，算至屋架下弦底；无屋架者算至天棚底另加100 mm；有钢筋混凝土楼板隔层者算至楼板顶；有框架梁时算至梁底 （3）女儿墙：从屋面板上表面算至女儿墙顶面（如有混凝土压顶时算至压顶下表面） （4）内、外山墙：按其平均高度计算 3.框架间墙：不分内外墙按墙体净尺寸以体积计算 4.围墙：高度算至压顶上表面（如有混凝土压顶时算至压顶下表面），围墙柱并入围墙体积内	1.砂浆制作、运输 2.砌砖、砌块 3.勾缝 4.材料运输
010402002	砌块柱			按设计图示尺寸以体积计算 扣除混凝土及钢筋混凝土梁垫、梁头、板头所占体积	

138

知识链接

砌块排列应上、下错缝搭砌，如果搭错缝长度满足不了规定的压搭要求，应采取压砌钢筋网片的措施，具体构造要求按设计规定。若设计无规定时，应注明由投标人根据工程实际情况自行考虑。

（三）石砌体（编码：010403）

石砌体工程量清单项目设置及工程量计算规则见表 6-12。

表 6-12　　　　　　　　　　　　石砌体（编码：010403）

项目编码	项目名称	项目特征	计量单位	工程量计算规则	工程内容
010403001	石基础	1.石料种类、规格 2.基础类型 3.砂浆强度等级		按设计图示尺寸以体积计算 包括附墙垛基础宽出部分体积，不扣除基础砂浆防潮层及单个面积≤0.3 m² 的孔洞所占体积，靠墙暖气沟的挑檐不增加体积 基础长度：外墙按中心线，内墙按净长计算	1.砂浆制作、运输 2.吊装 3.砌石 4.防潮层铺设 5.材料运输
010403002	石勒脚			按设计图示尺寸以体积计算，扣除单个面积>0.3 m² 的孔洞所占的体积	
010403003	石墙	1.石料种类、规格 2.石表面加工要求 3.勾缝要求 4.砂浆强度等级、配合比	m³	按设计图示尺寸以体积计算 扣除门窗、洞口、嵌入墙内的钢筋混凝土柱、梁、圈梁、挑梁、过梁及凹进墙内的壁龛、管槽、暖气槽、消火栓箱所占体积，不扣除梁头、板头、檩头、垫木、木楞头、沿缘木、木砖、门窗走头、石墙内加固钢筋、木筋、铁件、钢管及单个面积≤0.3 m² 的孔洞所占的体积。凸出墙面的腰线、挑檐、压顶、窗台线、虎头砖、门窗套的体积亦不增加。凸出墙面的砖垛并入墙体体积内计算 1.墙长度：外墙按中心线、内墙按净长计算 2.墙高度： （1）外墙：斜（坡）屋面无檐口天棚者算至屋面板底；有屋架且室内外均有天棚者算至屋架下弦底另加 200 mm；无天棚者算至屋架下弦底另加 300 mm，出檐宽度超过 600 mm 时按实砌高度计算；有钢筋混凝土楼板隔层者算至板顶；平屋顶算至钢筋混凝土板底	1.砂浆制作、运输 2.吊装 3.砌石 4.石表面加工 5.勾缝 6.材料运输

项目编码	项目名称	项目特征	计量单位	工程量计算规则	工程内容
010403003	石墙			（2）内墙：位于屋架下弦者，算至屋架下弦底；无屋架者算至天棚底另加 100 mm；有钢筋混凝土楼板隔层者算至楼板顶；有框架梁时算至梁底 （3）女儿墙：从屋面板上表面算至女儿墙顶面（如有混凝土压顶时算至压顶下表面） （4）内、外山墙：按其平均高度计算 3.围墙：高度算至压顶上表面（如有混凝土压顶时算至压顶下表面），围墙柱并入围墙体积内	
010403004	石挡土墙			按设计图示尺寸以体积计算	1.砂浆制作、运输 2.吊装 3.砌石 4.变形缝、泄水孔、压顶抹灰 5.滤水层 6.勾缝 7.材料运输
010403005	石柱				1.砂浆制作、运输 2.吊装 3.砌石 4.石表面加工 5.勾缝 6.材料运输
010403006	石栏杆		m	按设计图示以长度计算	
010403007	石护坡	1.垫层材料种类、厚度 2.石料种类、规格 3.护坡厚度、高度 4.石表面加工要求 5.勾缝要求 6.砂浆强度等级、配合比	m³	按设计图示尺寸以体积计算	
010403008	石台阶			按设计图示以水平投影面积计算	1.铺设垫层 2.石料加工 3.砂浆制作、运输 4.砌石 5.石表面加工 6.勾缝 7.材料运输
010403009	石坡道		m²		
010403010	石地沟、明沟	1.沟截面尺寸 2.土壤类别、运距 3.垫层材料种类、厚度 4.石料种类、规格 5.石表面加工要求 6.勾缝要求 7.砂浆强度等级、配合比	m	按设计图示以中心线长度计算	1.土方挖、运 2.砂浆制作、运输 3.铺设垫层 4.砌石 5.石表面加工 6.勾缝 7.回填 8.材料运输

☼小技巧

（1）"石基石山"项目适用于各种规格（粗料石、细料石等）、各种材质（砂石、青石等）和各种类型（柱基、墙基、直形、弧形等）基础。

（2）"石勒脚""石墙"项目适用于各种规格（粗料石、细料石等）、各种材质（砂石、青石、大理石、花岗石等）和各种类型（直形、弧形等）勒脚和墙体。

（3）"石挡土墙"项目适用于各种规格（粗料石、细料石、块石、毛石、卵石等）、各种材质（砂石、青石、石灰石等）和各种类型（直形、弧形、台阶形等）挡土墙。

（4）"石柱"项目适用于各种规格、各种石质、各种类型的石柱。

（5）"石栏杆"项目适用于无雕饰的一般石栏杆。

（6）"石护坡"项目适用于各种石质和各种石料（粗料石、细料石、片石、块石、毛石、卵石等）。

（7）"石台阶"项目包括石梯带（垂带），不包括石梯膀，石梯膀石挡土墙项目编码列项。

（四）垫层（编码：010404）

垫层工程量清单项目设置及工程量计算规则见表6-13。

表6-13　　　　　　　　　垫层（编码：010404）

项目编码	项目名称	项目特征	计量单位	工程量计算规则	工程内容
010404001	垫层	垫层材料种类、配合比、厚度	m³	按设计图示尺寸以立方米计算	1.垫层材料的拌制 2.垫层铺设 3.材料运输

141

学习单元4　计算混凝土及钢筋混凝土工程工程量

📝知识目标

（1）了解混凝土及钢筋混凝土工程的主要内容。

（2）熟悉工程量清单项目设置及工程量计算规则。

📝技能目标

（1）通过本单元的学习，能够清楚混凝土及钢筋混凝土工程的主要内容。

（2）能够清楚工程量清单项目的设置及工程量计算规则。

▶ 基础知识

一、混凝土及钢筋混凝土工程的主要内容

混凝土及钢筋混凝土工程工程量清单项目共16节76个项目，包括现浇混凝土、预制混凝土、钢筋三大部分。

二、工程量清单项目设置及工程量计算规则

（一）现浇混凝土基础（编码：010501）

现浇混凝土基础工程量清单项目设置及工程量计算规则见表6-14。

表6-14　　　　　　　　现浇混凝土基础（编码：010501）

项目编码	项目名称	项目特征	计量单位	工程量计算规则	工程内容
010501001	垫层	1.混凝土种类 2.混凝土强度等级	m³	按设计图示尺寸以体积计算。不扣除伸入承台基础的桩头所占体积	1.模板及支撑制作、安装、拆除、堆放、运输及清理模内杂物、刷隔离剂等 2.混凝土制作、运输、浇筑、振捣、养护
010501002	带形基础				
010501003	独立基础				
010501004	满堂基础				
010501005	桩承台基础				
010501006	设备基础	1.混凝土种类 2.混凝土强度等级 3.灌浆材料及其强度等级			

📖 **课堂案例**

某现浇钢筋混凝土带形基础的尺寸如图6-4所示。混凝土垫层强度等级为C15，混凝土基础强度等级为C20，场外集中搅拌，混凝土车运输，运距为4km。槽底均用电动夯实机夯实。试编制有梁式现浇混凝土带形基础工程量清单。

解：按照图示尺寸和要求，应分下述几步进行。

（1）外墙基础混凝土工程量的计算。

由图可以看出，该基础的中心线与外墙中心线重合，故外墙基础的计算长度可取$L_{中}$，则

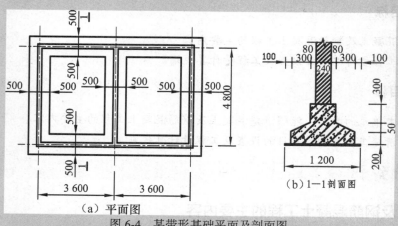

（a）平面图

（b）1—1剖面图

图6-4　某带形基础平面及剖面图

$$外墙基础混凝土工程量 = 基础断面面积 \times L_{中}$$

$$= \left(0.4 \times 0.3 + \frac{0.4+1}{2} \times 0.15 + 1 \times 0.2\right) \times (3.6 \times 2 + 4.8) \times 2 = 0.425 \times 24 = 10.2（m^3）$$

（2）内墙基础混凝土工程量的计算。

$$梁间净长度 =4.8-0.2\times 2=4.4(m)$$

$$斜坡中心线长度 =4.8-\left(0.2+\frac{0.3}{2}\right)\times 2=4.1(m)$$

$$基底净长度 =4.8-0.5\times 2=3.8(m)$$

$$强基础混凝土工程量 =\sum 内墙基础各部分断面面积相应计算长度$$

$$=0.4\times 0.3\times 4.4+\frac{0.4+1}{2}\times 0.15\times 4.1+1\times 0.2\times 3.8$$

$$=0.528+0.43+0.76=1.72（m^3）$$

$$带形基础混凝土工程量 =10.2+1.72=11.92（m^3）$$

（3）带形基础工程量清单的编制见表 6-15。

表 6-15　　　　　　　　　　带形基础工程量清单

工程名称：某工程

序号	项目编码	项目名称	计量单位	工程数量
1	010501002001	带形基础 ① 垫层材料的种类、厚度：C15 混凝土、100 mm 厚 ② 基础形式、材料种类：有梁式混凝土基础 ③ 混凝土强度等级：C20 ④ 混凝土材料要求：场外集中搅拌，运距 4 km	m³	11.92

（二）现浇混凝土柱（编码：010502）

现浇混凝土柱工程量清单项目设置及工程量计算规则见表 6-16。

表 6-16　　　　　　　　　　现浇混凝土柱（编码：010502）

项目编码	项目名称	项目特征	计量单位	工程量计算规则	工程内容
010502001	矩形柱	1.混凝土种类 2.混凝土强度等级	m³	按设计图示尺寸以体积计算柱高 1.有梁板的柱高，应自柱基上表面（或楼板上表面）至上一层楼板上表面之间的高度计算 2.无梁板的柱高，应自柱基上表面（或楼板上表面）至柱帽下表面之间的高度计算 3.框架柱的柱高，应自柱基上表面至柱顶高度计算 4.构造柱按全高计算，嵌接墙体部分（马牙槎）并入柱身体积 5.依附柱上的牛腿和升板的柱帽，并入柱身体积计算	1.模板及支架（撑）制作、安装、拆除、堆放、运输及清理模内杂物、刷隔离剂等 2.混凝土制作、运输、浇筑、振捣、养护
010502002	构造柱				
010502003	异形柱	1.柱形状 2.混凝土种类 3.混凝土强度等级			

☼**小提示**

混凝土类别指清水混凝土、彩色混凝土等,如在同一地区既使用预拌(商品)混凝土,又允许现场搅拌混凝土时,也应注明。

(三)现浇混凝土梁(编码:010503)

现浇混凝土梁工程量清单项目设置及工程量计算规则见表6-17。

表6-17 现浇混凝土梁(编码:010503)

项目编码	项目名称	项目特征	计量单位	工程量计算规则	工程内容
010503001	基础梁			按设计图示尺寸以体积计算。伸入墙内的梁头、梁垫并入梁体积内梁长:	1.模板及支架(撑)制作、安装、拆除、堆放、运输及清理模内杂物、刷隔离剂等
010503002	矩形梁				
010503003	异形梁	1.混凝土种类 2.混凝土强度等级	m³	1.梁与柱连接时,梁长算至柱侧面	
010503004	圈梁			2.主梁与次梁连接时,次梁长算至主梁侧面	2.混凝土制作、运输、浇筑、振捣、养护
010503005	过梁				
010503006	弧形、拱形梁				

(四)现浇混凝土墙(编码:010504)

现浇混凝土墙工程量清单项目设置及工程量计算规则见表6-18。

表6-18 现浇混凝土墙(编码:010504)

项目编码	项目名称	项目特征	计量单位	工程量计算规则	工程内容
010504001	直形墙			按设计图示尺寸以体积计算	1.模板及支架(撑)制作、安装、拆除、堆放、运输及清理模内杂物、刷隔离剂等
010504002	弧形墙	1.混凝土种类 2.混凝土强度等级	m³	扣除门窗洞口及单个面积>0.3 m²的孔洞所占体积,墙垛及突出墙面部分并入墙体体积内计算	
010504003	短肢剪力墙				2.混凝土制作、运输、浇筑、振捣、养护
010504004	挡土墙				

☼**小提示**

短肢剪力墙是指截面厚度不大于300 mm、各肢截面高度与厚度之比的最大值大于4但不大于8的剪力墙;各肢截面高度与厚度之比的最大值不大于4的剪力墙按柱项目编码列项。

(五)现浇混凝土板(编码:010505)

现浇混凝土板工程量清单项目设置及工程量计算规则见表6-19。

表 6-19　　　　　　　　　　现浇混凝土板（编码：010505）

项目编码	项目名称	项目特征	计量单位	工程量计算规则	工程内容
010505001	有梁板	1.混凝土种类 2.混凝土强度等级	m³	按设计图示尺寸以体积计算，不扣除单个面积≤0.3 m² 的柱、垛以及孔洞所占体积，压形钢板混凝土楼板扣除构件内压形钢板所占体积 有梁板（包括主、次梁与板）按梁、板体积之和计算，无梁板按板和柱帽体积之和计算，各类板伸入墙内的板头并入板体积内，薄壳板的肋、基梁并入薄壳体积内计算	1.模板及支架（撑）制作、安装、拆除、堆放、运输及清理模内杂物、刷隔离剂等 2.混凝土制作、运输、浇筑、振捣、养护
010505002	无梁板				
010505003	平板				
010505004	拱板				
010505005	薄壳板				
010505006	栏板				
010505007	天沟（檐沟）、挑檐板			按设计图示尺寸以体积计算	
010505008	雨篷、悬挑板、阳台板			按设计图示尺寸以墙外部分体积计算。包括伸出墙外的牛腿和雨篷反挑檐的体积	
010505009	空心板			按设计图示尺寸以体积计算。空心板（GBF 高强薄壁蜂巢芯板等）应扣除空心部分体积	
010505010	其他板			按设计图示尺寸以体积计算	

☆小技巧

　　现浇挑檐、天沟板、雨篷、阳台与板（包括屋面板、楼板）连接时，以外墙外边线为分界线；与圈梁（包括其他梁）连接时，以梁外边线为分界线。外边线以外为挑檐、天沟、雨篷或阳台。

（六）现浇混凝土楼梯（编码：010506）

现浇混凝土楼梯工程量清单项目设置及工程量计算规则见表 6-20。

表 6-20　　　　　　　　　　现浇混凝土楼梯（编码：010506）

项目编码	项目名称	项目特征	计量单位	工程量计算规则	工程内容
010506001	直形楼梯	1.混凝土种类 2.混凝土强度等级	1.m² 2.m³	1.以平方米计量，按设计图示尺寸以水平投影面积计算。不扣除宽度≤500 mm 的楼梯井，伸入墙内部分不计算 2.以立方米计量，按设计图示尺寸以体积计算	1.模板及支架（撑）制作、安装、拆除、堆放、运输及清理模内杂物、刷隔离剂等 2.混凝土制作、运输、浇筑、振捣、养护

145

整体楼梯（包括直形楼梯、弧形楼梯）水平投影面积包括休息平台、平台梁、斜梁和楼梯的连接梁。当整体楼梯与现浇楼板无梯梁连接时，以楼梯的最后一个踏步边缘加 300 mm 为界。

（七）现浇混凝土其他构件（编码：010507）

现浇混凝土其他构件工程量清单项目设置及工程量计算规则见表6-21。

表6-21 现浇混凝土其他构件（编码：010507）

项目编码	项目名称	项目特征	计量单位	工程量计算规则	工程内容
010507001	散水、坡道	1.垫层材料种类、厚度 2.面层厚度 3.混凝土种类 4.混凝土强度等级 5.变形缝填塞材料种类	m²	按设计图示尺寸以水平投影面积计算。不扣除单个≤0.3 m² 的孔洞所占面积	1.地基夯实 2.铺设垫层 3.模板及支撑制作、安装、拆除、堆放、运输及清理模内杂物、刷隔离剂等 4.混凝土制作、运输、浇筑、振捣、养护 5.变形缝填塞
010507002	室外地坪	1.地坪厚度 2.混凝土强度等级			
010507003	电缆沟、地沟	1.土壤类别 2.沟截面净空尺寸 3.垫层材料种类、厚度 4.混凝土种类 5.混凝土强度等级 6.防护材料种类	m	按设计图示以中心线长度计算	1.挖填、运土石方 2.铺设垫层 3.模板及支撑制作、安装、拆除、堆放、运输及清理模内杂物、刷隔离剂等 4.混凝土制作、运输、浇筑、振捣、养护 5.刷防护材料
010507004	台阶	1.踏步高、宽 2.混凝土种类 3.混凝土强度等级	1.m² 2.m³	1.以平方米计量，按设计图示尺寸水平投影面积计算 2.以立方米计量，按设计图示尺寸以体积计算	1.模板及支撑制作、安装、拆除、堆放、运输及清理模内杂物、刷隔离剂等 2.混凝土制作、运输、浇筑、振捣、养护
010507005	扶手、压顶	1.断面尺寸 2.混凝土种类 3.混凝土强度等级	1.m 2.m³	1.以米计量，按设计图示的中心线延长米计算 2.以立方米计量，按设计图示尺寸以体积计算	1.模板及支架(撑)制作、安装、拆除、堆放、运输及清理模内杂物、刷隔离剂等 2.混凝土制作、运输、浇筑、振捣、养护

项目编码	项目名称	项目特征	计量单位	工程量计算规则	工程内容
010507006	化粪池、检查井	1.部位 2.混凝土强度等级 3.防水、抗渗要求	1.m³ 2.座	1.按设计图示尺寸以体积计算 2.以座计量，按设计图示数量计算	1.模板及支架（撑）制作、安装、拆除、堆放、运输及清理模内杂物、刷隔离剂等 2.混凝土制作、运输、浇筑、振捣、养护
010507007	其他构件	1.构件的类型 2.构件规格 3.部位 4.混凝土种类 5.混凝土强度等级	m³		

☼**小提示**

架空式混凝土台阶，按现浇楼梯计算。

（八）后浇带（编码：010508）

后浇带工程量清单项目设置及工程量计算规则见表6-22。

表6-22　　　　　　　后浇带（编码：010508）

项目编码	项目名称	项目特征	计量单位	工程量计算规则	工程内容
010508001	后浇带	1.混凝土种类 2.混凝土强度等级	m³	按设计图示尺寸以体积计算	1.模板及支架（撑）制作、安装、拆除、堆放、运输及清理模内杂物、刷隔离剂等 2.混凝土制作、运输、浇筑、振捣、养护及混凝土交接面、钢筋等的清理

（九）预制混凝土柱（编码：010509）

预制混凝土柱工程量清单项目设置及工程量计算规则见表6-23。

表6-23　　　　　　　预制混凝土柱（编码：010509）

项目编码	项目名称	项目特征	计量单位	工程量计算规则	工程内容
010509001	矩形柱	1.图代号 2.单件体积 3.安装高度 4.混凝土强度等级 5.砂浆（细石混凝土）强度等级、配合比	1.m³ 2.根	1.以立方米计量，按设计图示尺寸以体积计算 2.以根计量，按设计图示尺寸以数量计算	1.模板及支架（撑）制作、安装、拆除、堆放、运输及清理模内杂物、刷隔离剂等 2.混凝土制作、运输、浇筑、振捣、养护 3.构件运输、安装 4.砂浆制作、运输 5.接头灌缝、养护

（十）预制混凝土梁（编码：010510）

预制混凝土梁工程量清单项目设置及工程量计算规则见表 6-24。

表 6-24   预制混凝土梁（编码：010510）

项目编码	项目名称	项目特征	计量单位	工程量计算规则	工程内容
010510001	矩形梁	1.图代号 2.单件体积 3.安装高度 4.混凝土强度等级 5.砂浆（细石混凝土）强度等级、配合比	1.m³ 2.根	1.以立方米计量，按设计图示尺寸以体积计算 2.以根计量，按设计图示尺寸以数量计算	1.模板制作、安装、拆除、堆放、运输及清理模内杂物、刷隔离剂等 2.混凝土制作、运输、浇筑、振捣、养护 3.构件运输、安装 4.砂浆制作、运输 5.接头灌缝、养护
010510002	异形梁				
010510003	过梁				
010510004	拱形梁				
010510005	鱼腹式吊车梁				
010510006	其他梁				

（十一）预制混凝土屋架（编码：010511）

预制混凝土屋架工程量清单项目设置及工程量计算规则见表 6-25。

表 6-25   预制混凝土屋架（编码：010511）

项目编码	项目名称	项目特征	计量单位	工程量计算规则	工程内容
010511001	折线型	1.图代号 2.单件体积 3.安装高度 4.混凝土强度等级 5.砂浆（细石混凝土）强度等级、配合比	1.m³ 2.榀	1.以立方米计量，按设计图示尺寸以体积计算 2.以榀计量，按设计图示尺寸以数量计算	1.模板制作、安装、拆除、堆放、运输及清理模内杂物、刷隔离剂等 2.混凝土制作、运输、浇筑、振捣、养护 3.构件运输、安装 4.砂浆制作、运输 5.接头灌缝、养护
010511002	组合				
010511003	薄腹				
010511004	门式刚架				
010511005	天窗架				

（十二）预制混凝土板（编码：010512）

预制混凝土板工程量清单项目设置及工程量计算规则见表 6-26。

表 6-26   预制混凝土板（编码：010512）

项目编码	项目名称	项目特征	计量单位	工程量计算规则	工程内容
010512001	平板	1.图代号 2.单件体积 3.安装高度 4.混凝土强度等级 5.砂浆（细石混凝土）强度等级、配合比	1.m³ 2.块	1.以立方米计量，按设计图示尺寸以体积计算。不扣除单个面积≤300 mm×300 mm 的孔洞所占体积，扣除空心板空洞体积 2.以块计量，按设计图示尺寸以数量计算	1.模板制作、安装、拆除、堆放、运输及清理模内杂物、刷隔离剂等 2.混凝土制作、运输、浇筑、振捣、养护
010512002	空心板				
010512003	槽形板				
010512004	网架板				
010512005	折线板				
010512006	带肋板				
010512007	大型板				

项目编码	项目名称	项目特征	计量单位	工程量计算规则	工程内容
010512008	沟盖板、井盖板、井圈	1.单件体积 2.安装高度 3.混凝土强度等级 4.砂浆强度等级、配合比	1.m³ 2.块（套）	1.以立方米计量，按设计图示尺寸以体积计算 2.以块计量，按设计图示尺寸以数量计算	3.构件运输、安装 4.砂浆制作、运输 5.接头灌缝、养护

☼ **小提示**

（1）以块、套计量，必须描述单件体积。

（2）不带肋的预制遮阳板、雨篷板、挑檐板、拦板等，应按表 6-26 中平板项目编码列项。

（3）预制 F 形板、双 T 形板、单肋板和带反挑檐的雨篷板、挑檐板、遮阳板等，应按表 6-26 中带肋板项目编码列项。

（4）预制大型墙板、大型楼板、大型屋面板等，应按表 6-26 中大型板项目编码列项。

（十三）预制混凝土楼梯（编码：010513）

预制混凝土楼梯工程量清单项目设置及工程量计算规则见表 6-27。

表 6-27　　　　　　　　　　预制混凝土楼梯（编码：010513）

项目编码	项目名称	项目特征	计量单位	工程量计算规则	工程内容
010513001	楼梯	1.楼梯类型 2.单件体积 3.混凝土强度等级 4.砂浆（细石混凝土）强度等级	1.m³ 2.段	1.以立方米计量，按设计图示尺寸以体积计算。扣除空心踏步板空洞体积 2.以段计量，按设计图示数量计算	1.模板制作、安装、拆除、堆放、运输及清理模内杂物、刷隔离剂等 2.混凝土制作、运输、浇筑、振捣、养护 3.构件运输、安装 4.砂浆制作、运输 5.接头灌缝、养护

（十四）其他预制构件（编码：010514）

其他预制构件工程量清单项目设置及工程量计算规则见表 6-28。

表 6-28　　　　　　　　　　其他预制构件（编码：010514）

项目编码	项目名称	项目特征	计量单位	工程量计算规则	工程内容
010514001	垃圾道、通风道、烟道	1.单件体积 2.混凝土强度等级 3.砂浆强度等级	1.m³ 2.m² 3.根(块、套)	1.以立方米计量，按设计图示尺寸以体积计算。不扣除单个面积≤300 mm×300 mm的孔洞所占体积，扣除烟道、垃圾道、通风道的孔洞所占体积 2.以平方米计量，按设计图示尺寸以面积计算。不扣除单个面积≤300 mm×300 mm的孔洞所占面积 3.以根计量，按设计图示尺寸以数量计算	1.模板制作、安装、拆除、堆放、运输及清理模内杂物、刷隔离剂等 2.混凝土制作、运输、浇筑、振捣、养护 3.构件运输、安装 4.砂浆制作、运输 5.接头灌缝、养护
010514002	其他构件	1.单件体积 2.构件的类型 3.混凝土强度等级 4.砂浆强度等级			

（十五）钢筋工程（编码：010515）

钢筋工程工程量清单项目设置及工程量计算规则见表 6-29。

表 6-29　　　　　　　　　　钢筋工程（编码：010515）

项目编码	项目名称	项目特征	计量单位	工程量计算规则	工程内容
010515001	现浇构件钢筋				1.钢筋制作、运输 2.钢筋安装 3.焊接（绑扎）
010515002	预制构件钢筋	钢筋种类、规格	t	按设计图示钢筋（网）长度（面积）乘单位理论质量计算	
010515003	钢筋网片				1.钢筋网制作、运输 2.钢筋网安装 3.焊接（绑扎）
010515004	钢筋笼				1.钢筋笼制作、运输 2.钢筋笼安装 3.焊接（绑扎）
010515005	先张法预应力钢筋	1.钢筋种类、规格 2.锚具种类		按设计图示钢筋长度乘单位理论质量计算	1.钢筋制作、运输 2.钢筋张拉

续表

项目编码	项目名称	项目特征	计量单位	工程量计算规则	工程内容
010515006	后张法预应力钢筋			按设计图示钢筋（丝束、绞线）长度乘单位理论质量计算	
010515007	预应力钢丝				
010515008	预应力钢绞线	1.钢筋种类、规格 2.钢丝种类、规格 3.钢绞线种类、规格 4.锚具种类 5.砂浆强度等级	t	1.低合金钢筋两端均采用螺杆锚具时，钢筋长度按孔道长度减 0.35 m 计算，螺杆另行计算 2.低合金钢筋一端采用镦头插片，另一端采用螺杆锚具时，钢筋长度按孔道长度计算，螺杆另行计算 3.低合金钢筋一端采用镦头插片，另一端采用帮条锚具时，钢筋长度增加 0.15 m 计算；两端均采用帮条锚具时，钢筋长度按孔道长度增加 0.3 m 计算 4.低合金钢筋采用后张混凝土自锚时，钢筋长度按孔道长度增加 0.35 m 计算 5.低合金钢筋（钢绞线）采用 JM、XM、QM 型锚具，孔道长度≤20 m 时，钢筋长度增加 1 m 计算，孔道长度>20 m 时，钢筋长度增加 1.8 m 计算 6.碳素钢丝采用锥形锚具，孔道长度≤20 m 时，钢丝束长度按孔道长度增加 1 m 计算，孔道长度>20 m 时，钢丝束长度按孔道长度增加 1.8 m 计算 7.碳素钢丝采用镦头锚具时，钢丝束长度按孔道长度增加 0.35 m 计算	1.钢筋、钢丝、钢绞线制作、运输 2.钢筋、钢丝、钢绞线安装 3.预埋管孔道铺设 4.锚具安装 5.砂浆制作、运输 6.孔道压浆、养护
010515009	支撑钢筋（铁马）	1.钢筋种类 2.规格		按钢筋长度乘单位理论质量计算	钢筋制作、焊接、安装
010515010	声测管	1.材质 2.规格型号		按设计图示尺寸以质量计算	1.检测管截断、封头 2.套管制作、焊接 3.定位、固定

151

☼**小技巧**

　　现浇构件中伸出构件的锚固钢筋应并入钢筋工程量内。除设计（包括规范规定）标明的搭接外，其他施工搭接不计算工程量，在综合单价中综合考虑。

（十六）螺栓、铁件（编码：010516）

螺栓、铁件工程量清单项目设置及工程量计算规则见表6-30。

表 6-30　　　　　　　　　　螺栓、铁件（编码：010516）

项目编码	项目名称	项目特征	计量单位	工程量计算规则	工程内容
010516001	螺栓	1.螺栓种类 2.规格	t	按设计图示尺寸以质量计算	1.螺栓、铁件制作、运输 2.螺栓、铁件安装
010516002	预埋铁件	1.钢材种类 2.规格 3.铁件尺寸			
010516003	机械连接	1.连接方式 2.螺纹套筒种类 3.规格	个	按数量计算	1.钢筋套丝 2.套筒连接

学习单元 5　计算金属结构工程工程量

知识目标

（1）了解金属结构工程的主要内容。

（2）熟悉工程量清单项目设置及工程量计算规则。

技能目标

（1）通过本单元的学习，能够清楚金属结构工程的主要内容。

（2）能够清楚工程量清单项目的设置及工程量计算规则。

 基础知识

一、金属结构工程的主要内容

　　金属结构工程工程量清单共分为7个项目，31个子项，包括钢网架，钢屋架、钢托架、钢桁架、钢架桥，钢柱，钢梁，钢板楼板、墙板，钢构件和金属制品工程的工程量清单项目设置及工程量计算规则，并列出了前9位全国统一编码，适用于建筑物、构筑物的钢结构工程。

二、工程量清单项目设置及工程量计算规则

（一）钢网架（编码：010601）

钢网架工程量清单项目设置及工程量计算规则见表6-31。

表 6-31　　　　　　　钢网架工程（编码：010601）

项目编码	项目名称	项目特征	计量单位	工程量计算规则	工程内容
010601001	钢网架	1.钢材品种、规格 2.网架节点形式、连接方式 3.网架跨度、安装高度 4.探伤要求 5.防火要求	t	按设计图示尺寸以质量计算。不扣除孔眼的质量，焊条、铆钉等不另增加质量	1.拼装 2.安装 3.探伤 4.补刷油漆

（二）钢屋架、钢托架、钢桁架、钢架桥（编码：010602）

钢屋架、钢托架、钢桁架、钢架桥工程量清单项目设置及工程量计算规则见表 6-32。

表 6-32　　　钢屋架、钢托架、钢桁架、钢架桥工程（编码：010602）

项目编码	项目名称	项目特征	计量单位	工程量计算规则	工程内容
010602001	钢屋架	1.钢材品种、规格 2.单榀质量 3.屋架跨度、安装高度 4.螺栓种类 5.探伤要求 6.防火要求	1.榀 2.t	1.以榀计量，按设计图示数量计算 2.以吨计量，按设计图示尺寸以质量计算。不扣除孔眼的质量，焊条、铆钉、螺栓等不另增加质量	1.拼装 2.安装 3.探伤 4.补刷油漆
010602002	钢托架	1.钢材品种、规格 2.单榀质量 3.安装高度 4.螺栓种类 5.探伤要求 6.防火要求	t	按设计图示尺寸以质量计算。不扣除孔眼的质量，焊条、铆钉、螺栓等不另增加质量	
010602003	钢桁架				
010602004	钢架桥	1.桥类型 2.钢材品种、规格 3.单榀质量 4.螺栓种类 5.探伤要求		按设计图示尺寸以质量计算。不扣除孔眼的质量，焊条、铆钉、螺栓等不另增加质量	

153

☆小提示

（1）螺栓种类指普通或高强。

（2）以榀计量，按标准图设计的应注明标准图代号，按非标准图设计的项目特征必须描述单榀屋架的质量。

（三）钢柱（编码：010603）

钢柱工程量清单项目设置及工程量计算规则见表6-33。

表6-33　　　　　　　　　　　　　钢柱工程（编码：010603）

项目编码	项目名称	项目特征	计量单位	工程量计算规则	工程内容
010603001	实腹钢柱	1.柱类型 2.钢材品种、规格 3.单根柱质量 4.螺栓种类 5.探伤要求 6.防火要求	t	按设计图示尺寸以质量计算。不扣除孔眼的质量，焊条、铆钉、螺栓等不另增加质量，依附在钢柱上的牛腿及悬臂梁等并入钢柱工程量内	1.拼装 2.安装 3.探伤 4.补刷油漆
010603002	空腹钢柱				
010603003	钢管柱	1.钢材品种、规格 2.单根柱质量 3.螺栓种类 4.探伤要求 5.防火要求		按设计图示尺寸以质量计算。不扣除孔眼的质量，焊条、铆钉、螺栓等不另增加质量，钢管柱上的节点板、加强环、内衬管、牛腿等并入钢管柱工程量内	

> ☼ 小提示
> （1）实腹钢柱类型指十字、T、L、H形等。
> （2）空腹钢柱类型指箱形、格构等。

（四）钢梁（编码：010604）

钢梁工程量清单项目设置及工程量计算规则见表6-34。

表6-34　　　　　　　　　　　　　钢梁工程（编码：010604）

项目编码	项目名称	项目特征	计量单位	工程量计算规则	工程内容
010604001	钢梁	1.梁类型 2.钢材品种、规格 3.单根质量 4.螺栓种类 5.安装高度 6.探伤要求 7.防火要求	t	按设计图示尺寸以质量计算。不扣除孔眼的质量，焊条、铆钉、螺栓等不另增加质量，制动梁、制动板、制动桁架、车挡并入钢吊车梁工程量内	1.拼装 2.安装 3.探伤 4.补刷油漆
010604002	钢吊车梁	1.钢材品种、规格 2.单根质量 3.螺栓种类 4.安装高度 5.探伤要求 6.防火要求			

（1）螺栓种类指普通或高强。

（2）梁类型指 H、L、T 形、箱形、格构式等。

（3）型钢混凝土梁浇筑钢筋混凝土，其混凝土和钢筋应按规范附录 E 混凝土及钢筋混凝土工程中相关项目编码列项。

（五）钢板楼板、墙板（编码：010605）

钢板楼板、墙板工程量清单项目设置及工程量计算规则见表 6-35。

表 6-35　　　　　　　　钢板楼板、墙板工程（编码：010605）

项目编码	项目名称	项目特征	计量单位	工程量计算规则	工程内容
010605001	钢板楼板	1.钢材品种、规格 2.钢板厚度 3.螺栓种类 4.防火要求	m²	按设计图示尺寸以铺设水平投影面积计算。不扣除单个面积≤0.3 m² 柱、垛及孔洞所占面积	1.拼装 2.安装 3.探伤 4.补刷油漆
010605002	钢板墙板	1.钢材品种、规格 2.钢板厚度、复合板厚度 3.螺栓种类 4.复合板夹芯材料种类、层数、型号、规格 5.防火要求		按设计图示尺寸以铺挂展开面积计算。不扣除单个面积≤0.3 m² 的梁、孔洞所占面积，包角、包边、窗台泛水等不另加面积	

155

（1）螺栓种类指普通或高强。

（2）钢板楼板上浇筑钢筋混凝土，其混凝土和钢筋应按混凝土及钢筋混凝土工程中相关项目编码列项。

（3）压型钢楼板按钢楼板项目编码列项。

（六）钢构件（编码：010606）

钢构件工程量清单项目设置及工程量计算规则见表 6-36。

表 6-36　　　　　　　　钢构件工程（编码：010606）

项目编码	项目名称	项目特征	计量单位	工程量计算规则	工程内容
010606001	钢支撑、钢拉条	1.钢材品种、规格 2.构件类型 3.安装高度 4.螺栓种类 5.探伤要求 6.防火要求	t	按设计图示尺寸以质量计算，不扣除孔眼的质量，焊条、铆钉、螺栓等不另增加质量	1.拼装 2.安装 3.探伤 4.补刷油漆

续表

项目编码	项目名称	项目特征	计量单位	工程量计算规则	工程内容
010606002	钢檩条	1.钢材品种、规格 2.构件类型 3.单根质量 4.安装高度 5.螺栓种类 6.探伤要求 7.防火要求			
010606003	钢天窗架	1.钢材品种、规格 2.单榀质量 3.安装高度 4.螺栓种类 5.探伤要求 6.防火要求		按设计图示尺寸以质量计算，不扣除孔眼的质量，焊条、铆钉、螺栓等不另增加质量	
010606004	钢挡风架	1.钢材品种、规格 2.单榀质量 3.螺栓种类 4.探伤要求 5.防火要求			
010606005	钢墙架				1.拼装 2.安装 3.探伤 4.补刷油漆
010606006	钢平台	1.钢材品种、规格 2.螺栓种类 3.防火要求	t		
010606007	钢走道				
010606008	钢梯	1.钢材品种、规格 2.钢梯形式 3.螺栓种类 4.防火要求			
010606009	钢护栏	1.钢材品种、规格 2.防火要求			
010606010	钢漏斗	1.钢材品种、规格 2.漏斗、天沟形式 3.安装高度 4.探伤要求		按设计图示尺寸以质量计算，不扣除孔眼的质量，焊条、铆钉、螺栓等不另增加质量，依附漏斗或天沟的型钢并入漏斗或天沟工程量内	
010606011	钢板天沟				
010606012	钢支架	1.钢材品种、规格 2.安装高度 3.防火要求		按设计图示尺寸以质量计算，不扣除孔眼的质量，焊条、铆钉、螺栓等不另增加质量	
010606013	零星钢构件	1.构件名称 2.钢材品种、规格			

156

☼小提示

（1）钢支撑、钢拉条类型指单式、复式；钢檩条类型指型钢式、格构式；钢漏斗形式指方形、圆形；天沟形式指矩形沟或半圆形沟。

（2）螺栓种类指普通或高强。

（3）钢墙架项目包括墙架柱、墙架梁和连接杆件。

（4）加工铁件等小型构件，应按零星钢构件项目编码列项。

（七）金属制品（编码：010607）

金属制品工程量清单项目设置及工程量计算规则见表6-37。

表 6-37　　　　　　　　金属制品工程（编码：010607）

项目编码	项目名称	项目特征	计量单位	工程量计算规则	工程内容
010607001	成品空调金属百叶护栏	1.材料品种、规格 2.边框材质	m²	按设计图示尺寸以框外围展开面积计算	1.安装 2.校正 3.预埋铁件及安螺栓
010607002	成品栅栏	1.材料品种、规格 2.边框及立柱型钢品种、规格			1.安装 2.校正 3.预埋铁件 4.安螺栓及金属立柱
010607003	成品雨篷	1.材料品种、规格 2.雨篷宽度 3.晾衣杆品种、规格	1.m 2.m²	1.以米计算，按设计图示接触边以米计算 2.以平方米计量，按设计图示尺寸以展开面积计算	1.安装 2.校正 3.预埋铁件及安螺栓
010607004	金属网栏	1.材料品种、规格 2.边框及立柱型钢品种、规格	m²	按设计图示尺寸以框外围展开面积计算	1.安装 2.校正 3.安螺栓及金属立柱
010607005	砌块墙钢丝网加固	1.材料品种、规格 2.加固方式		按设计图示尺寸以面积计算	1.铺贴 2.铆固
010607006	后浇带金属网				

学习单元6　计算木结构工程和门窗工程工程量

📔知识目标

（1）了解木结构和门窗工程的主要内容。

（2）熟悉工程量清单项目设置及工程量计算规则。

技能目标

（1）通过本单元的学习，能够清楚木结构和门窗工程的主要内容。

（2）能够清楚工程量清单项目的设置及工程量计算规则。

基础知识

一、木结构和门窗工程的主要内容

木结构工程共计 3 个项目，包括木屋架、木构件和屋面木基层，主要适用于建筑物、构筑物的木结构工程。门窗工程包括木门，金属门，金属卷帘（闸）门，厂库房大门，特种门，其他门，木窗，金属窗，门窗套，窗台板和窗帘、窗帘盒、轨 10 个项目，共 55 个子项，适用于建筑物和构筑物的门窗工程。

二、工程量清单项目设置及工程量计算规则

（一）木屋架（编码：010701）

木屋架工程量清单项目设置及工程量计算规则见表 6-38。

表 6-38　　　　　　　　　木屋架工程（编码：010701）

项目编码	项目名称	项目特征	计量单位	工程量计算规则	工程内容
010701001	木屋架	1.跨度 2.材料品种、规格 3.刨光要求 4.拉杆及夹板种类 5.防护材料种类	1.榀 2.m³	1.以榀计量，按设计图示数量计算 2.以立方米计量，按设计图示的规格尺寸以体积计算	1.制作 2.运输 3.安装 4.刷防护材料
010701002	钢木屋架	1.跨度 2.木材品种、规格 3.刨光要求 4.钢材品种、规格 5.防护材料种类	榀	以榀计量，按设计图示数量计算	

✿小提示

（1）屋架的跨度应以上、下弦中心线两交点之间的距离计算。

（2）带气楼的屋架和马尾、折角以及正交部分的半屋架，按相关屋架项目编码列项。

（3）以榀计量，按标准图设计，项目特征必须标注标准图代号。

（二）木构件（编码：010702）

木构件工程量清单项目设置及工程量计算规则见表 6-39。

表 6-39　　　　　　　　　　木构件工程（编码：010702）

项目编码	项目名称	项目特征	计量单位	工程量计算规则	工程内容
010702001	木柱	1.构件规格尺寸 2.木材种类 3.刨光要求 4.防护材料种类	m³	按设计图示尺寸以体积计算	1.制作 2.运输 3.安装 4.刷防护材料
010702002	木梁		1.m³ 2.m	1.以立方米计量，按设计图示尺寸以体积计算 2.以米计量，按设计图示尺寸以长度计算	
010702003	木檩				
010702004	木楼梯	1.楼梯形式 2.木材种类 3.刨光要求 4.防护材料种类	m²	按设计图示尺寸以水平投影面积计算。不扣除宽度≤300 mm的楼梯井，伸入墙内部分不计算	
010702005	其他木构件	1.构件名称 2.构件规格尺寸 3.木材种类 4.刨光要求 5.防护材料种类	1.m³ 2.m	1.以立方米计量，按设计图示尺寸以体积计算 2.以米计量，按设计图示尺寸以长度计算	

（三）屋面木基层（编码：010703）

屋面木基层工程量清单项目设置及工程量计算规则见表 6-40。

表 6-40　　　　　　　　　　屋面木基层工程（编码：010703）

项目编码	项目名称	项目特征	计量单位	工程量计算规则	工程内容
010703001	屋面木基层	1.椽子断面尺寸及椽距 2.望板材料种类、厚度 3.防护材料种类	m²	按设计图示尺寸以斜面积计算 不扣除房上烟囱、风帽底座、风道、小气窗、斜沟等所占面积。小气窗的出檐部分不增加面积	1.椽子制作、安装 2.望板制作、安装 3.顺水条和挂瓦条制作、安装 4.刷防护材料

（四）木门（编码：010801）

木门工程量清单项目设置及工程量计算规则见表 6-41。

表 6-41　　　　　　　　　　木门工程（编码：010801）

项目编码	项目名称	项目特征	计量单位	工程量计算规则	工程内容
010801001	木质门	1.门代号及洞口尺寸 2.镶嵌玻璃品种、厚度	1.樘 2.m²	1.以樘计量，按设计图示数量计算 2.以平方米计量，按设计图示洞口尺寸以面积计算	1.门安装 2.玻璃安装 3.五金安装
010801002	木质门带套				
010801003	木质窗门				
010801004	木质防火门				
010801005	木门框	1.门代号及洞口尺寸 2.框截面尺寸 3.防护材料种类	1.樘 2.m	1.以樘计量，按设计图示数量计算 2.以米计量，按设计图示框的中心线以延长米计算	1.木门框制作、安装 2.运输 3.刷防护材料
010801006	门锁安装	1.锁品种 2.锁规格	个（套）	按设计图示数量计算	安装

☆**小提示**

　　木质门应区分镶板木门、企口木板门、实木装饰门、胶合板门、夹板装饰门、木纱门、全玻门（带木质扇框）、木质半玻门（带木质扇框）等项目，分别编码列项。

　　木门五金应包括折页、插销、门碰珠、弓背拉手、搭机、木螺丝、弹簧折页（自动门）、管子拉手（自由门、地弹门）、地弹簧（地弹门）、角铁、门轴头（地弹门、自由门）等。

（五）金属门（编码：010802）

金属门工程量清单项目设置及工程量计算规则见表6-42。

表6-42　　　　　　　　　　　金属门工程（编码：010802）

项目编码	项目名称	项目特征	计量单位	工程量计算规则	工程内容
010802001	金属（塑钢）门	1.门代号及洞口尺寸 2.门框或扇外围尺寸 3.门框、扇材质 4.玻璃品种、厚度	1.樘 2.m²	1.以樘计量，按设计图示数量计算 2.以平方米计量，按设计图示洞口尺寸以面积计算	1.门安装 2.五金安装 3.玻璃安装
010802002	彩板门	1.门代号及洞口尺寸 2.门框或扇外围尺寸			
010802003	钢质防火门	1.门代号及洞口尺寸 2.门框或扇外围尺寸			
010802004	防盗门	1.门代号及洞口尺寸 2.门框或扇外围尺寸 3.门框、扇材质			1.门安装 2.五金安装

☆**小提示**

　　金属门应区分金属平开门、金属推拉门、金属地弹门、全玻门（带金属扇框）、金属半玻门（带扇框）等项目，分别编码列项。

▌知识链接▐

　　（1）铝合金门五金包括地弹簧、门锁、拉手、门插、门铰、螺丝等。

　　（2）金属门五金包括L型执手插锁（双舌）、执手锁（单舌）、门轴头、地锁、防盗门机、门眼（猫眼）、门碰珠、电子锁（磁卡锁）、闭门器、装饰拉手等。

（六）金属卷帘（闸）门（编码：010803）

金属卷帘（闸）门工程量清单项目设置及工程量计算规则见表6-43。

表6-43　　　　　　　　　　金属卷帘（闸）门工程（编码：010803）

项目编码	项目名称	项目特征	计量单位	工程量计算规则	工程内容
010803001	金属卷帘（闸）门	1.门代号及洞口尺寸 2.门材质 3.启动装置品种、规格	1.樘 2.m²	1.以樘计量，按设计图示数量计算 2.以平方米计量，按设计图示洞口尺寸以面积计算	1.门运输、安装 2.启动装置、活动小门、五金安装

（七）厂库房大门、特种门（编码：010804）

厂库房大门、特种门工程量清单项目设置及工程量计算规则见表6-44。

表6-44　　　　　厂库房大门、特种门工程（编码：010804）

项目编码	项目名称	项目特征	计量单位	工程量计算规则	工程内容
010804001	木板大门	1.门代号及洞口尺寸 2.门框或扇外围尺寸 3.门框、扇材质 4.五金种类、规格 5.防护材料种类	1.樘 2.m²	1.以樘计量，按设计图示数量计算 2.以平方米计量，按设计图示洞口尺寸以面积计算	1.门（骨架制作、运输 2.门、五金配件安装 3.刷防护材料
010804002	钢木大门				
010804003	全钢板大门				
010804004	防护铁丝门			1.以樘计量，按设计图示数量计算 2.以平方米计量，按设计图示门框或扇以面积计算	
010804005	金属格栅门	1.门代号及洞口尺寸 2.门框或扇外围尺寸 3.门框、扇材质 4.启动装置的品种、规格		1.以樘计量，按设计图示数量计算 2.以平方米计量，按设计图示洞口尺寸以面积计算	1.门安装 2.启动装置、五金配件安装
010804006	钢板花饰大门	1.门代号及洞口尺寸 2.门框或扇外围尺寸 3.门框、扇材质		1.以樘计量，按设计图示数量计算 2.以平方米计量，按设计图示门框或扇以面积计算	1.门安装 2.五金配件安装
010804007	特种门			1.以樘计量，按设计图示数量计算 2.以平方米计量，按设计图示洞口尺寸以面积计算	

☼**小提示**

（1）特种门应区分冷藏门、冷冻间门、保温门、变电室门、隔音门、防射线门、人防门、金库门等项目，分别编码列项。

（2）以樘计量，项目特征必须描述洞口尺寸，没有洞口尺寸必须描述门框或扇外围尺寸；以平方米计量，项目特征可不描述洞口尺寸及框、扇的外围尺寸。

（3）以平方米计量，无设计图示洞口尺寸，按门框、扇外围以面积计算。

（4）门开启方式指推拉或平开。

（八）其他门（编码：010805）

其他门工程量清单项目设置及工程量计算规则见表6-45。

表 6-45　　　　　　　　　　其他门工程（编码：010805）

项目编码	项目名称	项目特征	计量单位	工程量计算规则	工程内容
010805001	电子感应门	1.门代号及洞口尺寸 2.门框或扇外围尺寸 3.门框、扇材质 4.玻璃品种、厚度 5.启动装置的品种、规格 6.电子配件品种、规格	1.樘 2.m²	1.以樘计量，按设计图示数量计算 2.以平方米计量，按设计图示洞口尺寸以面积计算	1.门安装 2.启动装置、五金、电子配件安装
010805002	旋转门				
010805003	电子对讲门	1.门代号及洞口尺寸 2.门框或扇外围尺寸 3.门材质 4.玻璃品种、厚度 5.启动装置的品种、规格 6.电子配件品种、规格			
010805004	电动伸缩门				
010805005	全玻自由门	1.门代号及洞口尺寸 2.门框或扇外围尺寸 3.框材质 4.玻璃品种、厚度			1.门安装 2.五金安装
010805006	镜面不锈钢饰面门	1.门代号及洞口尺寸 2.门框或扇外围尺寸 3.框、扇材质 4.玻璃品种、厚度			
010805007	复合材料门				

（九）木窗（编码：010806）

木窗工程量清单项目设置及工程量计算规则见表 6-46。

表 6-46　　　　　　　　　　木窗工程（编码：010806）

项目编码	项目名称	项目特征	计量单位	工程量计算规则	工程内容
010806001	木质窗	1.窗代号及洞口尺寸 2.玻璃品种、厚度	1.樘 2.m²	1.以樘计量，按设计图示数量计算 2.以平方米计量，按设计图示洞口尺寸以面积计算	1.窗安装 2.五金、玻璃安装
010806002	木飘（凸）窗				
010806003	木橱窗	1.窗代号 2.框截面及外围展开面积 3.玻璃品种、厚度 4.防护材料种类		1.以樘计量，按设计图示数量计算 2.以平方米计量，按设计图示尺寸以框外围展开面积计算	1.窗制作、运输、安装 2.五金、玻璃安装 3.刷防护材料
010806004	木纱窗	1.窗代号及框的外围尺寸 2.窗纱材料品种、规格		1.以樘计量，按设计图示数量计算 2.以平方米计量，按框的外围尺寸以面积计算	1.窗安装 2.五金安装

☼小提示

（1）木质窗应区分木百叶窗、木组合窗、木天窗、木固定窗、木装饰空花窗等项目，分别编码列项。

（2）木窗五金包括折页、插销、风钩、木螺丝、滑轮滑轨（推拉窗）等。

（3）以樘计量，项目特征必须描述洞口尺寸，没有洞口尺寸必须描述窗框外围尺寸；以平方米计量，项目特征可不描述洞口尺寸及框的外围尺寸。

（4）以平方米计量，无设计图示洞口尺寸，按窗框外围以面积计算。

（5）木橱窗、木飘（凸）窗以樘计量，项目特征必须描述框截面及外围展开面积。

（6）窗开启方式指平开、推拉、上或中悬。

（7）窗形状指矩形或异形。

📖课堂案例

某工程的木门，木质为红松，一类薄板。其设计洞口尺寸为 1 300 mm×2 700 mm，共计 6 樘。依据工程量计算规则计算木门工程量。

解：由计算规则得

木门工程量=6 樘 或 木门工程量=1.3×2.7×6=21.06（m²）

（十）金属窗（编码：010807）

金属窗工程量清单项目设置及工程量计算规则见表6-47。

表 6-47　　　　　　　　　　金属窗工程（编码：010807）

项目编码	项目名称	项目特征	计量单位	工程量计算规则	工程内容
010807001	金属（塑钢、断桥）窗	1.窗代号及洞口尺寸 2.框、扇材质 3.玻璃品种、厚度		1.以樘计量，按设计图示数量计算 2.以平方米计量，按设计图示洞口尺寸以面积计算	1.窗安装 2.五金、玻璃安装
010807002	金属防火窗				
010807003	金属百叶窗				
010807004	金属纱窗	1.窗代号及框的外围尺寸 2.框材质 3.窗纱材料品种、规格	1.樘 2.m²	1.以樘计量，按设计图示数量计算 2.以平方米计量，按框的外围尺寸以面积计算	1.窗安装 2.五金安装
010807005	金属格栅窗	1.窗代号及洞口尺寸 2.框外围尺寸 3.框、扇材质		1.以樘计量，按设计图示数量计算 2.以平方米计量，按设计图示洞口尺寸以面积计算	

项目编码	项目名称	项目特征	计量单位	工程量计算规则	工程内容
010807006	金属（塑钢、断桥）橱窗	1.窗代号 2.框外围展开面积 3.框、扇材质 4.玻璃品种、厚度 5.防护材料种类	1.樘 2.m²	1.以樘计量，按设计图示数量计算 2.以平方米计量，按设计图示尺寸以框外围展开面积计算	1.窗制作、运输、安装 2.五金、玻璃安装 3.刷防护材料
010807007	金属（塑钢、断桥）飘（凸）窗	1.窗代号 2.框外围展开面积 3.框、扇材质 4.玻璃品种、厚度			1.窗安装 2.五金、玻璃安装
010807008	彩板窗	1.窗代号及洞口尺寸 2.框外围尺寸 3.框、扇材质 4.玻璃品种、厚度		1.以樘计量，按设计图示数量计算 2.以平方米计量，按设计图示洞口尺寸或框外围以面积计算	
010807009	复合材料窗				

☼**小提示**

（1）金属窗应区分金属组合窗、防盗窗等项目，分别编码列项。金属窗五金包括折页、螺丝、执手、卡锁、铰拉、风撑、滑轮、滑轨、拉把、拉手、角码、牛角制等。

（2）以樘计量，项目特征必须描述洞口尺寸，没有洞口尺寸必须描述窗框外围尺寸；以平方米计量，项目特征可不描述洞口尺寸及框的外围尺寸。

（3）以平方米计量，无设计图示洞口尺寸，按窗框外围以面积计算。

（4）金属橱窗、飘（凸）窗以樘计量，项目特征必须描述框外围展开面积。

（十一）门窗套（编码：010808）

门窗套工程量清单项目设置及工程量计算规则见表6-48。

表6-48　　　　　　　　　门窗套工程（编码：010808）

项目编码	项目名称	项目特征	计量单位	工程量计算规则	工程内容
010808001	木门窗套	1.窗代号及洞口尺寸 2.门窗套展开宽度 3.基层材料种类 4.面层材料品种、规格 5.线条品种、规格 6.防护材料种类	1.樘 2.m² 3.m	1.以樘计量，按设计图示数量计算 2.以平方米计量，按设计图示尺寸以展开面积计算 3.以米计量，按设计图示中心以延长米计算	1.清理基层 2.立筋制作、安装 3.基层板安装 4.面层铺贴 5.线条安装 6.刷防护材料

续表

项目编码	项目名称	项目特征	计量单位	工程量计算规则	工程内容
010808002	木筒子板	1.筒子板宽度 2.基层材料种类 3.面层材料品种、规格 4.线条品种、规格 5.防护材料种类	1.樘 2.m² 3.m	1.以樘计量，按设计图示数量计算 2.以平方米计量，按设计图示尺寸以展开面积计算 3.以米计量，按设计图示中心以延长米计算	1.清理基层 2.立筋制作、安装 3.基层板安装 4.面层铺贴 5.线条安装 6.刷防护材料
010808003	饰面夹板筒子板				
010808004	金属门窗套	1.窗代号及洞口尺寸 2.门窗套展开宽度 3.基层材料种类 4.面层材料品种、规格 5.防护材料种类			1.清理基层 2.立筋制作、安装 3.基层板安装 4.面层铺贴 5.刷防护材料
010808005	石材门窗套	1.窗代号及洞口尺寸 2.门窗套展开宽度 3.黏结层厚度、砂浆配合比 4.面层材料品种、规格 5.线条品种、规格			1.清理基层 2.立筋制作、安装 3.基层抹灰 4.面层铺贴 5.线条安装
010808006	门窗木贴脸	1.门窗代号及洞口尺寸 2.贴脸板宽度 3.防护材料种类	1.樘 2.m	1.以樘计量，按设计图示数量计算 2.以米计量，按设计图示尺寸以延长米计算	安装
010808007	成品木门窗套	1.门窗代号及洞口尺寸 2.门窗套展开宽度 3.门窗套材料品种、规格	1.樘 2.m² 3.m	1.以樘计量，按设计图示数量计算 2.以平方米计量，按设计图示尺寸以展开面积计算 3.以米计量，按设计图示中心以延长米计算	1.清理基层 2.立筋制作、安装 3.板安装

（十二）窗台板（编码：010809）

窗台板工程量清单项目设置及工程量计算规则见表6-49。

表6-49　　　　　　　　窗台板工程（编码：010809）

项目编码	项目名称	项目特征	计量单位	工程量计算规则	工程内容
010809001	木窗台板	1.基层材料种类 2.窗台面板材质、规格、颜色 3.防护材料种类	m²	按设计图示尺寸以展开面积计算	1.基层清理 2.基层制作、安装 3.窗台板制作、安装 4.刷防护材料
010809002	铝塑窗台板				
010809003	金属窗台板				

项目编码	项目名称	项目特征	计量单位	工程量计算规则	工程内容
010809004	石材窗台板	1.黏结层厚度、砂浆配合比 2.窗台板材质、规格、颜色	m²	按设计图示尺寸以展开面积计算	1.基层清理 2.抹找平层 3.窗台板制作、安装

（十三）窗帘、窗帘盒、轨（编码：010810）

窗帘、窗帘盒、轨工程量清单项目设置及工程量计算规则见表6-50。

表6-50　　　　　　窗帘、窗帘盒、轨工程（编码：010810）

项目编码	项目名称	项目特征	计量单位	工程量计算规则	工程内容
010810001	窗帘	1.窗帘材质 2.窗帘高度、宽度 3.窗帘层数 4.带幔要求	1.m 2.m²	1.以米计量，按设计图示尺寸以成活后长度计算 2.以平方米计量，按图示尺寸以成活后展开面积计算	1.制作、运输 2.安装
010810002	木窗帘盒	1.窗帘盒材质、规格 2.防护材料种类	m	按设计图示尺寸以长度计算	1.制作、运输、安装 2.刷防护材料
010810003	饰面夹板、塑料窗帘盒				
010810004	铝合金窗帘盒				
010810005	窗帘轨	1.窗帘轨材质、规格 2.轨的数量 3.防护材料种类			

三、檩木工程量计算常用公式

檩木工程量按竣工木料以体积（m³）计算。简支檩长度按设计规定计算，如设计无规定者，按屋架或山墙中距增加200 mm计算，如两端出山，檩条长度算至博风板。连续檩条的长度按设计长度计算，其接头长度按全部连续檩木总体积的5%计算。

檩木工程量的计算公式可表示如下。

（一）方木檩条

$$V_L = \sum_{i=1}^{n} a_i \times b_i \times l_i \qquad (6-1)$$

式中，V_L——方木檩条的体积，m³；

a_i, b_i——第i根檩木断面的双向尺寸，m；

l_i——第i根檩木的计算长度，m；

n——檩木的根数。

（二）圆木檩条

$$V_L = \sum_{i=1}^{n} V_i$$

式中，V_i——单根圆檩木的体积，m^3。

（1）设计规定原圆木小头直径时，可按小头直径、檩木长度由下列公式计算。

杉原木材积计算公式为

$$V = 7.854 \times 10^{-5} \times \left[(0.026L+1)D^2 + (0.37L+1)D + 10(L-3) \right] \times L$$

式中，V——杉原木材积，m^3；

　　　L——杉原木材长，m；

　　　D——杉原木小头直径，cm。

单根圆木（除杉原木）材积计算公式为

$$V_i = L \times 10^{-4} \left[(0.003\,895L + 0.898\,2)D^2 + (0.39L - 1.219)D + (0.579\,6L + 3.067) \right]$$

式中，V_i——单根圆木（除杉原木）材积，m^3；

　　　L——圆木长度，m；

　　　D——圆木小头直径，cm。

（2）设计规定大、小头直径时，取平均断面积乘以计算长度，即

$$V_i = \frac{\pi}{4} D^2 L = 7.854 \times 10^{-5} \times D^2 L$$

167

式中，V_i——单根原木材积，m^3；

　　　L——圆木长度，m；

　　　D——圆木平均直径，cm。

学习单元 7　计算屋面及防水工程工程量

知识目标

（1）了解屋面及防水工程的主要内容。

（2）熟悉工程量清单项目设置及工程量计算规则。

技能目标

（1）通过本单元的学习，能够清楚屋面及防水工程的主要内容。

（2）能够清楚工程量清单项目的设置及工程量计算规则。

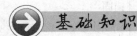

基础知识

一、屋面及防水工程的主要内容

屋面及防水工程分为 4 个项目，21 个子项，包括瓦、型材及其他屋面，屋面防水及其他，墙面防水、防潮，楼（地）面防水、防潮，适用于建筑物屋面工程。

> **☆小提示**
>
> 　　变形缝项目指的是建筑物和构筑物变形缝的填缝、盖缝和止水等，按变形缝部位和材料分项。

二、工程量清单项目设置及工程量计算规则

（一）瓦、型材及其他屋面（编码：010901）

　　瓦、型材及其他屋面工程量清单项目设置及工程量计算规则见表6-51。

表6-51　　　　　　　　　　瓦、型材及其他屋面工程（编码：010901）

项目编码	项目名称	项目特征	计量单位	工程量计算规则	工程内容
010901001	瓦屋面	1.瓦品种、规格 2.黏结层砂浆的配合比		按设计图示尺寸以斜面积计算 不扣除房上烟囱、风帽底座、风道、小气窗、斜沟等所占面积。小气窗的出檐部分不增加面积	1.砂浆制作、运输、摊铺、养护 2.安瓦、作瓦脊
010901002	型材屋面	1.型材品种、规格 2.金属檩条材料品种、规格 3.接缝、嵌缝材料种类			1.檩条制作、运输、安装 2.屋面型材安装 3.接缝、嵌缝
010901003	阳光板屋面	1.阳光板品种、规格 2.骨架材料品种、规格 3.接缝、嵌缝材料种类 4.油漆品种、刷漆遍数	m²	按设计图示尺寸以斜面积计算 不扣除屋面面积≤0.3 m²孔洞所占面积	1.骨架制作、运输、安装、刷防护材料、油漆 2.阳光板安装 3.接缝、嵌缝
010901004	玻璃钢屋面	1.玻璃钢品种、规格 2.骨架材料品种、规格 3.玻璃钢固定方式 4.接缝、嵌缝材料种类 5.油漆品种、刷漆遍数			1.骨架制作、运输、安装、刷防护材料、油漆 2.玻璃钢制作、安装 3.接缝、嵌缝
010901005	膜结构屋面	1.膜布品种、规格 2.支柱（网架）钢材品种、规格 3.钢丝绳品种、规格 4.锚固基座做法 5.油漆品种、刷漆遍数		按设计图示尺寸以需要覆盖的水平投影面积计算	1.膜布热压胶接 2.支柱（网架）制作、安装 3.膜布安装 4.穿钢丝绳、锚头锚固 5.锚固基座、挖土、回填 6.刷防护材料，油漆

（二）屋面防水及其他（编码：010902）

屋面防水及其他工程量清单项目设置及工程量计算规则见表 6-52。

表 6-52　　　　　　　　　屋面防水及其他工程（编码：010902）

项目编码	项目名称	项目特征	计量单位	工程量计算规则	工程内容
010902001	屋面卷材防水	1.卷材品种、规格、厚度 2.防水层数 3.防水层做法按设计图示尺寸以面积计算	m²	按设计图示尺寸以面积计算 1.斜屋顶（不包括平屋顶找坡）按斜面积计算，平屋顶按水平投影面积计算 2.不扣除房上烟囱、风帽底座、风道、屋面小气窗和斜沟所占面积 3.屋面的女儿墙、伸缩缝和天窗等处的弯起部分，并入屋面工程量内	1.基层处理 2.刷底油 3.铺油毡卷材、接缝
010902002	屋面涂膜防水	1.防水膜品种 2.涂膜厚度、遍数 3.增强材料种类			1.基层处理 2.刷基层处理剂 3.铺布、喷涂防水层
010902003	屋面刚性层	1.刚性层厚度 2.混凝土种类 3.混凝土强度等级 4.嵌缝材料种类 5.钢筋规格、型号		按设计图示尺寸以面积计算。不扣除房上烟囱、风帽底座、风道等所占面积	1.基层处理 2.混凝土制作、运输、铺筑、养护 3.钢筋制作、安装
010902004	屋面排水管	1.排水管品种、规格 2.雨水斗、山墙出水口品种、规格 3.接缝、嵌缝材料种类 4.油漆品种、刷漆遍数	m	按设计图示尺寸以长度计算。如设计未标注尺寸，以檐口至设计室外散水上表面垂直距离计算	1.排水管及配件安装、固定 2.雨水斗、山墙出水口、雨水算子安装 3.接缝、嵌缝 4.刷漆
010902005	屋面排（透）气管	1.排（透）气管品种、规格 2.接缝、嵌缝材料种类 3.油漆品种、刷漆遍数		按设计图示尺寸以长度计算	1.排（透）气管及配件安装、固定 2.铁件制作、安装 3.接缝、嵌缝 4.刷漆

项目编码	项目名称	项目特征	计量单位	工程量计算规则	工程内容
010902006	屋面（廊、阳台）泄（吐）水管	1.吐水管品种、规格 2.接缝、嵌缝材料种类 3.吐水管长度 4.油漆品种、刷漆遍数	根（个）	按设计图示数量计算	1.水管及配件安装、固定 2.接缝、嵌缝 3.刷漆
010902007	屋面天沟、檐沟	1.材料品种、规格 2.接缝、嵌缝材料种类	m²	按设计图示尺寸以展开面积计算	1.天沟材料铺设 2.天沟配件安装 3.接缝、嵌缝 4.刷防护材料
010902008	屋面变形缝	1.嵌缝材料种类 2.止水带材料种类 3.盖缝材料 4.防护材料种类	m	按设计图示以长度计算	1.清缝 2.填塞防水材料 3.止水带安装 4.盖缝制作、安装 5.刷防护材料

☀ **小提示**

（1）屋面刚性层防水，按屋面卷材防水、屋面涂膜防水项目编码列项；屋面刚性层无钢筋，其钢筋项目特征不必描述。

（2）屋面找平层按规范附录K楼地面装饰工程"平面砂浆找平层"项目编码列项。

（3）屋面防水搭接及附加层用量不另行计算，在综合单价中考虑。

（三）墙面防水、防潮（编码：010903）

墙面防水、防潮工程量清单项目设置及工程量计算规则见表6-53。

表6-53　　　　　　　　墙面防水、防潮工程（编码：010903）

项目编码	项目名称	项目特征	计量单位	工程量计算规则	工程内容
010903001	墙面卷材防水	1.卷材品种、规格、厚度 2.防水层数 3.防水层做法	m²	按设计图示尺寸以面积计算	1.基层处理 2.刷黏结剂 3.铺防水卷材 4.接缝、嵌缝

续表

项目编码	项目名称	项目特征	计量单位	工程量计算规则	工程内容
010903002	墙面涂膜防水	1.防水膜品种 2.涂膜厚度、遍数 3.增强材料种类	m²	按设计图示尺寸以面积计算	1.基层处理 2.刷基层处理剂 3.铺布、喷涂防水层
010903003	墙面砂浆防水（防潮）	1.防水层做法 2.砂浆厚度、配合比 3.钢丝网规格			1.基层处理 2.挂钢丝网片 3.设置分格缝 4.砂浆制作、运输、摊铺、养护
010903004	墙面变形缝	1.嵌缝材料种类 2.止水带材料种类 3.盖缝材料 4.防护材料种类	m	按设计图示以长度计算	1.清缝 2.填塞防水材料 3.止水带安装 4.盖缝制作、安装 5.刷防护材料

☆**小提示**

（1）墙面防水搭接及附加层用量不另行计算，在综合单价中考虑。

（2）墙面变形缝，若做双面，工程量乘系数2。

（3）墙面找平层按规范附录L墙、柱面装饰与隔断工程"立面砂浆找平层"项目编码列项。

171

（四）楼（地）面防水、防潮（编码：010904）

楼（地）面防水、防潮工程量清单项目设置及工程量计算规则见表6-54。

表6-54　　　　　　　　楼（地）面防水、防潮工程（编码：010904）

项目编码	项目名称	项目特征	计量单位	工程量计算规则	工程内容
010904001	楼（地）面卷材防水	1.卷材品种、规格、厚度 2.防水层数 3.防水层做法 4.反边高度	m²	按设计图示尺寸以面积计算 1.楼（地）面防水：按主墙间净空面积计算，扣除凸出地面的构筑物、设备基础等所占面积，不扣除间壁墙及单个面积≤0.3 m²柱、垛、烟囱和孔洞所占面积 2.楼（地）面防水反边高度≤300 mm算作地面防水，反边高度>300 mm按墙面防水计算	1.基层处理 2.刷黏结剂 3.铺防水卷材 4.接缝、嵌缝
010904002	楼（地）面涂膜防水	1.防水膜品种 2.涂膜厚度、遍数 3.增强材料种类 4.反边高度			1.基层处理 2.刷基层处理剂 3.铺布、喷涂防水层
010904003	楼（地）面砂浆防水（防潮）	1.防水层做法 2.砂浆厚度、配合比 3.反边高度			1.基层处理 2.砂浆制作、运输、摊铺、养护

项目编码	项目名称	项目特征	计量单位	工程量计算规则	工程内容
010904004	楼（地）面变形缝	1.嵌缝材料种类 2.止水带材料种类 3.盖缝材料 4.防护材料种类	m	按设计图示以长度计算	1.清缝 2.填塞防水材料 3.止水带安装 4.盖缝制作、安装 5.刷防护材料

学习单元 8　计算保温、隔热、防腐工程工程量

知识目标

（1）了解保温、隔热、防腐工程的主要内容。

（2）熟悉工程量清单项目设置及工程量计算规则。

技能目标

（1）通过本单元的学习，能够清楚保温、隔热、防腐工程的主要内容。

（2）能够清楚工程量清单项目的设置及工程量计算规则。

基础知识

　　酸、碱、盐及有机溶液等介质的作用，使得各类建筑材料产生不同程度的物理和化学破坏，常称为腐蚀。腐蚀的过程往往比较缓慢，短期不显其后果，而一旦造成危害则相当严重。因此，对于有腐蚀介质的工程，防腐对工程正常使用和延长使用寿命具有十分重要的意义。

　　在建筑工程中，常见的防腐工程种类包括水玻璃类防腐工程、硫黄类防腐工程、沥青类防腐工程、树脂类防腐工程、聚合物砂浆防腐工程、块料防腐工程、聚氯乙烯塑料（PVC）防腐工程、涂料防腐工程等。

　　防腐工程一般适用于楼地面、平台、墙面/墙裙和地沟的防腐隔离层和面层。

　　保温隔热适用于中温、低温及恒温要求的工业厂（库）房和一般建筑物的保温隔热工程。按照不同部位，保温隔热划分为屋面、天棚、墙体、楼地面和其他部位的保温隔热工程。保温隔热使用的材料有珍珠岩、聚苯乙烯塑料板、沥青软木、加气混凝土块、玻璃棉、矿渣棉、松散稻草等。材料同样是区分各部位保温隔热预算分项的依据。不另计算的只包括保温隔热材料的铺贴，不包括隔气防潮、保护墙和墙砖等。

一、保温、隔热、防腐工程的主要内容

　　保温、隔热、防腐工程包括 3 个项目，16 个子项，适用于工业与民用建筑的基础、地面、墙面防腐工程，楼地面、墙体、屋盖的保温隔热工程。

二、工程量清单项目设置及工程量计算规则

（一）保温、隔热（编码：011001）

保温、隔热工程量清单项目设置及工程量计算规则见表6-55。

表6-55　　　　　　　　　　保温、隔热工程（编码：011001）

项目编码	项目名称	项目特征	计量单位	工程量计算规则	工程内容
011001001	保温隔热屋面	1.保温隔热材料品种、规格、厚度 2.隔气层材料品种、厚度 3.黏结材料种类、做法 4.防护材料种类、做法		按设计图示尺寸以面积计算。扣除面积＞0.3 m² 孔洞及占位面积	1.基层清理 2.刷黏结材料 3.铺粘保温层 4.铺、刷（喷）防护材料
011001002	保温隔热天棚	1.保温隔热面层材料品种、规格、性能 2.保温隔热材料品种、规格及厚度 3.黏结材料种类及做法 4.防护材料种类及做法		按设计图示尺寸以面积计算。扣除面积＞0.3 m² 上柱、垛、孔洞所占面积，与天棚相连的梁按展开面积，计算并入天棚工程量内	
011001003	保温隔热墙面	1.保温隔热部位 2.保温隔热方式 3.踢脚线、勒脚线保温做法 4.龙骨材料品种、规格 5.保温隔热面层材料品种、规格、性能 6.保温隔热材料品种、规格及厚度 7.增强网及抗裂防水砂浆种类 8.黏结材料种类及做法 9.防护材料种类及做法	m²	按设计图示尺寸以面积计算。扣除门窗洞口以及面积＞0.3 m² 梁、孔洞所占面积；门窗洞口侧壁以及与墙相连的柱，并入保温墙体工程量内	1.基层清理 2.刷界面剂 3.安装龙骨 4.填贴保温材料 5.保温板安装 6.粘贴面层 7.铺设增强格网，抹抗裂、防水砂浆面层 8.嵌缝 9.铺、刷（喷）防护材料
011001004	保温柱、梁			按设计图示尺寸以面积计算 1.柱按设计图示柱断面保温层中心线展开长度乘保温层高度以面积计算，扣除面积＞0.3 m² 梁所占面积 2.梁按设计图示梁断面保温层中心线展开长度乘保温层长度以面积计算	
011001005	保温隔热楼地面	1.保温隔热部位 2.保温隔热材料品种、规格、厚度 3.隔气层材料品种、厚度 4.黏结材料种类、做法 5.防护材料种类、做法		按设计图示尺寸以面积计算。扣除面积＞0.3 m² 柱、垛、孔洞等所占面积。门洞、空圈、暖气包槽、壁龛的开口部分不增加面积	1.基层清理 2.刷黏结材料 3.铺粘保温层 4.铺、刷（喷）防护材料

173

续表

项目编码	项目名称	项目特征	计量单位	工程量计算规则	工程内容
011001006	其他保温隔热	1.保温隔热部位 2.保温隔热方式 3.隔气层材料品种、厚度 4.保温隔热面层材料品种、规格、性能 5.保温隔热材料品种、规格及厚度 6.黏结材料种类及做法 7.增强网及抗裂防水砂浆种类 8.防护材料种类及做法	m²	按设计图示尺寸以展开面积计算。扣除面积>0.3 m²孔洞及占位面积	1.基层清理 2.刷界面剂 3.安装龙骨 4.填贴保温材料 5.保温板安装 6.粘贴面层 7.铺设增强格网，抹抗裂、防水砂浆面层 8.嵌缝 9.铺、刷（喷）防护材料

☆**小提示**

　　保温、隔热、防腐工程在进行保温隔热时，采取的方式应该是内保温、外保温、夹心保温。

（二）防腐面层（编码：011002）

174

　　防腐面层工程量清单项目设置及工程量计算规则见表6-56。

表6-56　　　　　　　　　　防腐面层工程（编码：011002）

项目编码	项目名称	项目特征	计量单位	工程量计算规则	工程内容
011002001	防腐混凝土面层	1.防腐部位 2.面层厚度 3.混凝土种类 4.胶泥种类、配合比	m²	按设计图示尺寸以面积计算 1.平面防腐：扣除凸出地面的构筑物、设备基础等以及面积>0.3 m²孔洞、柱、垛等所占面积，门洞、空圈、暖气包槽、壁龛的开口部分不增加面积 2.立面防腐：扣除门、窗、洞口以及面积>0.3 m²孔洞、梁所占面积，门、窗、洞口侧壁、垛突出部分按展开面积并入墙面积内	1.基层清理 2.基层刷稀胶泥 3.混凝土制作、运输、摊铺、养护
011002002	防腐砂浆面层	1.防腐部位 2.面层厚度 3.砂浆、胶泥种类、配合比			1.基层清理 2.基层刷稀胶泥 3.砂浆制作、运输、摊铺、养护
011002003	防腐胶泥面层	1.防腐部位 2.面层厚度 3.胶泥种类、配合比			1.基层清理 2.胶泥调制、摊铺
011002004	玻璃钢防腐面层	1.防腐部位 2.玻璃钢种类 3.贴布材料的种类、层数 4.面层材料品种			1.基层清理 2.刷底漆、刮腻子 3.胶浆配制、涂刷 4.粘布、涂刷面层

续表

项目编码	项目名称	项目特征	计量单位	工程量计算规则	工程内容
011002005	聚氯乙烯板面层	1.防腐部位 2.面层材料品种、厚度 3.黏结材料种类	m²	按设计图示尺寸以面积计算 1.平面防腐：扣除凸出地面的构筑物、设备基础等以及面积>0.3 m²孔洞、柱、垛等所占面积，门洞、空圈、暖气包槽、壁龛的开口部分不增加面积 2.立面防腐：扣除门、窗、洞口以及面积>0.3 m²孔洞、梁所占面积，门、窗、洞口侧壁、垛突出部分按展开面积并入墙面积内	1.基层清理 2.配料、涂胶 3.聚氯乙烯板铺设
011002006	块料防腐面层	1.防腐部位 2.块料品种、规格 3.黏结材料种类 4.勾缝材料种类			1.基层清理 2.铺贴块料 3.胶泥调制、勾缝
011002007	池、槽块料防腐面层	1.防腐池、槽名称代号 2.块料品种、规格 3.黏结材料种类 4.勾缝材料种类		按设计图示尺寸以展开面积计算	

（三）其他防腐（编码：011003）

其他防腐工程量清单项目设置及工程量计算规则见表6-57。

表6-57 　　　　　　　其他防腐工程（编码：011003）

项目编码	项目名称	项目特征	计量单位	工程量计算规则	工程内容
011003001	隔离层	1.隔离层部位 2.隔离层材料品种 3.隔离层做法 4.粘贴材料种类	m²	按设计图示尺寸以面积计算 1.平面防腐：扣除凸出地面的构筑物、设备基础等以及面积>0.3 m²孔洞、柱、垛等所占面积，门洞、空圈、暖气包槽、壁龛的开口部分不增加面积 2.立面防腐：扣除门、窗、洞口以及面积>0.3 m²孔洞、梁所占面积，门、窗、洞口侧壁、垛突出部分按展开面积并入墙面积内	1.基层清理、刷油 2.煮沥青 3.胶泥调制 4.隔离层铺设
011003002	砌筑沥青浸渍砖	1.砌筑部位 2.浸渍砖规格 3.胶泥种类 4.浸渍砖砌法	m³	按设计图示尺寸以体积计算	1.基层清理 2.胶泥调制 3.浸渍砖铺砌
011003003	防腐涂料	1.涂刷部位 2.基层材料类型 3.刮腻子的种类、遍数 4.涂料品种、刷涂遍数	m²	按设计图示尺寸以面积计算 1.平面防腐：扣除凸出地面的构筑物、设备基础等以及面积>0.3 m²孔洞、柱、垛等所占面积，门洞、空圈、暖气包槽、壁龛的开口部分不增加面积 2.立面防腐：扣除门、窗、洞口以及面积>0.3 m²孔洞、梁所占面积，门、窗、洞口侧壁、垛突出部分按展开面积并入墙面积内	1.基层清理 2.刮腻子 3.刷涂料

学习案例

有一两坡水二毡三油卷材屋面，尺寸如图 6-5 所示。屋面防水构造层次为：预制钢筋混凝土空心板、1∶2 水泥砂浆找平、冷底子油一道、二毡三油一砂防水层。

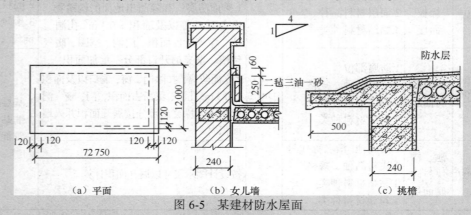

（a）平面　　　　　　　（b）女儿墙　　　　　　　（c）挑檐

图 6-5　某建材防水屋面

想一想

（1）当有女儿墙，屋面坡度为 1∶4 时的工程量。

（2）当有女儿墙，墙坡度为 3% 时的工程量。

（3）无女儿墙有挑檐，坡度为 3% 时的工程量。

案例分析

解：（1）屋面坡度为 1∶4 时，相应的角度为 14°02′，延尺系数 $C=1.030\,8$，则

屋面工程量 $= (72.75-0.24) \times (12-0.24) \times 1.030\,8 + 0.25 \times (72.75-0.24+12.0-0.24) \times 2$
$= 878.98 + 42.14 = 921.12$（$m^2$）

（2）有女儿墙，3% 的坡度，因坡度很小，按平屋面计算，则

屋面工程量 $= (72.75-0.24) \times (12-0.24) + (72.75+12-0.48) \times 2 \times 0.25$
$= 852.72 + 42.14 = 894.86$（$m^2$）

（3）无女儿墙有挑檐平屋面（坡度 3%），按图 6-5（a）、（c）及下式计算屋面工程量：

屋面工程量 = 外墙外围水平面积 + ($L_{外}$ + 4 × 檐宽) × 檐宽

代入数据得

屋面工程量 $= (72.75+0.24) \times (12+0.24) + [(72.75+12+0.48) \times 2 + 4 \times 0.5] \times 0.5$
$= 979.63$（m^2）

知识拓展

建筑用的保温隔热材料

使用得最为普遍的保温隔热材料，无机材料有膨胀珍珠岩、加气混凝土、岩棉、玻璃棉等，有机材料有聚苯乙烯泡沫塑料、聚氨酯泡沫塑料等。这些材料保温隔热效能的优劣，主要由材料热传导性能的高低（其指标为导热系数）所决定。材料的热传越难（即导热系数越小），其保温隔热性能便越好。一般地说，保温隔热材料的共同特点是轻质、疏松，呈多孔状或纤维

状，以其内部不流动的空气来阻隔热的传导。其中无机材料有不燃、使用温度宽、耐化学腐蚀性较好等特点，有机材料有强度较高、吸水率较低、不透水性较佳等特色。

膨胀珍珠岩、岩棉、玻璃棉、聚苯乙烯泡沫塑料、聚氨酯泡沫塑料等材料的导热系数都比较小，虽高低也有差别，但相差不算很大，均属于高效绝热材料，但无承重功能；加气混凝土的保温隔热性能优于黏土砖和普通混凝土等建筑材料，但低于上述高效绝热材料较多。加气混凝土为水泥、石灰、石英砂、粉煤灰、炉渣和发泡剂铝粉等，通过高压或常压蒸养制成，密度较大，干容重为每立方米 300～700 kg，可利用工业废料，有一定承重能力，能砌筑单一墙体，兼有保温及承重作用。

膨胀珍珠岩为珍珠岩颗粒经焙烧膨胀制成，在我国因原料来源丰富，生产工艺较简单，产量很大，价格较廉。膨胀珍珠岩呈颗粒状，质轻，容重为每立方米 50～150 kg，易被风吹散，吸湿率低，但易吸水，受潮后绝热效果大大降低。岩棉为玄武岩、安山岩等矿物熔化后用喷吹法或离心法制成纤维，再加入胶粘剂制成板、毡、带、管壳等制品，容重为每立方米 80～200 kg，耐热性能好，一般使用温度达 350℃，特别适用于窑炉及管道保温。

聚苯乙烯泡沫塑料根据生产工艺的不同，有膨胀型及挤出型两类。目前膨胀型聚苯乙烯板材由于轻巧方便，使用得十分普遍。此种材料容重轻，每立方米 15～50 kg，容易切割，吸水率低、抗压强度较高，耐−80℃低温，但使用温度不能高于 75℃，加入阻燃剂后有自熄性，化学性能稳定，能抵抗酸、碱、盐的侵蚀，但能溶于丙酮、汽油等溶剂。挤出型聚苯乙烯，由于强度高，耐气候性能优异，将会有较大发展，宜用于倒置屋面、地板保温等。聚氨酯泡沫塑料按所用原料的不同，有聚醚型和聚酯型两种，经发泡反应制成，又有软质及硬质之分。软质聚氨酯质轻，弹性好，撕力强，防震性佳。硬质的强度高，不吸水，不易变形，使用温度范围较宽，可与其他材料黏结，发泡施工方便，可直接浇注发泡。

177

情境小结

1. 土方工程中，重点是工作面、放坡系数、地下水位的确定，这是计算土方工程量的关键。

2. 砌体工程中，重点应分清砌体应减的面积、应扣除的体积和应增加的体积，介绍大放脚折加高度和大放脚体积的计算方法。

3. 混凝土及钢筋混凝土工程中，介绍各类钢筋混凝土构件的工程量计算方法。包括各类形式的基础工程量；柱、梁、板等混凝土构件的工程量计算及柱高、梁长的确定；钢筋计算，区别于建筑施工中钢筋下料长度的确定，箍筋一般采用近似计算；门窗基本按洞口面积计算工程量。

4. 屋面工程中，介绍计算工程量时需利用屋面坡度系数计算斜坡屋面、斜脊长度、沿山墙泛水长度。

学习检测

一、填空题

1. 土石方工程主要包括_____、_____、_____，适用于建筑物和构筑物的及_____。

2. 现浇钢筋混凝土楼梯，以图示露面尺寸的_____计算，不扣除_____楼梯井所占面积。

3. 地基处理和桩基础工程主要包括＿＿＿＿＿＿＿＿＿、＿＿＿＿＿＿＿＿＿、打桩和灌注桩，适用于地基与边坡的处理、加固。

4. 檩木工程量按竣工木料以＿＿＿＿＿＿＿＿＿计算。

5. 水泥砂浆和水磨石踢脚板按＿＿＿＿＿＿＿＿＿计算，洞口、空圈长度不予扣除，洞口、墙垛、附墙烟囱等侧壁长度不增加。块料踢脚板应按＿＿＿＿＿＿＿＿＿计算。

6. 防腐工程一般适用于楼地面、平台、墙面/墙裙和地沟的＿＿＿＿＿＿＿＿＿和＿＿＿＿＿＿＿＿＿。

7. 按照不同部位，保温隔热划分为＿＿＿＿＿＿＿＿＿、＿＿＿＿＿＿＿＿＿、＿＿＿＿＿＿＿＿＿、＿＿＿＿＿＿＿＿＿和＿＿＿＿＿＿＿＿＿的保温隔热工程。

二、选择题

1. 某屋面设计有铸铁管落水口 8 个，塑料水斗 8 个，配套的塑料落水管直径为 100 mm，每根长度为 16 m，塑料落水管工程量是（　）。

　　A. 16 m　　　　　　　B. 100 m　　　　　　　C. 128 m　　　　　　　D. 72 m

2. 打孔灌注桩工程量按设计规定的桩长乘以打入钢管（　）面积，以"平方米"计算。

　　A. 管箍外径截面　　B. 管箍内径截面　　C. 钢管外径　　　　　D. 钢管内径

3. 如图 6-6 所示的现浇独立桩承台的混凝土工程量是（　）。

　　A. 2.56 m³　　　　　B. 2.51 m³　　　　　C. 0.37 m³　　　　　D. 0.85 m³

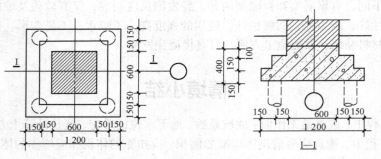

图 6-6　现浇独立桩承台

4. 在建筑工程中，常见的防腐工程种类包括（　）。

　　A. 水玻璃类防腐工程　　　　　　　　B. 沥青类防腐工程
　　C. 块料防腐工程　　　　　　　　　　D. 涂料防腐工程
　　E. 食品防腐工程

5. 一木门框料设计断面尺寸为 45 mm×65 mm，则刨光前下料的断面面积为（　）mm²。

　　A. 2 925　　　　　　B. 3 264　　　　　　C. 3 360　　　　　　D. 3 400

学习情境七
计算装饰工程工程量

→ 情境导入

某商业楼工程如图 7-1 所示。一层为商店,二层、三层为办公室。一层地面做法:3:7 灰土垫层 300 mm 厚,地瓜石垫层 150 mm 厚(M2.5 水泥砂浆灌浆),C10 混凝土垫层 40 mm 厚,水泥砂浆抹灰。二层、三层楼面做法:预制混凝土空心板上 C20 细石混凝土垫层,该层已在楼板制作定额中综合考虑,水泥砂浆抹面,水泥砂浆踢脚线高 150 mm。

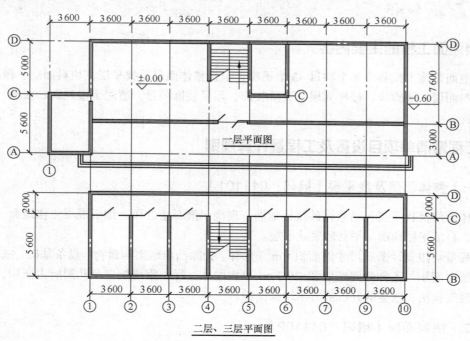

图 7-1 某商业楼工程

→ 案例导航

楼地面整体面层、块料面层、橡塑面层、其他材料面层、踢脚线、楼梯装饰、栏杆装饰、台阶装饰、零星装饰等项目,适用于楼地面、楼梯、台阶等装饰工程。

要了解装饰工程工程量清单计价方法,需要掌握以下相关知识。

1. 楼地面装饰工程工程量清单计量规则和方法。
2. 墙、柱面装饰与隔断、幕墙工程工程量清单计量规则和方法。
3. 天棚工程工程量清单计量规则和方法。
4. 油漆、涂料、裱糊工程工程量清单计量规则和方法。

学习单元 1　计算楼地面工程工程量

 知识目标

（1）了解楼地面工程的主要内容。
（2）熟悉工程量清单项目设置及工程量计算规则。

技能目标

（1）通过本单元的学习，能够清楚楼地面工程的主要内容。
（2）能够清楚工程量清单项目的设置及工程量计算规则。

基础知识

一、楼地面工程的主要内容

楼地面装饰工程共分 8 个项目 43 个子项，包括整体面层及找平层、块料面层、橡塑面层、其他材料面层、踢脚线、楼梯面层、台阶装饰、零星装饰项目，适用于楼地面、楼梯、台阶等装饰工程。

二、工程量清单项目设置及工程量计算规则

（一）整体面层及找平层（编码：011101）

整体面层及找平层包括水泥砂浆楼地面、现浇水磨石楼地面、细石混凝土楼地面、菱苦土楼地面、自流平楼地面、平面砂浆找平层。

工程量均按设计图示尺寸以面积（m²）计算。扣除凸出地面构筑物、设备基础、室内管道、地沟等所占面积，不扣除间壁墙和 ≤0.3 m² 以内的柱、垛、附墙烟囱及孔洞所占面积，门洞、空圈、暖气包槽、壁龛的开口部分不增加面积。

（二）块料面层（编码：011102）

块料面层包括石材（指花岗石、大理石、青石板等石材）楼地面、碎石材楼地面、块料楼地面（指各种地砖、广场砖、水泥砖等块料）。

工程量按设计图示尺寸以面积（m²）计算。门洞、空圈、暖气包槽、壁龛的开口部分并入相应的工程量内。

课堂案例

某展览厅地面为 1:2.5 水泥砂浆铺全瓷抛光地板砖，规格为 1 000 mm×1 000 mm，地面实铺长度为 40 m，实铺宽度为 30 m，展览厅内有 6 个 600 mm×600 mm 的方柱，计算铺全瓷

抛光地板砖的工程量。

解：块料面层计算公式为

主墙间净长度×主墙间净宽度－每个 0.3 m² 以上柱所占面积

全瓷抛光地板砖工程量=40×30－0.6×0.6×6=1 197.84（m²）

（三）橡塑面层（编码：011103）

橡塑面层包括橡胶板楼地面、橡胶板卷材楼地面、塑料板楼地面以及塑料卷材楼地面。

橡塑面层工程量按设计图示尺寸以面积（m²）计算。门洞、空圈、暖气包槽、壁龛的开口部分并入相应的工程量内。

（四）其他材料面层（编码：011104）

其他材料面层包括楼地面地毯、竹木（复合）地板、金属复合地板、防静电活动地板。

工程量按设计图示尺寸以面积（m²）计算。门洞、空圈、暖气包槽、壁龛的开口部分并入相应的工程量内。

（五）踢脚线（编码：011105）

踢脚线包括水泥砂浆踢脚线、石材踢脚线、块料踢脚线、塑料板踢脚线、木质踢脚线、金属踢脚线、防静电踢脚线等。

工程量以平方米（m²）计量，按设计图示长度乘高度以面积（m²）计算；或以米（m）计量，按延长米（m）计算。

（六）楼梯面层（编码：011106）

楼梯面层包括石材楼梯面层、块料楼梯面层、拼碎块料面层、水泥砂浆楼梯面层、现浇水磨石楼梯面层、地毯楼梯面层、木板楼梯面层、橡胶板楼梯面层、塑料板楼梯面层。

工程量按设计图示尺寸以楼梯（包括踏步、休息平台及≤500 mm 的楼梯井）水平投影面积计算。楼梯与楼地面相连时，算至梯口梁内侧边沿；无梯口梁者，算至最上一层踏步边沿加 300 mm。

（七）台阶装饰（编码：011107）

台阶装饰包括石材台阶面、块料台阶面、拼碎块料台阶面、水泥砂浆台阶面、现浇水磨石台阶面、剁假石台阶面。

工程量按设计图示尺寸以台阶（包括最上层踏步边沿加 300 mm）水平投影面积计算。

（八）零星装饰项目（编码：011108）

零星装饰项目包括石材零星项目、拼碎石材零星项目、块料零星项目、水泥砂浆零星项目等内容。

工程量按设计图示尺寸以面积（m²）计算。

学习单元2 计算墙、柱面装饰与隔断、幕墙工程工程量

✎知识目标

（1）了解墙、柱面装饰与隔断、幕墙工程的主要内容。

（2）熟悉工程量清单项目设置及工程量计算规则。

✎技能目标

（1）通过本单元的学习，能够清楚墙、柱面装饰与隔断、幕墙工程的主要内容。

（2）能够清楚工程量清单项目的设置及工程量计算规则。

→ **基础知识**

一、墙、柱面装饰与隔断、幕墙工程的主要内容

墙、柱面装饰与隔断幕墙工程共 10 个项目 35 个清单子项，包括墙面抹灰、柱（梁）面抹灰、零星抹灰、墙面块料面层、柱（梁）面镶贴块料、镶贴零星块料、墙饰面、柱（梁）饰面、幕墙、隔断等项目，适用于一般抹灰、装饰抹灰工程。

二、工程量清单项目设置及工程量计算规则

（一）墙面抹灰（编码：011201）

墙面抹灰包括墙面一般抹灰、墙面装饰抹灰、墙面勾缝和立面砂浆找平层。

工程量按设计图示尺寸以面积（m²）计算。扣除墙裙、门窗洞口及单个面积 > 0.3 m² 的孔洞面积，不扣除踢脚线、挂镜线和墙与构件交接处的面积，门窗洞口和孔洞的侧壁及顶面不增加面积。附墙柱、梁、垛、烟囱侧壁并入相应的墙面面积内。

（1）外墙抹灰面积按外墙垂直投影面积计算，外墙抹灰计算高度如图 7-2 所示。

（2）外墙裙抹灰面积按其长度乘以高度计算。长度是指外墙裙的长度。

（3）内墙抹灰面积按主墙的净长乘以高度计算。

① 无墙裙的，高度按室内楼地面至天棚底面计算。

② 有墙裙的，高度按墙裙顶至天棚底面计算。

③ 有吊顶天棚抹灰，高度算至天棚底。

（4）内墙裙抹灰面积按内墙净长乘以高度计算。

☆**小技巧**

（1）里面砂浆找平项目适用于仅做找平层的里面抹灰。

（2）飘窗凸出外墙面增加的抹灰并入外墙工程量内。

（3）有吊顶天棚的内墙抹灰，抹至吊顶以上部分在综合单价中考虑。

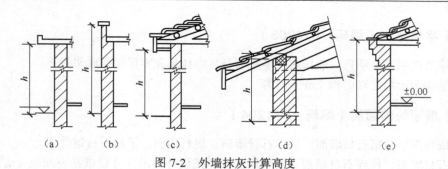

图 7-2　外墙抹灰计算高度

📖 课堂案例

某工程如图 7-3 所示，室内墙面抹 1:2 水泥砂浆底，1:3 石灰砂浆找平层，麻刀石灰浆面层，共 20 mm 厚。室内墙裙采用 1:3 水泥砂浆打底（19 mm 厚），1:2.5 水泥砂浆面层（6 mm 厚）。

M：1 000 mm×2 700 mm 共 3 个

C：1 500 mm×1 800 mm 共 4 个

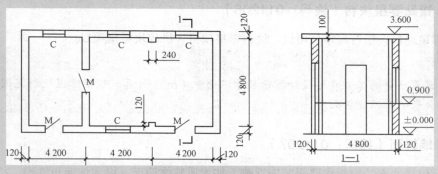

图 7-3　某工程施工图

计算室内墙面一般抹灰和室内墙裙工程量。

解：（1）室内墙面一般抹灰工程量计算如下。

室内墙面抹灰工程量=主墙间净长度×墙面高度－门窗等面积+垛的侧面抹灰面积

室内墙面一般抹灰工程量=［（4.20×3－0.24×2+0.12×2）×2+（4.80－0.24）×4］×（3.60－0.10－0.90）－1.00×（2.70－0.90）×4－1.50×1.80×4=93.7（m²）

（2）室内墙裙工程量计算如下。

室内墙裙抹灰工程量=主墙间净长度×墙裙高度－门窗所占面积+垛的侧面抹灰面积

室内墙裙工程量=［（4.20×3－0.24×2+0.12×2）×2+（4.80－0.24）×4－1.00×4］×0.90=35.06（m²）

（二）柱（梁）面抹灰（编码：011202）

柱（梁）面抹灰包括柱（梁）面一般抹灰、柱（梁）面装饰抹灰、柱（梁）面砂浆找平、柱面勾缝。

柱（梁）面抹灰工程量按设计图示柱断面周长乘以高度以面积（m²）计算。

（1）柱面抹灰：按设计图示柱断面周长乘高度以面积计算。

（2）梁面抹灰：按设计图示梁断面周长乘长度以面积计算。

（三）零星抹灰（编码：011203）

零星抹灰包括零星项目一般抹灰、零星项目装饰抹灰和零星项目砂浆找平。
工程量按图示尺寸以面积（m²）计算。

（四）墙面块料面层（编码：011204）

墙面块料面层包括石材墙面、拼碎石材墙面、块料墙面、干挂石材钢骨架。
（1）石材墙面、拼碎石材墙面、块料墙面，均按设计图示尺寸以镶贴表面积（m²）计算。
（2）干挂石材钢骨架，按设计图示尺寸以质量（t）计算。

（五）柱（梁）面镶贴块料（编码：011205）

柱（梁）面镶贴块料包括石材柱面、块料柱面、拼碎块柱面、石材梁面、块料梁面。
工程量均按镶贴表面积（m²）计算。
图 7-4 中柱的镶贴面积 $S = 2(a_3 + b_3)h$。

（六）镶贴零星块料（编码：011206）

镶贴零星块料包括石材零星项目、块料零星项目、拼碎块零星项目。

> ☆**小提示**
>
> 　　镶贴零星块料的工程量按设计图示尺寸以面积（m²）计算。镶贴零星块料范围为 0.5 m²
> 以内少量分散的镶贴块料面层。

184

（七）墙饰面（编码：011207）

墙饰面包括墙面装饰板和墙面装饰浮雕，如木质装饰墙面（榉木饰面板饰面、胡桃木饰面板、沙比利饰面板、实木薄板等）、玻璃板材装饰墙面、其他板材装饰墙面（石膏板饰面、塑料扣板饰面、铝塑板饰面、岩棉吸声板饰面等）、软包墙面、金属板材饰面（铝合金板材）等，如图 7-5 所示。

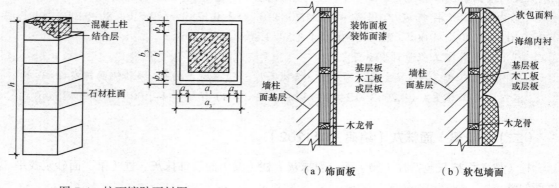

图 7-4　柱面镶贴石材图　　　　　　图 7-5　墙面装饰示意图

a_1、b_1—混凝土柱尺寸；a_2、b_2—结合层厚度；
　a_3、b_3—挂贴石材外边尺寸，即实贴尺寸

（1）墙面装饰板工程量按设计图示墙净长乘净高以面积（m²）计算。扣除门窗洞口及单个 0.3 m² 以上的孔洞所占面积。

（2）墙面装饰浮雕工程量按设计图示尺寸以面积计算。

（八）柱（梁）饰面（编码：011208）

柱（梁）饰面包括柱（梁）面装饰和成品装饰柱。

柱（梁）面装饰工程量按设计图示饰面外围尺寸以面积（m²）计算。柱帽、柱墩并入相应柱饰面工程量内。外围饰面尺寸是饰面的表面尺寸。

成品装饰柱工程量按设计数量（根）计算或按设计长度（m）计算。

（九）幕墙（编码：011209）

1. 带骨架幕墙（编码：011209001）

带骨架幕墙有铝合金隐框玻璃幕墙、铝合金半隐框玻璃幕墙、铝合金明框玻璃幕墙、铝塑板幕墙。

工程量按设计图示框外围尺寸以面积（m²）计算。与幕墙同种材质的窗所占面积不扣除。

2. 全玻（无框玻璃）幕墙（编码：011209002）

全玻幕墙工程量按设计图示尺寸以面积（m²）计算。带肋全玻幕墙按展开面积计算。

☆小技巧

全玻幕墙有座装式幕墙、吊挂式幕墙、点支式幕墙。玻璃肋的工程量应合并在玻璃墙工程量内计算。

185

（十）隔断（编码：011210）

隔断有木隔断、金属隔断、玻璃隔断、塑料隔断、成品隔断、其他隔断等。

（1）木隔断和金属隔断工程量按设计图示框外围尺寸以面积（m²）计算。不扣除单个 0.3 m² 以内的孔洞所占面积；浴厕门的材质与隔断相同时，门的面积并入隔断面积内。

（2）玻璃隔断和塑料隔断工程量按设计图示框外围尺寸以面积（m²）计算。不扣除单个 ≤0.3 m² 的孔洞所占面积。

（3）成品隔断工程量按设计图示框外围尺寸以面积（m²）计算或者以按设计间的数量（间）计算。

（4）其他隔断工程量按设计图示框外围尺寸以面积（m²）计算。不扣除单个 ≤0.3 m² 的孔洞所占面积。

学习单元 3　计算天棚工程工程量

✎知识目标

（1）了解天棚工程的主要内容。

（2）熟悉工程量清单项目设置及工程量计算规则。

技能目标

（1）通过本单元的学习，能够清楚天棚工程的主要内容。

（2）能够清楚工程量清单项目的设置及工程量计算规则。

基础知识

一、天棚工程的主要内容

天棚工程共4个项目10个清单子项，包括天棚抹灰、天棚吊顶、采光天棚和天棚其他装饰工程。

二、工程量清单项目设置及工程量计算规则

（一）天棚抹灰（编码：011301）

天棚抹灰又称直接式天棚。

工程量按设计尺寸以水平投影面积（m²）计算。不扣除间壁墙、垛、柱、附墙烟囱、检查口和管道所占面积，带梁天棚的梁两侧抹灰面积并入天棚面积内，板式楼梯底面抹灰按斜面积计算，锯齿形楼梯底板抹灰按展开面积计算。

天棚抹灰的工作内容包括基层清理、底层抹灰、抹面层、抹装饰线条。

> ☆ 小提示
>
> 在对天棚抹灰进行清单描述时，应注意对基层类型、抹灰厚度、抹灰材料种类、砂浆配合比进行描述。如果天棚有装饰线条，还要将装饰线条的道数描述清楚，线条的区别如图7-6所示。天棚抹灰中基层类型是指天棚是混凝土现浇板、预制混凝土板还是木板条等。

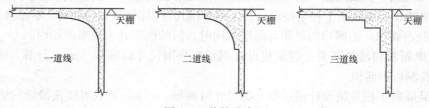

图 7-6　装饰线条图

（二）天棚吊顶（编码：011302）

天棚吊顶又称间接式顶棚。它包括吊顶天棚、格栅吊顶、吊筒吊顶、藤条造型悬挂吊顶、织物软雕吊顶和装饰网架吊顶。

工程量按设计图示尺寸以水平投影面积（m²）计算。

天棚面层中的灯槽及跌级、锯齿形、吊挂式、藻井式天棚面积不展开计算。不扣除间壁墙、检查口、附墙烟囱、柱垛和管道所占的面积，扣除单个 0.3 m² 以上的孔洞、独立柱及与天棚相连的窗帘盒所占的面积。格栅吊顶、吊筒吊顶、藤条造型悬挂吊顶、织物软吊顶及装饰网架吊顶等吊顶也均是按设计图示尺寸以水平投影面积（m²）计算。

（三）采光天棚（编码：011303）

工程量按框外围展开面积（m²）计算。

（四）天棚其他装饰（编码：011304）

天棚其他装饰包括灯带（槽）、送风口、回风口。

1. 灯带

工程量按设计尺寸以框外围面积（m²）计算。灯带工程内容包括灯带的安装、固定。

2. 送风口、回风口

工程量按图示设计数量以"个"计算。送风口、回风口工程量内容包括风口的安装、固定及刷防护材料。

学习单元4　计算油漆、涂料、裱糊工程工程量

知识目标

（1）了解油漆、涂料、裱糊工程的主要内容。

（2）熟悉工程量清单项目设置及工程量计算规则。

技能目标

（1）通过本单元的学习，能够清楚油漆、涂料、裱糊工程的主要内容。

（2）能够清楚工程量清单项目的设置及工程量计算规则。

187

 基础知识

一、油漆、涂料、裱糊工程的主要内容

油漆、涂料、裱糊工程共8个项目36个清单子项，包括门油漆、窗油漆，木扶手及其他板条、线条油漆，木材面油漆，金属面油漆，抹灰面油漆，喷刷涂料，裱糊等项目，适用于门窗油漆、金属油漆、抹灰面油漆工程。

二、工程量清单项目设置及工程量计算规则

（一）门油漆（编码：011401）、窗油漆（编码：011402）

工程量按设计图示数量以"樘"或者m²计算。

门油漆包括木门油漆和金属门油漆，木门油漆应区分大木门、单层木门、双层（一玻一纱）木门、双层（单裁口）木门、全玻自由门、半玻自由门、装饰门及有框、无框门等，分别编码列项。窗油漆包括木窗油漆和金属窗油漆，木窗油漆应区分单层木窗、双层（一玻一纱）木窗、双层框扇（单裁口）木窗、双层框三层（二玻一纱）木窗、单层组合窗、双层组合窗、木百叶窗、木推拉窗等，分别编码列项。

（二）木扶手及其他板条、线条油漆（编码：011403）

木扶手及其他板条、线条油漆包括木扶手油漆，窗帘盒油漆，封檐板、顺水板油漆，挂衣板、黑板框油漆，挂镜线、窗帘棍、单独木线油漆。

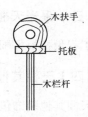

工程量按设计图示尺寸以长度（m）计算。木扶手应区分带托板（图7-7）和不带托板分别编码列项。

图7-7　带托板木扶手示意图

课堂案例

某大厅装饰柱面为30×15木线条，共计6块，设计图示长度为1 200 mm，根据其计算规则计算油漆工程量。

解：本例为木扶手及其他板条、线条油漆中木扶手油漆，工程量计算如下。

木扶手及其他板条线条油漆工程量=1.2×6=7.2（m）

楼梯木扶手按中心线斜长度计算，弯头长度应含在扶手长度内。

（三）木材面油漆（编码：011404）

木材面油漆包括木护墙、木墙裙油漆，窗台板、筒子板、盖板、门窗套、踢脚线油漆，清水板条天棚、檐口油漆，木方格吊顶天棚油漆，吸音板墙面、天棚面油漆，暖气罩油漆，其他木材面，木间壁、木隔断油漆，玻璃间壁露明墙筋油漆，木栅栏、木栏杆（带扶手）油漆，衣柜、壁柜油漆，梁柱饰面油漆，零星木装修油漆，木地板油漆，木地板烫硬蜡面等。

木护墙、木墙裙油漆，窗台板、筒子板、盖板、门窗套、踢脚线油漆，清水板条天棚、檐口油漆，木方格吊顶天棚油漆，吸音板墙面、天棚面油漆，暖气罩油漆，其他木材面的工程量按设计图示尺寸以面积（m²）计算。

木间壁、木隔断油漆，玻璃间壁露明墙筋油漆，木栅栏、木栏杆（带扶手）油漆，工程量按设计图示尺寸以单面外围面积（m²）计算。

衣柜、壁柜油漆，梁柱饰面油漆，零星木装修油漆的工程量按设计图示尺寸以油漆部分展开面积（m²）计算。

木地板油漆、木地板烫硬蜡面的工程量按设计图示尺寸以面积（m²）计算。空洞、空圈、暖气包槽、壁龛的开口部分并入相应的工程量内。

小提示

木材面油漆注意单双面问题。暖气罩油漆垂直面按垂直投影面积计算，凸出墙面的按水平投影面积计算。

（四）金属面油漆（编码：011405）

工程量按设计图示尺寸以质量（t）计算或者以平方米计量，按设计展开面积（m²）计算。

（五）抹灰面油漆（编码：011406）

（1）抹灰面油漆和满刮腻子：按设计图示尺寸以面积（m²）计算。

（2）抹灰线条油漆：按设计图示尺寸以长度（m）计算。

（六）喷刷涂料（编码：011407）

（1）墙面喷刷涂料和天棚喷刷涂料工程量按设计图示尺寸以面积（m²）计算。

（2）空花格、栏杆刷涂料工程量按设计图示尺寸以单面外围面积（m²）计算。

（3）线条刷涂料工程量按设计图示尺寸以长度（m）计算。

（4）金属构件刷防火涂料工程量按设计图示尺寸以质量（t）计算或者按设计展开面积（m²）计算。

（5）木材构件喷刷防火涂料工程量按设计图示尺寸以面积（m²）计算。

（七）裱糊（编码：011408）

裱糊包括墙纸裱糊、织锦缎裱糊。

工程量按设计图示尺寸以面积（m²）计算。

学习单元5 计算其他装饰工程工程量

知识目标

（1）了解其他装饰工程的主要内容。

（2）熟悉工程量清单项目设置及工程量计算规则。

技能目标

（1）通过本单元的学习，能够清楚其他装饰工程的主要内容。

（2）能够清楚工程量清单项目的设置及工程量计算规则。

基础知识

一、其他装饰工程的主要内容

其他装饰工程清单项目共分8个项目62个清单子项，包括柜类、货架（编码：011501），压条、装饰线（编码：011502），扶手、栏杆、栏板装饰（编码：011503），暖气罩（编码：011504），浴厕配件（编码：011505），雨篷、旗杆（编码：011506），招牌、灯箱（编码：011507），美术字（编码：011508），适用于装饰物件的制作、安装工程。

二、工程量清单项目设置及工程量计算规则

（一）柜类、货架（编码：011501）

柜类、货架包括柜台、酒柜、衣柜、服务台等各种柜架。

189

工程量可以按设计图示数量（个）计算，或按设计图示尺寸以延长米（m）计算，或按设计图示尺寸以体积（m³）计算。

（二）压条、装饰线（编码：011502）

压条、装饰线包括金属装饰线、木质装饰线、石材装饰线、石膏装饰线、镜面玻璃线、铝塑装饰线、塑料装饰线和 GRC 装饰线条。

工程量按设计图示尺寸以长度（m）计算。

（三）扶手、栏杆、栏板装饰（编码：011503）

金属扶手、硬木扶手、塑料扶手及栏杆、栏板、GPC 栏杆、扶手、金属靠墙扶手、硬木靠墙扶手、塑料靠墙扶手及玻璃栏板的工程量按设计图以扶手中心线长度（包括弯头长度）计算。

（四）暖气罩（编码：011504）

暖气罩包括饰面板暖气罩、塑料板暖气罩、金属暖气罩等。

工程量按设计图示尺寸以垂直投影面积（不展开）（m²）计算。

（五）浴厕配件（编码：011505）

1. 洗漱台
洗漱台的工程量按设计图示尺寸以台面外接矩形面积（m²）计算。不扣除孔洞、挖弯、削角所占面积，挡板、吊沿板面积并入台面面积内，或按设计图示数量（个）计算，如图 7-8 所示。

2. 晒衣架、帘子杆、浴缸拉手、卫生间扶手、毛巾杆（架）、毛巾环、卫生纸盒、肥皂盒
晒衣架、帘子杆、浴缸拉手、卫生间扶手、毛巾杆（架）、毛巾环、卫生纸盒、肥皂盒的工程量按设计图示数量以"个/套/副/个"计算。工程内容包括配件安装。

3. 镜面玻璃
镜面玻璃的工程量按设计图示尺寸以边框外围面积（m²）计算。

4. 镜箱
工程量按设计图示数量以"个"计算。镜面玻璃、镜箱如图 7-9 所示。

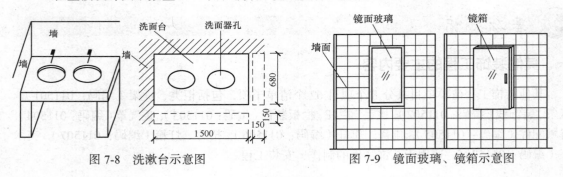

图 7-8　洗漱台示意图　　　　　图 7-9　镜面玻璃、镜箱示意图

（六）雨篷、旗杆（编码：011506）

1. 雨篷吊挂饰面
雨篷吊挂饰面的工程量按设计图示尺寸以水平投影面积（m²）计算。

2. 金属旗杆

金属旗杆的工程量按设计图示数量以"根"计算。

3. 玻璃雨篷

玻璃雨篷的工程量按设计图示尺寸以水平投影面积（m²）计算。

（七）招牌、灯箱（编码：011507）

招牌、灯箱包括平面招牌、箱式招牌、竖式标箱、灯箱、信报箱。

（1）平面、箱式招牌。工程量按设计图示尺寸以正立面边框外围面积（m²）计算。复杂的凸凹造型部分不增加面积。

（2）竖式标箱、灯箱、信报箱。工程量按设计图示数量以"个"计算。

（八）美术字（编码：011508）

美术字有泡沫塑料字、有机玻璃字、木质字、金属字、吸塑字等。

工程量按设计图示数量以"个"计算。应按不同材质、字体大小分别列项编码。

学习案例

图 7-10 所示为某工程地面施工图，已知地面为水磨石面层，踢脚线为 150 mm 高水磨石。

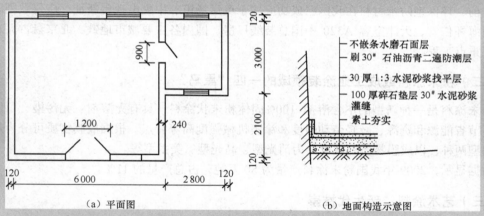

（a）平面图　　　　　　　（b）地面构造示意图

图 7-10　某工程地面施工图

想一想

试求地面的各项工程量。

案例分析

解：（1）水磨石地面工程量=（6-0.24）×（5.8-0.24）+（2.8-0.24）×（3-0.24）=39.09（m²）

（2）水磨石踢脚线工程量=（5.8-0.24+6-0.24）×2+（2.8-0.24+3-0.24）×2=33.28（m）

（3）防潮层工程量=地面面层工程量=39.09 m²

（4）找平层工程量=地面面层工程量=39.09 m²

（5）灌浆碎石垫层工程量=39.09×0.10=3.91（m²）

191

📖**知识拓展**

新型涂料的发展趋势

涂料最大的特点是容易更换且颜色多样，人们尽可以刷上自己喜欢的色彩，让墙面来个彻底改变，对于喜欢求新求实的人们，也可以 DIY 只属于自己的个性墙面，享受生活，就这么简单。

（一）低碳水性涂料

现在的人们都主张"低碳生活"，随着消费者对自身健康和环境保护意识的提高，"低碳生活"已经是大势所趋，也是今后发展的必然，而水性涂料无疑是与低碳环保距离最近的涂料产品。水性涂料其环保性能的优越性，是今后涂料行业的一个大的发展方向和趋势。

就目前的形势而言，我国的水性涂料还不能与"低碳"画上等号，距水性涂料还有一定的差距。据了解，水性涂料因自身所具有的环保性，在日本、欧美国家的市场占有率已在 60% 以上，而我国这一比例则明显偏低。

我国南方受热带和亚热带气候的影响，全年处于高温多雨状态，而北方又多冰冻、严寒、风沙。这就要求防水材料的制造商和防水工程的承包商不能简单在所有地区采用同一种防水材料和同一种工法进行推广应用。

目前，环保型防水材料在我国已成功应用于奥运场馆、中央电视台新址、广州歌剧院、北京中南海怀仁堂、天津空客 A320 中国总装线厂房、国内各主要城市地铁、北京盘古大观等多项国家重点工程。

（二）粉末涂料或成工业涂装领域的一匹"黑马"

粉末涂料是一种新型的不含溶剂 100%固体粉末状涂料，具有无溶剂、无污染、可回收、环保、节省能源和资源、减轻劳动强度和涂膜机械强度高等特点。根据成膜物质可分为热塑型和热固型两种，以成膜物质外观可分为消光型、高光型、美术型等。

数据显示，2009 年我国粉末涂料产量为 80 万吨，占总产量的 11%。

（三）艺术涂料：新生代推崇

近几年来，壁纸漆产品开始在国内盛行，受到众多消费者的喜爱，成为墙面装饰的最新产品，是一种新型的艺术装饰涂料。壁纸漆的最大特色在于：墙纸图案精美、逼真、细腻、无缝连接，不起皮、不开裂，色彩自由搭配，图案可个性定制；在不同的光源下可产生不同的反射效果，装饰效果好，如钻石般璀璨，高雅华贵，从而克服了乳胶漆色彩单一、无层次感及墙纸易变色、翘边、起泡、有接缝、寿命短的缺点，是集乳胶漆与墙纸的优点于一身的高科技产品。

情境小结

工程量计算不仅是编制工程量清单的重要内容，而且是进行工程估价的重要依据。工程量计算除了土建工程工程量的计算外，还包括装饰工程工程量计算。本学习情境依次对楼地面工程、墙柱面工程、天棚工程、门窗工程、油漆涂料裱糊工程、其他装饰工程的工程量清单项目设置及计算规则、计算方法做了详细的解读，这一部分的内容应熟练掌握。

学习检测

一、填空题

1. 楼地面按面层结构分为_____和_____。

2. 一般抹灰施工中，内墙抹灰夹层的平均总厚度：普通抹灰，不得大于_____；中级抹灰，不得大于_____；高级抹灰不得大于_____。

3. 墙面抹灰包括墙面_____、_____、_____和_____。

4. 带骨架幕墙有_____、_____、_____、_____。

5. 隔断有_____、_____、_____、_____、其他隔断等。

6. 天棚抹灰的工作内容包括_____、_____、_____、_____。

7. 裱糊包括_____和_____。

8. 楼梯木扶手按_____计算，弯头长度应含在扶手长度内。

二、选择题

1. 马赛克地面面层工程量按（ ）计算。

    A. 主墙间面积   B. 按实铺面积计算

    C. 主墙间净面积   D. 面积

2. 水泥砂浆地面、水泥砂浆踢脚线，则水泥砂浆踢脚线的工程量按（ ）计算。

    A. 长度   B. 包括在地面中不计算

    C. 面积   D. 长×宽

3. 零星装饰项目包括（ ）。

    A. 石材零星项目   B. 门窗零星项目

    C. 拼碎石材零星项目   D. 块料零星项目

    E. 水泥砂浆零星项目

4. 某宾馆卫生间吊 T 形铝合金龙骨，双层（300 mm×300 mm）不上人一级天棚，上搁 18 mm 厚矿棉板，每间 6 m²，共 35 间，天棚工程量是（ ）。

    A. 35 m²   B. 210 m²   C. 90 m²   D. 110 m²

5. 天棚吊筋的安装人工 0.67 工日/10 m² 已经包括在相应定额的（ ）中。

    A. 吊筋子目人工   B. 龙骨子目人工

    C. 面层子目人工   D. 天棚子目人工

6. 满堂脚手架天棚高度超过 5.2 m 时，按每增高（ ）为一个增加层。

    A. 0.6 m   B. 1.8 m   C. 1.0 m   D. 1.2 m

7. 整体面层子目中均包括（ ）。

    A. 垫层   B. 找平层   C. 结合层   D. 面层   E. 附加层

8. 送风口、回风口的计量单位是（ ）。

    A. 米   B. 平方米   C. 个   D. 立方米

9. 下列不属于柜类、货架工程量的单位是（ ）。

    A. m³   B. kg   C. m   D. 个

学习情境八

工程结算

➡ 情境导入

某工程项目业主与承包商签订了工程施工承包合同。合同中估算工程量为 5 300 m³，全费用单价为 180 元/m³。合同工期为 6 个月。有关付款条款如下。

（1）开工前业主向承包商支付估算合同总价 20%的工程预付款。

（2）业主自第一个月起，从承包商的工程款中，按 5%的比例扣留质量保证金。

（3）当实际完成工程量增减幅度超过估算工程量的 10%时，可进行调价，调价系数为 0.9（或 1.1）。

（4）每月支付工程款最低金额为 15 万元。

（5）工程预付款从乙方获得累计工程款超过估算合同的 30%以后的下一个月起，至第 5 个月均匀扣除。

承包商每月实际完成并经签证确认的工程量见表 8-1。

表 8-1   每月实际完成工程量

月份	1	2	3	4	5	6
完成工程量/m³	800	1 000	1 200	1 200	1 200	500
累计完成工程量/m³	800	1 800	3 000	4 200	5 400	5 900

➡ 案例导航

上述案例中，主要采用的是根据合同约定处理工程预付款，比按理论计算方法处理工程预付款操作方便，实用性强。本案例还涉及采用估计工程量单价合同情况下，合同单价调整方法等。

要了解工程价款的结算方式，需要掌握以下相关知识。

1. 工程结算的概念、作用和编制依据。

2. 工程结算的编制内容和方法。

3. 工程结算的审查依据、内容、程序、方法和成果文件。

4. 工程索赔的概念、索赔的依据、证据、基本要求和索赔成立的条件。

学习单元 1   工程结算的基本内容

知识目标

（1）了解工程价款结算的概念、内容和意义。

（2）熟悉工程结算的方式和进程。

技能目标

（1）通过本单元的学习，对工程结算的概念有一个简要的了解。
（2）能够掌握工程结算的方式和进程。

基础知识

一、工程结算的概念、内容和意义

（一）工程结算的概念

工程价款结算是指承包商在工程实施过程中，依据承包合同中关于付款条款的规定和已经完成的工程量，并按照规定的程序向建设单位（业主）收取工程价款的一项经济活动。

只要是发包方和承包方之间存在经济活动，就应按合同的要求进行结算。工程价款结算意味着发包方和承包方经济关系在一定程度上的结束。

（二）工程价款结算的内容

工程价款结算包括工程计量、工程价款支付、索赔、现场签证、工程价款调整及竣工结算。

（三）工程结算的意义

工程价款结算是工程项目承包中的一项十分重要的工作，其意义主要表现在以下 3 方面。

1. 工程价款结算是反映工程进度的主要指标

在施工过程中，工程价款结算的依据之一就是按照已完成的工程量进行结算，也就是说，承包商完成的工程量越多，所应结算的工程价款就越多。

> ☆**小提示**
>
> 根据累计已结算的工程价款占合同总价款的比例，能够近似地反映出工程的进度情况，有利于准确掌握工程进度。

2. 工程价款结算是加速资金周转的重要环节

施工单位尽快尽早地结算回工程价款，有利于偿还债务，也有利于资金的回笼，降低内部运营成本。通过加速资金周转，提高资金使用的有效性。

3. 工程价款结算是考核经济效益的重要指标

对于承包商来说，只有工程价款如数地结算，才意味着完成了"惊险一跳"，避免了经营风险，承包商也才能够获得相应的利润，进而达到良好的经济效益。

二、工程结算的方式

由于建筑工程项目具有建设周期长，且整个建筑产品又具有不可分割的特点。因此，只有整个单项或单位工程完工，才能进行竣工验收。但一个工程项目从施工准备开始，就要采购建筑材料并支付各种费用，施工期间更要支付人工费、材料费、机械费以及各项施工管理费，所以工程建设是一个不断消耗和不断投入的过程。为了补偿施工中的资金消耗，同时也为了反映工程建设进度与实际投资完成情况，不可能等到工程全部竣工之后才结算和支付工程价款。因此，工程结算实质上是工程价款的结算，它是发包方与承包方之间的商品货币结算，通过结算确定承包方的工程收入。

工程价款的支付分为预付备料款和工程进度款。预付备料款是指在工程开工之前的施工准备阶段，由发包方预先支付一部分资金，主要用于材料的准备。工程进度款是指工程开工之后，按工程实际完成情况定期由发包方拨付已完工程部分的价款。

根据工程性质、规模、资金来源和施工工期以及承包内容不同，采用的结算方式也不同。一般工程结算方式可分为定期结算、分段结算、年终结算、竣工后一次结算、目标结算、其他结算等。

（一）定期结算

定期结算是指定期由承包方提出已完成的工程进度报表，连同工程价款结算账单，经发包方签证，交银行办理工程价款结算。

1. 月初预支，月末结算，竣工后清算的办法

在月初（或月中），承包方按施工作业计划和施工图预算，编制当月工程价款预支账单，其中包括预计完成的工程名称、数量和预算价值等，经发包方认定，交银行预支大约 50% 的当月工程价款；月末按当月施工统计数据，编制已完工程报表和工程价款结算账单，经发包方签证，交银行办理月末结算。同时，扣除本月预支款，并办理下月预支款。本期收入额为月终结算的已完工程价款金额。

2. 月末结算

月初（或月中）不实行预支，月终承包方按统计实际完成的分部分项工程量，编制已完工程月报表和工程价款结算账单，经发包方签证，到银行审核办理结算。

（二）分段结算

分段结算是指以单项（或单位）工程为对象，按其施工形象进度划分为若干施工阶段，按阶段进行工程价款结算。

1. 阶段预支和结算

根据工程的性质和特点，将其施工过程划分为若干施工形象进度阶段，以审定的施工图预算为基础，测算每个阶段的预支款数额。在施工开始时，办理第一阶段的预支款，待该阶段完成后，计算其工程价款，经发包方签证，交银行审查并办理阶段结算，同时办理下阶段的预支款。

2. 阶段预支，竣工结算

对于工程规模不大、投资额较小、承包合同价值在 50 万元以下，或工期较短，一般在 6 个月以内的工程，将其施工全过程的形象进度大体分为几个阶段，承包方按阶段预支工程价款，在工程竣工验收后，经发包方签证，通过银行办理工程结算。

（三）年终结算

年终结算是指单位工程或单项工程不能在本年度竣工，而要转入下年度继续施工，为了正确统计承包方本年度的经营成果和建设投资完成情况，由承包方、发包方和银行对正在施工的工程进行已完成和未完成工程量盘点，结清本年度的工程价款。

（四）竣工后一次结算

建设项目或单项工程全部建筑安装工程建设期在 12 个月以内，或者工程承包价值在 100 万元以下的，可以实行工程价款每月月中预支，竣工后一次结算。

（五）目标结算

目标结算是在工程合同中，将承包工程的内容分解成不同的控制界面，以发包方验收控制界面作为支付工程价款的前提条件。也就是说，将合同中的工程内容分解成不同的验收单元，当承包方完成单元工程内容并经发包方（或其委托人）验收后，发包方支付构成单元工程内容的工程价款。

在目标结算方式下，施工单位要想获得工程价款，必须按照合同约定的质量标准完成界面内的工程内容。要想尽早获得工程价款，施工单位必须充分发挥自己的组织实施能力，在保证质量的前提下，加快施工进度。

（六）结算双方约定的其他结算方式

实行预收备料款的工程项目，在承包合同或协议中应明确发包单位（甲方）在开工前拨付给承包单位（乙方）工程备料款的预付数额、预付时间，开工后扣还备料款的起扣点、逐次扣还的比例，以及办理的手续和方法。

按照中国有关规定，备料款的预付时间应不迟于约定的开工日期前 7 d。发包方不按约定预付的，承包方在约定预付时间 7 d 后向发包方发出要求预付的通知。发包方收到通知后仍不能按要求预付，承包方可在发出通知后 7 d 停止施工，发包方应从约定应付之日起向承包方支付应付款的贷款利息，并承担违约责任。

三、工程结算的进程

（1）按照工程承包合同或协议办理预付工程备料款。

（2）按照双方确定的结算方式开列施工作业计划和工程价款结算单，办理工程预付款。

（3）月末（或阶段完成）呈报已完成工程月（或阶段）报表和工程价款结算单，同时按规定抵扣工程备料款和预付工程款，办理工程价款结算。

（4）跨年度工程年终进行已完工程、未完工程盘点和年终结算。

（5）单位工程竣工时，办理单位工程价款结算。

（6）单项工程竣工时，办理单项工程价款结算。

四、工程结算审查

工程结算编制结果的准确、合理与否将直接影响建设资金的使用，为了提高工程结算的编制质量，保证国家对竣工项目投资的合理分配，提高投资效益，应对工程结算进行审查。

（一）审查的组织形式

1. 中介机构审查

为了确保工程结算审查的公平、合理。充分反映发包方和承包方的经济利益，通常将工程结算委托具有工程造价审核资质的中介机构进行审查。或者当发包方与承包方在工程结算的某些问题上经协商未能达成协议的，应当委托工程造价中介机构进行审核。

2. 财政投资审核机构审查

对于由政府筹建的工程项目，其投资渠道主要由国家财政投资。因此，工程项目竣工后，工程结算必须由各地区的财政投资审核机构审查，以确保国有资金的合理使用，充分体现投资效益。

（二）审查的内容

1. 审查工程量

工程量是影响工程造价的决定性因素之一，是工程结算审查的重要内容。当采用工程量清单计价时，应对招标文件中的工程量进行审查。工程量的审查主要是依据工程量计算规则来进行。

2. 审查单价套用（综合单价）是否正确

应重点注意以下几个方面。

（1）工程结算中所列分项工程综合单价是否与单位估价表中相同，其名称、规格、计量单位和所包括的工作内容与定额是否一致。

（2）对换算的单价，应首先审查换算的分项工程是否是预算定额中允许换算的，其次要审查单价换算是否正确。

（3）对补充定额和单位估价表，要审查补充定额的编制是否符合现行预算定额的编制原则，各种生产要素消耗量的确定是否合理、准确、符合实际，单位估价表的计算是否正确。

3. 审查直接费汇总

直接费在汇总过程中容易出现笔误，如项目重复汇总、小数点位置标错等现象，因此必须加强审查。

4. 审查其他有关费用

应重点审查各项费用的内容、费率和计费基础是否正确；是否按取费证的等级取费；预算外调增的材料价差是否计取了间接费；有无巧立名目、乱摊费用现象；利润和税金应重点审查利润率和税率是否符合有关部门的现行规定，有无多算或重算的现象。

（三）审查的方法

由于工程结算的繁简程度和质量水平不同，所以采用的审查方法也应不同。审查工程结算的方法主要有全面审查法、分组计算审查法、对比审查法、筛选审查法等。

1. 全面审查法

全面审查法又称逐项审查法，是指按施工顺序，对工程结算中的项目逐一进行审查的方法。其具体的计算方法和审查过程与编制施工图预算基本相同。此方法的优点是全面、细致，经过审查的工程结算差错较少，审查质量较高；缺点是工作量大。因此，对于一些工程量比较小、工艺比较简单的工程或编制工程预算的技术力量比较薄弱的工程，可以运用全面审查法。

2. 分组计算审查法

分组计算审查法是一种加快审查质量速度的方法。它把预算中的工程项目划分为若干组，并把相邻的在工程量计算上有一定内在联系的项目编为一组，审查或计算同一组中某个分项工程的实物数量，利用工程量之间具有相同或相似计算基础的关系，判断同组中其他几个分项工程量计算的准确性。

3. 对比审查法

对比审查法就是用已建成工程预算或虽未建成但已审查修正的工程预算对比审查拟建的同类工程预算的一种方法。对比审查法一般适用的情况：第一，两个工程采用同一套施工图，但基础部分和现场条件不同；第二，两个工程设计相同，但建筑面积不同；第三，两个工程的面积相近，但设计图样不完全相同。以上几种情况，应根据工程条件的不同，区别对待。

4. 筛选审查法

筛选审查法也是一种对比方法。建筑工程虽然有面积和高度的不同，但是它们的各个分部分项工程的工程量、造价、用工量在每个单位面积上的数值变化不大，把这些数据加以汇集、优选，找出这些分部工程在单位建筑面积上的工程量、价格、用工的基本数值，归纳为工程量、造价（价值）、用工 3 个单方基本值表，并注明其适用的建筑标准。这些基本值如"筛子孔"，用来筛各分部分项工程，筛下去的就不审了；没有筛下去的就意味着此分部分项工程的单位建筑面积数值不在基本值范围内，应对该分部分项工程详细审查。如果所审查的结算的建筑标准与"基本值"所适用的标准不同，就要对其进行调整。筛选审查法的优点是简单易懂，便于掌握，审查速度快，发现问题快，但解决差错问题还需进一步审查。因此，此法适用于住宅工程或不具备全面审查条件的工程。

（四）审查的步骤

（1）核对合同条款。首先，应该审核竣工工程内容是否符合合同条件要求，工程是否竣工验收合格，只有按合同要求完成全部工程并验收合格才能列入竣工结算。其次，应按合同约定的结算方法、计价定额、取费标准、主材价格和优惠条款等，对工程竣工结算进行审核，若发现合同开口或有漏洞，应请建设单位与施工单位认真研究，明确结算要求。

（2）检查隐蔽验收记录。所有隐蔽工程均需进行验收，两人以上签证，实行工程监理的项目应经监理工程师签证确认。审核竣工结算时应该核对隐蔽工程施工记录和验收签证，手续完整，工程量与竣工图一致方可列入结算。

（3）落实设计变更签证。设计修改变更应由原设计单位出具设计变更通知单和修改图纸，设计、校审人员签字并加盖公章，经建设单位和监理工程师审查同意、签证；重大设计变更应经原审批部门审批，否则不应列入结算。

（4）按图核实工程数量。竣工结算的工程量应依据竣工图、设计变更单和现场签证等进行核算，并按国家统一规定的计算规则计算工程量。

（5）严格执行合同约定单价。结算单价应按合同约定或招投标规定的计价定额与计价原则执行。

（6）注意各项费用计取。建筑安装工程的取费标准应按合同要求核实各项费率、价格指数或换算系数是否正确，价差调整计算是否符合要求，再核实特殊费用和计算程序。要注意各项费用的计取基数，如安装工程间接费等是以人工费为基数，这个人工费是定额人工费与人工费调整部分之和。

（7）按合同要求分清是清单报价还是套定额取费。

（8）防止各种计算误差。工程竣工结算子目多、篇幅大，往往有计算误差，应认真核算，防止因计算误差多计或少算。

学习单元 2　工程结算的编制

 知识目标

（1）了解工程结算的编制依据、内容及方法。

199

（2）了解工程结算的编制格式组成。

 技能目标

（1）通过本单元的学习，能够清楚建设工程结算编制的依据、内容及方法。

（2）熟悉并掌握工程结算的编制格式组成。

基础知识

一、工程结算的编制依据

工程结算的编制依据有以下几项。

（1）国家有关法律、法规、规章制度和相关的司法解释。

（2）国务院建设行政主管部门以及各省、自治区、直辖市和有关部门发布的工程造价计价标准、计价办法、有关规定及相关解释。

（3）施工发承包合同、专业分包合同及补充合同，有关材料、设备采购合同。

（4）招标投标文件，包括招标答疑文件、投标承诺、中标报价书及其组成内容。

（5）工程竣工图或施工图、施工图会审记录，经批准的施工组织设计，以及设计变更、工程洽商和相关会议纪要。

（6）经批准的开、竣工报告或停、复工报告。

（7）建设工程工程量清单计价规范或工程预算定额、费用定额及价格信息、调价规定等。

（8）工程预算书。

（9）影响工程造价的相关资料。

（10）结算编制委托合同。

二、工程结算的编制内容

1. 工程结算采用工程量清单计价应包括的内容

（1）工程项目的所有分部分项工程量，以及实施工程项目采用的措施项目工程量。

（2）分部分项和措施项目以外的其他项目所需计算的各项费用。

2. 工程结算采用定额计价时应包括的内容

（1）套用定额的分部分项工程量、措施项目工程量和其他项目。

（2）为完成所有工程量和其他项目并按规定计算的人工费、材料费和施工机具使用费、企业管理费、利润、规费和税金。

3. 采用工程量清单或定额计价的工程结算还应包括的其他内容

（1）设计变更和工程变更费用。

（2）索赔费用。

（3）合同约定的其他费用。

三、工程结算的编制方法

工程结算的编制应区分施工发承包合同类型，采用相应的编制方法。

（1）采用总价合同的，应在合同价基础上对设计变更、工程洽商以及工程索赔等合同约定可以调整的内容进行调整。

（2）采用单价合同的，应计算或核定竣工图或施工图以内的各个分部分项工程量，依据合同约定的方式确定分部分项工程项目价格，并对设计变更、工程洽商、施工措施以及工程索赔等内容进行调整。

（3）采用成本加酬金合同的，应依据合同约定的方法计算各个分部分项工程以及设计变更、工程洽商、施工措施等内容的工程成本，并计算酬金及有关税费。

四、工程结算的编制格式组成

工程价款结算的编制格式包含 20 项内容。

（1）封面。封面即工程价款结算表格的封面，例如，竣工结算总价封面如图 8-1 所示。

竣工结算总价

_____工程

中标价（小写）：_____　（大写）_____

结算价（小写）：_____　（大写）_____

工程造价

发包人：_____　承包人：_____　咨询人：_____

（单位盖章）　（单位盖章）　（单位盖章）

法定代表人 法定代表人　法定代表人

或其授权人：_____　或其授权人：_____　或其授权人：_____

（签字盖章）　（签字盖章）　（签字盖章）

编制人：_____　　　核对人：_____

（造价人员签字盖专用章）　（造价人员签字盖专用章）

编制时间：　年　月　日　　核对时间：　年　月　日

图 8-1　竣工结算总价封面

（2）总说明。

（3）工程项目竣工结算汇总表，见表 8-2。

表 8-2   工程项目竣工结算汇总表

工程名称：   第 页 共 页

序号	单项工程名称	金额/元	其中	
			安全文明施工费/元	规费/元
合计				

（4）单项工程竣工结算汇总表，见表 8-3。

表 8-3   单项工程竣工结算汇总表

工程名称：   第 页 共 页

序号	单位工程名称	金额/元	其中	
			安全文明施工费/元	规费/元
合计				

（5）单位工程竣工结算汇总表，见表 8-4。

表 8-4   单位工程竣工结算汇总表

工程名称：   第 页 共 页

序号	汇总内容	金额/元
1	分部分项工程	
2	措施项目	
2.1	安全文明施工费	
3	其他项目	

序号	汇总内容	金额/元
3.1	专业工程结算	
3.2	计日工	
3.3	总承包服务费	
3.4	索赔与服务费	
4	规费	
5	税金	
竣工结算总价合计=1+2+3+4+5		

（6）分部分项工程量清单与计价表。

（7）工程量清单综合单价分析表。

（8）措施项目清单与计价表（一）。

（9）措施项目清单与计价表（二）。

（10）其他项目清单与计价汇总表。

（11）暂列金额明细表。

（12）材料暂估单价表。

（13）专业工程暂估价表。

（14）计日工表。

（15）总承包服务费计价表。

（16）索赔与现场签证计价汇总表，见表8-5。

表 8-5　　　　　　　　索赔与现场签证计价汇总表

工程名称：　　　　　　　　　　　　　　　　　　　　　　第　页　共　页

序号	签证及索赔项目名称	计量单位	数量	单价（元）	合价（元）	索赔及签证依据
	本页小计					
	合计					

（17）费用索赔申请（核准）表。

（18）现场签证表。

（19）规费、税金项目清单与计价。

（20）工程款支付申请（核准）表，见表8-6。

表 8-6　　　　　　　　　　工程款支付申请（核准）表

致：＿＿＿＿＿＿＿＿＿＿＿＿＿＿＿＿＿＿＿＿＿＿＿＿＿＿＿＿＿（发包人全称）

我方于＿＿＿至＿＿＿期间已完成了工作，根据施工合同的约定，现申请支付本期的＿＿＿＿＿＿＿

工程价款额为（大写）＿＿＿＿＿＿＿＿＿＿元，（小写）＿＿＿＿＿＿＿＿，请予核准。

序号	名称	金额/元	备注
1	累计已完成的工程价款		
2	累计已实际支付的工程价款		
3	本周期已完成的工程价款		
4	本周期应完成的计日金额		
5	本周期应增加和扣减的变更金额		
6	本周期应增加和扣减的索赔金额		
7	本周期应抵扣的预付款		
8	本周期应扣减的其他金额		
9	本周期应增加和扣减的其他金额		
10	本周期实际应支付的工程价款		

承包人（章）

承包人代表

日　　期

复核意见：	复核意见：
□与实际施工情况不相符，修改意见见附件 □与实际施工情况相符，具体金额由造价工程师复核 　　　　　　监理工程师 　　　　　　日　　期	你方提出支付申请经复核，本期间已完成工程价款额为（大写）＿＿＿＿＿元，（小写）＿＿＿＿＿元，本期间应支付金额为（大写）＿＿＿＿＿元，（小写）＿＿＿＿元 　　　　　　造价工程师 　　　　　　日　　期

审核意见：

□不同意。

□同意，支付时间为本表签发后的 15 天内。

发包人（章）

发包人代表

日　　期

注：本表一式四份，由承包人填报，发包人、监理人、造价咨询人、承包人各一份。

学习单元 3 工程预付备料款和工程进度款的支付

知识目标

（1）了解工程预付备料款的限额与拨付。

（2）熟悉工程预付备料款的扣还。

技能目标

（1）通过本单元的学习，能够清楚工程预付备料款的限额与拨付。

（2）能够掌握工程预付备料款计算。

 基础知识

出包建筑安装工程时，建设单位与施工单位签订出包合同，并按照约定由建设单位在工程开工前从投资中拨付给施工单位一定限额的资金，作为承包工程项目储备主要材料、结构件所需的流动资金，此即备料款，它是属于预付性质的款项。通常，建设单位按年度工作量的一定比例向施工单位预付备料资金，预付数额的多少以保证施工单位所需材料和结构件的正常储备为原则。

一、预付备料款的限额与拨付

建设单位向施工企业预付备料款的限额，一般取决于工程项目中主要材料和结构件费用占年度建筑安装工作量的比例（简称材料比例）、主要材料储备期、施工工期及年度建筑安装工作量，计算公式为

$$预付备材料 = \frac{年度建筑安装工作量 \times 主要材料所占比重}{年度施工日历天数} \times 材料储备天数$$

或

$$预付备料款 = 预付备料款额度 \times 年度建筑安装工作量$$

课堂案例

某工程计划年度完成建筑安装工作量为 600 万元，计划工期为 210 d，预算价值中材料费占 60%，材料储备期为 60 d，试确定预付工程备料款。

解： $预付备料款 = \dfrac{600 \times 60\%}{210} \times 60 = 102.86(万元)$

对于只包定额工日，不包材料定额，材料供应由建设单位负责的工程，没有预付备料款，只有按进度拨付的进度款。在实际工作中，为了简化备料款的计算，会确定一个系数即备料款额度，它是指施工单位预收工程备料款数额占年度建筑安装工作量的百分比，其公式为

$$预付备料款数额 = 出包工程年度建筑安装工作量 \times 预付备料款额度$$

预付备料款额度在建筑工程中一般不超过当年建筑（包括水、电、暖、卫等）工程工作量的 30%，大量采购预制结构件以及工期在 6 个月以内的工程可以适当增加；预付备料款额度在

安装工程中不得超过当年安装工程量的10%，安装材料用量比较大的工程可以适当增加。预付备料款的具体额度，由各地区有关部门和建设银行根据不同性质的工程和工期长短，在调查测算的基础上分类确定。预付备料款应在施工合同签订后由建设单位拨付，且不得超过规定的额度。凡是实行全包料的建设单位在合同签订后的一个月内，应通过建行将预付备料款一次全部拨给施工单位；凡是实行半包料或包部分材料的，应按施工单位的包料比重，相应地减少预付备料款的数额；包工不包料的，则不应拨付备料款。对跨年度的工程，应按下年度出包工程的建筑安装工程量和规定的预付备料款额度，重新计算应预付的备料款数额并进行调整。

二、预付备料款的扣还

预付备料款是按全年建筑安装工作量与所需占用的材料储备计算的，因而随着工程的进展、未完工程比例的减少，所需材料储备量也随之减少。预付的备料款应以抵扣工程价款的方式陆续扣还，待到工程竣工时，全部工程备料款抵扣完。

（一）确定工程备料款起扣点

确定预付备料款开始抵扣时间，应该以未施工工程所需主要材料及构配件的耗用额刚好同预付备料相等为原则，工程备料款的起扣点可按下式计算：

$$起扣点进度 = \left(1 - \frac{预付备料款的额度}{主材所占比重}\right) \times 100\%$$

（二）应扣工程备料款数额

工程进度达到起扣点时，应自起扣点开始，在每次结算的工程价款中扣抵工程备料款，抵扣的数量为本期工程价款数额和材料比重乘积。一般情况下，工程备料款的起扣点与工程价款结算间隔点不一定重合。因此，第一次扣还工程备料款数额计算式与其后各次工程备料款扣还数额计算式略有不同。具体计算式如下。

第一次扣还工程备料款数额=（累计完成建筑安装工程费用－起扣点金额）×主材比重

第二次及其以后各次扣还工程备料款数额=本期完成的建筑安装工程费用×主材比重

📖 课堂案例

某工程年度计划完成建筑安装产值为800万元，其6月份累计完成建筑安装产值为480万元，当月完成产值为110万元，7月份完成产值为100万元。按合同规定工程备料款额度为25%，材料所占比重为50%。试计算预付备料款，起扣点进度，起扣点金额及6、7月份应抵扣的工程备料款数额。

解：预付备料款数额=800×25%=200（万元）

$$起扣点进度 = \left(1 - \frac{25\%}{50\%}\right) \times 100\% = 50\%$$

起扣点金额=800×50%=400（万元）

6月份应抵扣的工程备料款数额=（480-400）×50%=40（万元）

7月份应抵扣的工程备料款数额=100×50%=50（万元）

三、工程进度款的计算

工程进度款是指在施工过程中，按逐月（或形象进度、或控制界面等）完成的工程数量计算的各项费用总和。

工程进度款的计算，主要涉及两个方面：一是工程量的计量［参见《建设工程工程量清单计价规范》（GB 50500—2013）］；二是单价的计算方法。

单价的计算方法主要根据由发包人和承包人事先约定的工程价格的计价方法决定。目前我国一般来讲，工程价格的计价方法可以分为工料单价和综合单价两种方法。二者在选择时，既可采取可调价格的方式，即工程价格在实施期间可随价格变化而调整，也可采取固定价格的方式，即工程价格在实施期间不因价格变化而调整，在工程价格中已考虑价格风险因素并在合同中明确了固定价格所包括的内容和范围。

可调工料单价法将人工、材料、机械再配上预算价作为直接成本单价，其他直接成本、间接成本、利润、税金分别计算；因为价格是可调的，其人工、材料等费用在竣工结算时按工程造价管理机构公布的竣工调价系数或按主材计算差价或主材用抽料法计算，次要材料按系数计算差价而进行调整。固定综合单价法是包含了风险费用在内的全费用单价，故不受时间价值的影响。由于两种计价方法的不同，因此工程进度款的计算方法也不同。

当采用可调工料单价法时，在确定已完工程量后，可按以下步骤计算工程进度款。

（1）根据已完工程量的项目名称、分项编号、单价得出合价。

（2）将本月所完全部项目合价相加，得出直接工程费小计。

（3）按规定计算措施费、间接费、利润。

（4）按规定计算主材差价或差价系数。

（5）按规定计算税金。

（6）累计本月应收工程进度款。

用固定综合单价法计算工程进度款比用可调工料单价法更方便、省事，工程量得到确认后，只要将工程量与综合单价相乘得出合价，再累加即可完成本月工程进度款的计算工作。

四、工程进度款的支付

工程进度款的支付，一般按当月实际完成工程量进行结算，工程竣工后办理竣工结算。

在工程价款结算中，应在施工过程中双方确认计量结果后 14 d 内，按完成工程数量支付工程进度款。

学习单元 4　工程索赔

知识目标

（1）了解工程索赔的概念、分类、原则及程序。

（2）了解工程索赔的依据及构成条件。

（3）掌握工程索赔的计算。

技能目标

（1）通过本单元的学习，能够清楚工程索赔的原则和程序。

207

（2）了解工程索赔的依据及构成条件。

（3）能够正确进行工程索赔的计算。

 基础知识

一、索赔的概念与法律渊源

（一）索赔概念

建设工程索赔通常是指在工程合同履行过程中，合同当事人一方因对方不履行或未能正确履行合同或者由于其他非自身因素而受到经济损失或权利损害，通过合同规定的程序向对方提出经济或时间补偿要求的行为。

索赔一词来源于英语"claim"，其原意表示"有权要求"，法律上叫"权利主张"，并没有赔偿的意思。工程建设索赔通常是指在合同履行过程中，对于并非自己的过错，而是应由对方承担责任的情况造成的实际损失，向对方提出经济补偿和（或）工期顺延的要求。

（二）相关法律

建设工程索赔相关法律包括《中华人民共和国建筑法》《中华人民共和国经济法》《最高人民法院关于审理建设工程施工合同纠纷案件适用法律问题的解释》。

二、索赔的分类

（一）按索赔的当事人分类

根据索赔的合同当事人不同，可以将工程索赔分为以下两类。

1. 承包人与发包人之间的索赔

该类索赔发生在建设工程施工合同的双方当事人之间，既包括承包人向发包人的索赔，也包括发包人向承包人的索赔。但是在工程实践中，经常发生的索赔事件，大都是承包人向发包人提出的，本教材中所提及的索赔，如果未作特别说明，即是指此类情形。

2. 总承包人和分包人之间的索赔

在建设工程分包合同履行过程中，索赔事件发生后，无论是发包人的原因还是总承包人的原因所致，分包人都只能向总承包人提出索赔要求，而不能直接向发包人提出。

（二）按索赔的目的和要求分类

根据索赔的目的和要求不同，可以将工程索赔分为工期索赔和费用索赔。

1. 工期索赔

工期索赔一般是指承包人依据合同约定，对于非因自身原因导致的工期延误向发包人提出工期顺延的要求。工期顺延的要求获得批准后，不仅可以免除承包人承担拖期违约赔偿金的责任，而且承包人还有可能因工期提前获得赶工补偿（或奖励）。

2. 费用索赔

费用索赔的目的是要求补偿承包人（或发包人）的经济损失，费用索赔的要求如果获得批准，必然会引起合同价款的调整。

（三）按索赔事件的性质分类

根据索赔事件的性质不同，可以将工程索赔分为以下几类。

1. 工程延误索赔

因发包人未按合同要求提供施工条件，或因发包人指令工程暂停或不可抗力事件等原因造成工期拖延的，承包人可以向发包人提出索赔；如果由于承包人原因导致工期拖延，发包人可以向承包人提出索赔。

2. 加速施工索赔

由于发包人指令承包人加快施工速度，缩短工期，引起承包人的人力、物力、财力的额外开支，承包人可以就此提出索赔。

3. 工程变更索赔

由于发包人指令增加或减少工程量或增加附加工程、修改设计、变更工程顺序等，造成工期延长和（或）费用增加，承包人可以就此提出索赔。

4. 合同终止的索赔

由于发包人违约或发生不可抗力事件等原因造成合同非正常终止，承包人因其遭受经济损失而提出索赔。如果由于承包人的原因导致合同非正常终止，或者合同无法继续履行，发包人可以就此提出索赔。

5. 不可预见的不利条件索赔

承包人在工程施工期间，施工现场遇到一个有经验的承包人通常不能合理预见的不利施工条件或外界障碍，例如地质条件与发包人提供的资料不符，出现不可预见的地下水、地质断层、溶洞、地下障碍物等，承包人可以就此遭受的损失提出索赔。

6. 不可抗力事件的索赔

工程施工期间，因不可抗力事件的发生而遭受损失的一方，可以根据合同中对不可抗力风险分担的约定，向对方当事人提出索赔。

7. 其他索赔

如因货币贬值、汇率变化、物价上涨、政策法令变化等原因引起的索赔。

三、索赔的依据与构成索赔的条件

（一）索赔的依据

提出索赔的依据主要有以下几方面。

（1）招标文件、施工合同文本及附件、补充协议、施工现场的各类签认记录，经认可的施工进度计划书，工程图纸及技术规范等。

（2）双方往来的信件及各种会议、会谈纪要。

（3）施工进度计划和实际施工进度记录、施工现场的有关文件（施工记录、备忘录、施工月报、施工日志等）及工程照片。

（4）气象资料、工程检查验收报告和各种技术鉴定报告、工程中送停电、送停水、道路开通和封闭的记录和证明。

（5）国家有关法律法令政策性文件。

（6）发包人或者工程师签认的签证。

（7）工程核算资料、财务报告、财务凭证等。

（8）各种验收报告和技术鉴定。

（9）工程有关的图片和录像。

（10）备忘录。对工程师或业主的口头指示和电话指示应随时书面记录，并请给予书面确认。

（11）投标前发包人提供的现场资料和参考资料。

（12）其他，如官方发布的物价指数、汇率、规定等。

（二）构成施工项目索赔条件的事件

索赔条件，又称干扰事件，是指那些使实际情况与合同规定不符，最终引起工期和费用变化的各类事件。通常承包商可以索赔的事件有以下几类。

（1）发包人违反合同给承包人造成时间和费用的损失。

（2）因工程变更（含设计变更，发包人提出的工程变更，监理工程师提出的工程变更，以及承包人提出并经监理工程师批准的变更）造成时间和费用的损失。

（3）发包人提出提前完成项目或缩短工期而造成承包人的费用增加。

（4）发包人延期支付造成承包人的损失。

（5）非承包人的原因导致工程的暂时停工。

（6）物价上涨，法规变化及其他。

四、索赔成立的条件

（1）索赔事件已造成了承包人直接经济损失或工期延误。

（2）造成费用增加或工期延误的索赔事件是非因承包人的原因发生的。

（3）承包人已经按照工程施工合同规定的期限和程序提交了索赔意向通知、索赔报告及相关证明材料。

五、索赔的计算

（一）工期索赔

工期索赔，一般是指承包人依据合同对由于非因自身原因导致的工期延误向发包人提出的工期顺延要求。

1. 工期索赔中应当注意的问题

在工期索赔中特别应当注意以下问题。

（1）划清施工进度拖延的责任。因承包人的原因造成施工进度滞后，属于不可原谅的延期；只有承包人不应承担任何责任的延误，才是可原谅的延期。有时工程延期的原因中可能包含有双方责任，此时监理人应进行详细分析，分清责任比例，只有可原谅延期部分才能批准顺延合同工期。可原谅延期，又可细分为可原谅并给予补偿费用的延期和可原谅但不给予补偿费用的延期；后者是指非承包人责任的影响并未导致施工成本的额外支出，大多属于发包人应承担风险责任事件的影响，如异常恶劣的气候条件影响的停工等。

（2）被延误的工作应是处于施工进度计划关键线路上的施工内容。只有位于关键线路上工作内容的滞后，才会影响到竣工日期。但有时也应注意，既要看被延误的工作是否在批准进度计划的关键路线上，又要详细分析这一延误对后续工作的可能影响。因为若对非关键路线工作的影响时间较长，超过了该工作可用于自由支配的时间，也会导致进度计划中非关键路线转化为关键路线，其滞后将影响总工期的拖延。此时，应充分考虑该工作的自由时间，给予相应的工期顺延，并要求承包人修改施工进度计划。

2. 工期索赔的具体依据

承包人向发包人提出工期索赔的具体依据主要包括以下内容。

（1）合同约定或双方认可的施工总进度规划。

（2）合同双方认可的详细进度计划。

（3）合同双方认可的对工期的修改文件。

（4）施工日志、气象资料。

（5）业主或工程师的变更指令。

（6）影响工期的干扰事件。

（7）受干扰后的实际工程进度等。

3. 工期索赔的计算方法

（1）直接法。如果某干扰事件直接发生在关键线路上，造成总工期的延误，可以直接将该干扰事件的实际干扰时间（延误时间）作为工期索赔值。

（2）比例计算法。如果某干扰事件仅仅影响某单项工程、单位工程或分部分项工程的工期，要分析其对总工期的影响，可以采用比例计算法。

（3）网络图分析法。网络图分析法是利用进度计划的网络图，分析其关键线路。如果延误的工作为关键工作，则延误的时间为索赔的工期；如果延误的工作为非关键工作，当该工作由于延误超过时差而成为关键工作时，可以索赔延误时间与时差的差值；若该工作延误后仍为非关键工作，则不存在工期索赔问题。

该方法通过分析干扰事件发生前和发生后网络计划的计算工期之差来计算工期索赔值，可以用于各种干扰事件和多种干扰事件共同作用所引起的工期索赔。

4. 共同延误的处理

在实际施工过程中，工期拖期很少是只由一方造成的，往往是两、三种原因同时发生（或相互作用）而形成的，故称为"共同延误"。在这种情况下，要具体分析哪一种情况延误是有效的，应依据以下原则。

（1）首先判断造成拖期的哪一种原因是最先发生的，即确定"初始延误"者，它应对工程拖期负责。在初始延误发生作用期间，其他并发的延误者不承担拖期责任。

（2）如果初始延误者是发包人原因，则在发包人原因造成的延误期内，承包人既可得到工期延长，又可得到经济补偿。

（3）如果初始延误者是客观原因，则在客观因素发生影响的延误期内，承包人可以得到工期延长，但很难得到费用补偿。

（4）如果初始延误者是承包人原因，则在承包人原因造成的延误期内，承包人既不能得到工期补偿，也不能得到费用补偿。

（二）费用索赔

1. 索赔费用的组成

对于不同原因引起的索赔，承包人可索赔的具体费用内容是不完全一样的。但归纳起来，索赔费用的要素与工程造价的构成基本类似，一般可归结为人工费、材料费、施工机械使用费、分包费、施工管理费、利息、利润、保险费等。

（1）人工费。人工费的索赔包括：由于完成合同之外的额外工作所花费的人工费用；超过法定工作时间加班劳动；法定人工费增长；非因承包商原因导致工效降低所增加的人工费用；

非因承包商原因导致工程停工的人员窝工费和工资上涨费等。在计算停工损失中的人工费时，通常采取人工单价乘以折算系数计算。

（2）材料费。材料费的索赔包括：由于索赔事件的发生造成材料实际用量超过计划用量而增加的材料费；由于发包人原因导致工程延期期间的材料价格上涨和超期储存费用。材料费中应包括运输费、仓储费以及合理的损耗费用。如果由于承包商管理不善，造成材料损坏失效，则不能列入索赔款项内。

（3）施工机械使用费。施工机械使用费的索赔包括：由于完成合同之外的额外工作所增加的机械使用费；非因承包人原因导致工效降低所增加的机械使用费；由于发包人或工程师指令错误或迟延导致机械停工的台班停滞费。在计算机械设备台班停滞费时，不能按机械设备台班费计算，因为台班费中包括设备使用费。如果机械设备是承包人自有设备，一般按台班折旧费计算；如果是承包人租赁的设备，一般按台班租金加上每台班分摊的施工机械进出场费计算。

（4）现场管理费。现场管理费的索赔包括承包人完成合同之外的额外工作以及由于发包人原因导致工期延期期间的现场管理费，包括管理人员工资、办公费、通信费、交通费等。

其中，现场管理费率的确定可以选用下面的方法：①合同百分比法，即管理费比率在合同中规定；②行业平均水平法，即采用公开认可的行业标准费率；③原始估价法，即采用投标报价时确定的费率；④历史数据法，即采用以往相似工程的管理费率。

（5）总部（企业）管理费。总部管理费的索赔主要指的是由于发包人原因导致工程延期期间所增加的承包人向公司总部提交的管理费，包括总部职工工资、办公大楼折旧、办公用品、财务管理、通信设施以及总部领导人员赴工地检查指导工作等开支。

（6）保险费。因发包人原因导致工程延期时，承包人必须办理工程保险、施工人员意外伤害保险等各项保险的延期手续，对于由此而增加的费用，承包人可以提出索赔。

（7）保函手续费。因发包人原因导致工程延期时，承包人必须办理相关履约保函的延期手续，对于由此而增加的手续费，承包人可以提出索赔。

（8）利息。利息的索赔包括：发包人拖延支付工程款利息；发包人迟延退还工程质量保证金的利息；承包人垫资施工的垫资利息；发包人错误扣款的利息等。至于具体的利率标准，双方可以在合同中明确约定，没有约定或约定不明的，可以按照中国人民银行发布的同期同类贷款利率计算。

（9）利润。一般来说，由于工程范围的变更、发包人提供的文件有缺陷或错误、发包人未能提供施工场地以及因发包人违约导致的合同终止等事件引起的索赔，承包人都可以列入利润。比较特殊的是，根据《标准施工招标文件》（2007年版）通用合同条款第11.3款的规定，对于因发包人原因暂停施工导致的工期延误，承包人有权要求发包人支付合理的利润。索赔利润的计算通常是与原报价单中的利润百分率保持一致。但是应当注意的是，由于工程量清单中的单价是综合单价，已经包含了人工费、材料费、施工机具使用费、企业管理费、利润以及一定范围内的风险费用，在索赔计算中不应重复计算。

由于一些引起索赔的事件，同时也可能是合同中约定的合同价款调整因素（如工程变更、法律法规的变化以及物价波动等），因此，对于已经进行了合同价款调整的索赔事件，承包人在费用索赔的计算时，不能重复计算。

（10）分包费用。由于发包人的原因导致分包工程费用增加时，分包人只能向总承包人提出索赔，但分包人的索赔款项应当列入总承包人对发包人的索赔款项中。分包费用索赔指的是分包人的索赔费用，一般也包括与上述费用类似的索赔。

2. 费用索赔的计算方法

索赔费用的计算应以赔偿实际损失为原则，包括直接损失和间接损失。索赔费用的计算方法通常有 3 种，即实际费用法、总费用法和修正的总费用法。

（1）实际费用法。实际费用法又称分项法，即根据索赔事件所造成的损失或成本增加，按费用项目逐项进行分析、计算索赔金额的方法。这种方法比较复杂，但能客观地反映施工单位的实际损失，比较合理，易于被当事人接受，在国际工程中被广泛采用。由于索赔费用组成的多样化，不同原因引起的索赔，承包人可索赔的具体费用内容有所不同，必须具体问题具体分析。由于实际费用法所依据的是实际发生的成本记录或单据，所以，在施工过程中，系统而准确地积累记录资料是非常重要的。

（2）总费用法。总费用法，也被称为总成本法，就是当发生多次索赔事件后，重新计算工程的实际总费用，再从该实际总费用中减去投标报价时的估算总费用，即为索赔金额。

但是，在总费用法的计算方法中，没有考虑实际总费用中可能包括由于承包商的原因（如施工组织不善）而增加的费用，投标报价估算总费用也可能由于承包人为谋取中标而导致过低的报价，因此，总费用法并不十分科学。只有在难于精确地确定某些索赔事件导致的各项费用增加额时，总费用法才得以采用。

（3）修正的总费用法。修正的总费用法是对总费用法的改进，即在总费用计算的原则上，去掉一些不合理的因素，使其更为合理。修正的内容如下。

① 将计算索赔款的时段局限于受到索赔事件影响的时间，而不是整个施工期。

② 只计算受到索赔事件影响时段内的某项工作所受影响的损失，而不是计算该时段内所有施工工作所受的损失。

③ 与该项工作无关的费用不列入总费用中。

④ 对投标报价费用重新进行核算，即按受影响时段内该项工作的实际单价进行核算，乘以实际完成的该项工作的工程量，得出调整后的报价费用。

> ### 课堂案例
>
> 某施工合同约定，施工现场主导施工机械一台，由施工企业租得，台班单价为 300 元/台班，租赁费为 100 元/台班，人工工资为 40 元/工日，窝工补贴为 10 元/工日，以人工费为基数的综合费率为 35%。在施工过程中，发生了如下事件：①出现异常恶劣天气导致工程停工 2 d，人员窝工 30 个工日；②因恶劣天气导致场外道路中断，抢修道路用工 20 工日；③场外大面积停电，停工 2 d，人员窝工 10 工日。为此，施工企业可向业主索赔费用为多少？
>
> **解：** 各事件处理结果如下。
>
> （1）异常恶劣天气导致的停工通常不能进行费用索赔。
>
> （2）抢修道路用工的索赔额 $=20 \times 40 \times （1+35\%）=1\,080$（元）
>
> （3）停电导致的索赔额 $=2 \times 100+10 \times 10=300$（元）
>
> $$总索赔费用 =1\,080+300=1\,380（元）$$

六、索赔的程序

（1）索赔事件发生后 28 d 内，向监理工程师发出索赔意向通知。

（2）发出索赔意向通知后的 28 d 内，向监理工程师提交补偿经济损失和（或）延长工期的索赔报告及有关资料。

（3）监理工程师在收到承包人送交的索赔报告和有关资料后，于 28 d 内给予答复。

（4）监理工程师在收到承包人送交的索赔报告和有关资料后，28 d 内未予答复或未对承包人作进一步要求，视为该项索赔已经认可。

（5）当该索赔事件持续进行时，承包人应当阶段性向监理工程师发出索赔意向通知。在索赔事件终了后 28 d 内，向监理工程师提供索赔的有关资料和最终索赔报告。

七、索赔处理的原则

（1）必须以合同为依据。

（2）及时、合理地处理索赔，以完整、真实的索赔证据为基础。

（3）加强主动控制，减少索赔。

八、现场签证

现场签证是在施工过程中遇到问题时，由于报批需要时间，所以在施工现场由现场负责人当场审批的一个过程。

现场签证属于由承包人根据承包合同约定而提出的关于零星用工量、零星用机械量、设计变更或工程洽商所引致返工量、合同外新增零星工程量的确认。

（一）现场签证的原因

（1）建设单位对项目建设的构思多，变化多。

（2）招投标所采用的设计文件、招标说明不够详尽。

（3）不可预见的地下障碍物拆除、恢复。

（4）人力不可抗拒的损失，如地质条件变化、施工条件变化、天气变化引起的损失。

（5）措施性工程。

（二）现场签证的意义

建筑工程现场签证的意义主要体现在以下几方面。

（1）工程建设是一个周期长、技术性强、涉及面广的系统工程，在实践过程中，由于诸多不确定因素的影响必然会发生现场签证，而最终以工程价款的变化体现在工程结算中。因此，建筑工程现场签证是保障工程顺利进行的法律武器。

（2）现代建设工程投资规模较大，技术含量高，设备材料型号规格多，价格变化快，在项目决策与设计阶段难以作出完整的预见和约定；此外，在实施过程中，主客观条件的变化也会给整个施工过程带来不确定的因素。故而，在整个施工过程中会发生调整，导致现场签证，从而最终以价格的形式体现在工程结算中。因此，现场签证有利于灵活调整施工进程。

（3）·由于设计粗糙，设计单位本身管理不到位，各专业之间配合不密切，产生的错、碰、缺、漏而发生设计变更的签证。市场变化快，新材料、新工艺、新的施工方法不断推陈出新，或某种材料短缺而发生材料代换，也是产生现场签证的重要原因。因此，建筑工程现场签证有利于弥补这一漏洞，有利于补充新的内容。

（4）某些技改项目、修复工程、二次装修工程，有的是在边使用边施工状态下进行的，对新老水、暖、电、气等的衔接，障碍物的处理，设计上根本不可能做到一步到位，要根据现场实际进行变更修正。特别是二次装修工程，由于人们的审美观念不断变化，对细部要求和装饰效果也经常发生变化，这也导致现场签证的发生。因此，现场签证更有利于建设单位方便管理、协调环境等。

（三）现场签证的原则

在签证过程中尤其是要坚持以下 8 个原则。

（1）量价分离的原则。工程量签证要尽可能做到详细。不能笼统含糊其辞，以预算审批部门进行工程量计算方便为原则。凡明确计算工程量的内容，只能签工程量而不能签人工工日和机械台班数量。

（2）实事求是的原则。首先未经核实不能盲目签证，内容要与实际相符。若无法计算工程量的内容，可只签所发生的人工工日或机械台班数量，但应严格把握，实际发生多少签多少，不得将其他因素考虑进去以增大数量进行补偿。

（3）现场跟踪原则。为了加强管理，严格投资控制，凡是费用超过 1 万元的签证，在费用发生之前，施工单位应与现场监理人员以及造价审核人员一同到现场察看。

（4）废料回收原则。因现场签证中许多是障碍物拆除和措施性工程。所以，凡是拆除和措施工程中发生的材料或设备需要回收的（不回收的需注明），应签明回收单位，并由回收单位出具回收证明。

（5）及时处理原则。建设工程周期性长，要避免只靠回忆来进行签证，应该在变更发生之际及时处理。

（6）检查重复原则。检查现场签证内容是否与合同内容重复，避免无效签证的发生。

（7）计费方式原则。计费方式参照主合同计费方式，没有的协商处理或仲裁。

（8）坚持有据原则。以证据为准、真实合法，做到有事实依据支持，例如采取现场拍照留底等方式。

总而言之，现场签证是一项技术性、专业性、政策性很强的工作，它贯穿于建设工程各阶段，整个签证过程也是一个系统工程。要充分认识到签证控制是关键，创造适宜的条件，合理确定管理目标，采用科学的方法，切实从具体工作做起，规范现场签证，做到事前控制、事后及时处理，才能起到事半功倍的效果。

（四）现场签证的重要环节

现场签证在项目施工中是不可避免的环节，不仅对工程成本产生直接影响，而且对工程造价管理中存在的"三超"隐患，起着制约作用。因此，加强现场签证管理，堵塞"漏洞"，把现场签证费用缩小到最小限度，应注意以下几个重要的环节。

（1）现场签证必须是书面形式，手续要齐全。

（2）凡是定额内有规定的项目不得签证。

（3）现场签证必须有发、承包主体（业主、施工、监理）代表签字，对于签证价格较大或大宗材料单价，必须加盖公章。

（4）现场签证的内容、数量、项目、原因、部位、日期、结算方式、结算单价等要明确。做什么填什么，要明确使用材料名称、规格、型号、几何尺寸、细部尺寸、数量，经发、承包主体代表签证核实，价款的结算方式、单价的确定应明确商定，且单价要合理。

（5）现场签证一定要及时，在施工中随发生随进行签证，应当做到"随做随签，一项一签，一事一单，要有金额，工完签完"，以免时过境迁，发生补签和结算困难。

对于一些重大的现场变化，还应及时拍照或录像，以保存第一手的原始资料。

（6）现场签证要一式 5 份，各方至少保存 1 份原件，避免自行修改，为结算时提供真实可靠的凭据。

（7）签证各方代表应认真对待现场签证工作，提高责任感。现场签证应公正合理，实事求是。遇到问题，双方协商解决，及时签证，及时处理。

（8）签证单应编号归档，在送审时，统一由送审单位加盖"送审资料"章，以证明此签证单由送审单位提交给审核单位，避免在审核过程中，各方根据自己的需要，自行补交签证单。

（五）现场签证报告

1. 现场签证报告的确认

承包人应在收到发包人指令后的 7 d 内，向发包人提交现场签证报告，发包人应在收到现场签证报告后的 48 h 内对报告内容进行核实，予以确认或提出修改意见。发包人在收到承包人现场签证报告后的 48 h 内未确认也未提出修改意见的，视为承包人提交的现场签证报告已被发包人认可。

2. 现场签证报告的要求

（1）现场签证的工作如果已有相应的计日工单价，现场签证报告中仅列明完成该签证工作所需的人工、材料、工程设备和施工机械台班的数量。

（2）如果现场签证的工作没有相应的计日工单价，应当在现场签证报告中列明完成该签证工作所需的人工、材料、工程设备和施工机械台班的数量及其单价。

现场签证工作完成后的 7d 内，承包人应按照现场签证内容计算价款，报送发包人确认后，作为增加合同价款，与进度款同期支付。

学习案例

某施工单位承包某工程项目，甲乙双方签订的关于工程价款的合同内容如下。

1. 建筑安装工程造价 660 万元，建筑材料及设备费占施工产值的比重为 60%。

2. 工程预付款为建筑安装工程造价的 20%。工程施工后，工程预付款从未施工工程尚需的建筑材料及设备费相当于工程预付款数额时起扣，从每次结算工程价款中按材料和设备占施工产值的比重抵扣工程预付款，竣工前全部扣清。

3. 工程进度款逐月计算。

4. 工程质量保证金为建筑安装工程造价的 3%，竣工结算月一次扣留。

5. 建筑材料和设备价差调整按当地工程造价管理部门有关规定执行（当地工程造价管理部门规定，上半年材料和设备价差上调10%，在 6 月份一次调增）。

工程各月实际完成产值见表 8-7。

表 8-7　　　　　　　　　工程各月实际完成产值

月份	2	3	4	5	6	合计
完成产值/万元	55	110	165	220	110	660

想一想

1. 通常工程竣工结算的前提条件是什么？

2. 工程价款结算的方式有哪几种？

3. 该工程的工程预付款、起扣点为多少？

4. 该工程 2 月至 5 月每月拨付工程款为多少？累计工程款为多少？

5. 6月份办理工程竣工结算，该工程结算造价为多少？甲方应付工程结算款为多少？

6. 该工程在保修期间发生屋面漏水，甲方多次催促乙方修理，乙方一再拖延，最后甲方另请施工单位修理，修理费1.5万元，该项费用如何处理？

案例分析

1. 工程竣工结算的前提条件是承包商按照合同规定的内容全部完成所承包的工程，并符合合同要求，经相关部门联合验收质量合格。

2. 工程价款的结算方式主要分为按月结算、按节点分段结算、竣工后一次结算和双方约定的其他结算方式。

3. 工程预付款=660×20%=132（万元）

$$起扣点=660-132/60\%=440（万元）$$

4. 各月拨付款及累计工程款如下。

2月：工程款55万元，累计工程款55（万元）

3月：工程款110万元，累计工程款=55+110=165（万元）

4月：工程款165万元，累计工程款=165+165=330（万元）

5月：工程款220-（220+330-440）×60%=154（万元）

$$累计工程款=330+154=484（万元）$$

5. 工程结算总价：

$$660+660×0.6×10\%=699.6（万元）$$

甲方应付工程结算款：

$$699.6-484-（699.6×3\%）-132=62.612（万元）$$

6. 1.5万元维修费应从扣留乙方（承包方）的质量保证金中支付。

217

📑知识拓展

索赔的技巧

在工程建设各阶段，都可能发生索赔。但发生索赔最集中、处理难度最复杂的情况发生在施工阶段，因此，我们通常说的工程建设索赔主要是指工程施工的索赔。

合同执行的过程中，如果一方认为另一方没能履行合同义务或妨碍了自己履行合同义务或是当发生合同中规定的风险事件后，结果造成经济损失，此时受损方通常会提出索赔要求。显然，索赔是一个问题的两个方面，是签订合同的双方各自应该享有的合法权利，实际上是业主与承包商之间在分担工程风险方面的责任再分配。

索赔是合同执行阶段一种避免风险的方法，同时也是避免风险的最后手段。工程建设索赔在国际建筑市场上是承包商保护自身正当权益、弥补工程损失、提高经济效益的重要手段。许多工程项目通过成功地索赔，能使工程收入的改善达到工程造价的10%~20%，有些工程的索赔甚至超过了工程合同额本身。在国内，索赔及其管理还是工程建设管理中一个相对薄弱的环节。

索赔是一种正当的权利要求，它是业主、监理工程师和承包商之间一项正常的、大量发生而普遍存在的合同管理业务，是一种以法律和合同为依据、合情合理的行为。

索赔的技巧分为以下两种。

一、做好资料收集、整理签证工作

"有理"才能走四方，"有据"才能行得端，"按时"才能不失效。所以，必须在施工全过程中及时做好索赔资料的收集、整理、签证工作。索赔直接牵涉到当事人双方的切身经济利益，靠花言巧语不行，靠胡搅蛮缠不行，靠不正当手段更不行。

索赔成功的基础在于充分的事实、确凿的证据。而这些事实和证据只能来源于工程承包全过程的各个环节之中。关键在于用心收集、整理好，并辅之以相应的法律法规及合同条款，使之真正成为成功索赔的依据。

学习招标文件、合同条款及相关的法律法规尤为重要。项目部每个专业、每个部门都应认真学习。在工程开工前应搜集有关资料，包括工程地点的交通条件，"三通一平"情况，供水、供电是否满足施工需要，水、电价格是否超过预算价，地下水位的高度，土质状况，是否有障碍物等。组织各专业技术人员仔细研究施工图纸，互相交流，找出图纸中疏漏、错误、不明、不祥、不符合实际、各专业之间相互冲突等问题。

在图纸会审中应认真做好施工图会审纪要，因为施工图会审纪要是施工合同的重要组成部分，也是索赔的重要依据。

施工中应及时进行预测性分析，发现可能发生索赔事项的分部分项工程，如遇到灾害性气候、发现地下障碍物、软基础或文物；以及征地拆迁、施工条件等外部环境影响等。

业主要求变更施工项目的局部尺寸及数量或调整施工材料、更改施工工艺等；停水、停电超过原合同规定时限；因建设单位或监理单位要求延缓施工或造成工程返工、窝工、增加工程量等。以上这些事项均是提出索赔的充分理由，都不能轻易放过。

施工组织设计及专项施工方案，施工进度、劳动力及工机具计划，也是工程索赔的依据。

二、正确处理好同业主与监理的关系

索赔必须取得监理的认可，索赔的成功与否，监理起着关键性作用。索赔直接关系到业主的切身利益，承包商索赔的成败在很大程度上取决于业主的态度。因此，要正确处理好同业主、监理的关系，在实际工作中树立良好的信誉。

古人云：人无信不立，事无信不成，业无信不兴。诚信是整个社会发展成长的基石。因此，按诚信为本、操守为重的理念，健全企业内部管理体系和质量保证体系，诚信服务，确保工程质量，树立品牌意识，加大管理力度，在业主与监理的心目中赢得良好的信誉。比如，施工现场次序井然，场容整洁；项目经理做到有令即行，有令即止。

总之，要搞好相互关系，保持友好合作的气氛，互相信任。对业主或监理的过失，承包商应表示理解和同情，用真诚换取对方的信任和理解。创造索赔的平和气氛，避免感情上的障碍。

情境小结

1. 建设工程结算的作用：工程价款结算是反映工程进度的主要指标；工程价款结算是加速资金周转的重要环节；工程价款结算是考核经济效益的重要指标。工程结算采用工程量清单计价的内容包括：工程项目的所有分部分项工程量，以及实施工程项目采用的措施项目工程量；分部分项和措施项目以外的其他项目所需计算的各项费用。工程结算采用定额计价的内容包括：套用定额的分部分项工程量、措施项目工程量和其他项目；为完成所有工程量和其他项目并按规定计算的人工费、材料费和施工机具使用费、企业管理费、利润、规费和税金。采用工程量清单或定额计价的工程结算还应包括：设计变更和工程变更费用；索赔费用；合同约定的其他费用。工程结算应按准备、编制和定稿三个工作阶段进行，并实行编制人、校对人和审核人分别署名盖章确认的内部审核制度。工程结算编制中涉及的工程单价应按合同要求分别采用综合单价或工料单价。工程量清单计价的工程项目应采用综合单价；定额计价的工程项目可采用工料单价。

2. 我国现行工程价款结算根据不同情况，可采取多种方式，包括按月结算、竣工后一次结算、分段结算、目标结算和结算双方约定的其他结算方式。目标结算方式实质上是运用合同手段、财务手段对工程的完成进行主动控制。建筑安装工程费用结算包括工程预付款、工程进度款的支付、工程保修金（尾留款）的预留、其他费用的支付和竣工结算。工程预付款则包括工程预付款的支付和工程预付款的扣回。施工企业在施工过程中，按逐月（或形象进度、或控制界面等）完成的工程数量计算各项费用，向建设单位（业主）办理工程进度款的支付（即中间结算）。工程竣工结算分为单位工程竣工结算、单项工程竣工结算和建设项目竣工总结算。

3. 工程结算审查应按准备、审查和审定三个工作阶段进行，并实行编制人、校对人和审核人分别署名盖章确认的内部审核制度。工程结算的审查应依据施工发承包合同约定的结算方法进行，根据施工发承包合同类型，采用不同的审查方法，包括总价合同的审查、单价合同的审查和成本加酬金合同的审查。

4. 索赔的依据主要有合同文件，法律、法规，工程建设惯例。常见的索赔证据主要有各种合同文件；经过发包人或者工程师（监理人）批准的承包人的施工进度计划、施工方案、施工组织设计和现场实施情况记录；施工日记和现场记录；工程有关照片和录像等；备忘录；发包人或者工程师（监理人）签认的签证；工程各种往来函件、通知、答复等。索赔证据应该具有真实性、及时性、全面性、关联性、有效性。索赔的成立，应该同时具备以下三个前提条件：①与合同对照，事件已造成了承包人工程项目成本的额外支出或直接工期损失；②造成费用增加或工期损失的原因，按合同约定不属于承包人的行为责任或风险责任；③承包人按合同规定的程序和时间提交索赔意向通知和索赔报告。

学习检测

一、填空题

1. 工程价款结算是指承包商在工程实施过程中，依据承包合同中关于付款条款的规定和已经完成的工程量，并按照规定的程序向建设单位（业主）收取工程价款的一项_____活动。

2. 工程结算的编制方法：_____、_____、_____。

3. 我国现行工程价款结算根据不同情况，可采取多种方式：_____、_____、_____、目标结算以及结算双方约定的其他结算方式。

4. 发包人根据工程特点、工期长短、市场行情、供求规律等因素，招标时在合同条件中约定工程预付款的_____。

5. 工程进度款的计算，主要涉及两个方面：一是_____；二是_____。

6. 在工程价款结算中，应在施工过程中双方确认计量结果后_____天内，按完成工程数量支付工程进度款。

7. 索赔费用的计算方法分别为＿＿＿＿＿＿和＿＿＿＿＿＿。

8. 索赔证据应该具有＿＿＿＿＿＿、＿＿＿＿＿＿、＿＿＿＿＿＿、关联性、有效性。

二、选择题

1. 某工程实施过程中，发现工程量清单漏项，而合同对此没有约定，则作为结算依据的相应综合单价应由（　）。

    A. 承包人提出，建筑师确认　　　　　B. 建筑师提出，发包人确认

    C. 发包人提出，建筑师确认　　　　　D. 承包人提出，发包人确认

2. 确定工程预付款的支付额度时，应考虑的主要因素是（　）。

    A. 工期与施工方法　　　　　　　　　B. 施工方法与施工组织措施

    C. 工期与合同价款　　　　　　　　　D. 合同价款与施工组织措施

3. 工程预付款起扣点计算公式 $T = P - M/N$ 中，T 代表（　）。

    A. 起扣点　　　　　　　　　　　　　B. 承包工程合同总额

    C. 工程预付款数额　　　　　　　　　D. 主要材料，构件所占比重

4. 某埋管沟槽开挖分项工程，计日工每工日工资标准 30 元。在开挖过程中，由于业主原因造成承包商 8 人窝工 5 天，承包商原因造成 5 人窝工 10 d，由此承包商提出的人工索赔为（　）。

    A. 1 200 元　　　　B. 1 500 元　　　　C. 0 元　　　　D. 2 700 元

5. 根据《建设工程施工合同（示范文本）》，对于实施工程预付款的建设工程项目，工程预付款的支付时间不迟于约定的开工工期前（　）d。

    A. 7　　　　　　　　B. 14　　　　　　　C. 28　　　　　　　D. 30

6. 某工程工期为 3 个月，承包合同价为 90 万元，工程结算适宜采用（　）的方式。

    A. 按月结算　　　B. 竣工后一次结算　C. 分段结算　　　D. 分部结算

7. 施工项目实施过程中，承包工程价款的结算可以根据不同情况采取多种方式，其中主要的结算方式有（　）等。

    A. 竣工后一次结算　　　　　　　　　B. 分部结算

    C. 分段结算　　　　　　　　　　　　D. 分项结算

    E. 按月结算

8. 某工程由于设计变更，工程师签发了停工一个月的暂停工令，承包商可索赔的材料费是（　）。

    A. 材料原价　　　B. 材料损耗费　　　C. 价格上涨费　　　D. 材料运输费

9. 索赔的依据主要有（　）。

    A. 合同文件　　　　　　　　　　　　B. 法律、法规

    C. 施工进度计划　　　　　　　　　　D. 工程建设惯例

    E. 施工记录

10. 索赔的成立应该同时具备 3 个前提条件，以下哪个不是必须具备的（　）。

    A. 与合同对照，事件已造成了承包人工程项目成本的额外支出或直接工期损失

    B. 天气季节性的变化

    C. 造成费用增加或工期损失的原因，按合同约定不属于承包人的行为责任或风险责任

    D. 承包人按合同规定的程序和时间提交索赔意向通知和索赔报告

三、简答题

1. 工程结算有哪几种方式?
2. 工程结算的编制依据有哪些?
3. 工程结算的编制作用有哪些?
4. 什么是工程索赔?
5. 简述索赔的程序。

参 考 文 献

[1] 丁春静，等. 建筑工程计量与计价[M]. 北京：机械工业出版社，2010.

[2] 中华人民共和国住房和城乡建设部. 建设工程工程量清单计价规范（GB 50500—2013）[S]. 北京：中国计划出版社，2013.

[3] 中华人民共和国住房和城乡建设部. 房屋建筑与装饰工程工程量计算规范（GB 50854—2013）[S]. 北京：中国计划出版社，2013.

[4] 中华人民共和国住房和城乡建设部. 通用安装工程工程量计算规范（GB 50856—2013）[S]. 北京：中国计划出版社，2013.

[5] 全国二级建造师执业资格考试用书编写委员会. 建设工程施工管理[M]. 北京：中国建筑工业出版社，2013.

[6] 傅刚辉. 建筑工程计量与计价[M]. 北京：中央广播电视大学出版社，2006.

[7] 李伟昆，等. 建筑装饰工程计量与计价[M]. 北京：北京理工大学出版社，2010.

[8] 丁春静. 建筑工程计量与计价[M]. 西安：西安电子科技大学出版社，2013.

[9] 陈远吉，等. 建筑工程预算与清单计价[M]. 北京：化学工业出版社，2011.

[10] 本书编委会. 建设工程预决算与工程量清单计价一本通：安装工程[M]. 北京：地震出版社，2007.

[11] 刘宝生. 建筑工程概预算[M]. 北京：机械工业出版社，2001.

[12] 吴凯. 工程估价[M]. 北京：化学工业出版社，2011.

[13] 中华人民共和国住房和城乡建设部. 建筑工程建筑面积计算规范（GB/T 50353—2013）[S]. 北京：中国计划出版社，2013.

[14] 柯红. 建设工程计价[M]. 北京：中国计划出版社，2013.

[15] 冯占红. 建筑工程计量与计价[M]. 上海：同济大学出版社，2012.